大数据分析基础

李石明　编著

清华大学出版社

北　京

内 容 简 介

本书首先全面介绍了信息技术、计算机基础，以及计算机的起源与发展、计算机系统的组成、操作系统和文件管理等内容，然后深入探讨了Python编程的基础知识，包括编程环境、语法、流程控制、组合数据类型、函数和模块、常用的库等，并通过丰富的实操练习帮助读者掌握Python在文件管理、数据处理、科学计算等领域的应用能力。此外，本书涵盖了机器学习、大数据分析框架及国产大模型DeepSeek等内容，有助于读者建立从基础到前沿的Python知识体系。本书包含丰富的代码示例和综合案例，可以帮助读者快速掌握大数据分析理论和实用的编程技能。

本书适用于高等院校计算机相关专业的学生、Python编程初学者，以及对数据科学、机器学习感兴趣的读者。

图书在版编目(CIP)数据

大数据分析基础 / 李石明编著 . -- 北京 : 清华
大学出版社 , 2025. 7. -- ISBN 978-7-302-69795-4

Ⅰ . TP274

中国国家版本馆 CIP 数据核字第 2025ZM5451 号

责任编辑：陈　莉
封面设计：周晓亮
版式设计：方加青
责任校对：成凤进
责任印制：刘海龙

出版发行：清华大学出版社
　　　　网　　　址：https://www.tup.com.cn，https://www.wqxuetang.com
　　　　地　　　址：北京清华大学学研大厦 A 座　　　邮　　编：100084
　　　　社 总 机：010-83470000　　　　　　　　邮　　购：010-62786544
　　　　投稿与读者服务：010-62776969，c-service@tup.tsinghua.edu.cn
　　　　质 量 反 馈：010-62772015，zhiliang@tup.tsinghua.edu.cn
印 装 者：三河市君旺印务有限公司
经　　销：全国新华书店
开　　本：185mm×260mm　　　印　　张：17.25　　字　　数：388 千字
版　　次：2025 年 8 月第 1 版　　　印　　次：2025 年 8 月第 1 次印刷
定　　价：59.80 元

产品编号：110831-01

作者简介 AUTHOR

李石明，博士，毕业于中国科学技术大学，主要研究方向为大数据、电子政务、企业管理等学科的教学和研究工作；近年来，主持省部级以上课题4项，参与国家级课题2项，出版《绿色未来：ESG视角下的碳信息披露与企业价值重塑》《电子商务专业办学特色的探索与实践》专著2部，《公司战略与风险管理》《Python编程：从入门到实践》等教材4部，公开发表SCI、CSSCI及北大核心期刊论文12篇。

在数字化浪潮席卷全球的今天，数据已无可争议地成为推动社会进步、经济繁荣与科技创新的核心要素。从微观的企业运营到宏观的国家治理，从日常生活的便捷化到科学研究的深化，数据的力量无处不在，其价值之巨大，堪比工业时代的原油。然而，正如原油须经提炼方能成为动力之源，数据的价值也需要通过深度挖掘、精准分析与有效转化方能显现。这正是大数据分析技术的魅力所在，也是《大数据分析基础》一书的初衷与使命。

在大数据时代的背景下，培养具备跨学科视野、扎实技术基础与创新能力的人才何等重要。Python，这门融合了简洁性与强大功能的编程语言，凭借其丰富的开源生态与高效的开发效率，在大数据处理与分析领域大放异彩，已成为连接理论与实践、学术与产业的桥梁。本书以Python为工具，旨在为读者搭建一个从理论到实践、从基础到进阶的全方位学习平台，助力大家在大数据的海洋中乘风破浪，探索未知。

大数据分析技术的应用，早已超越了单一行业的界限，它正以前所未有的速度渗透到金融、医疗、教育、政务、农业等各个领域，成为推动行业变革与升级的关键力量。然而，面对庞杂的技术栈与多变的应用场景，初学者往往感到无所适从，或是学了一堆技术却不知如何用于解决实际问题。本书正是为了解决这一痛点而著，它摒弃了传统技术书籍单纯罗列知识点的做法，转而以问题为导向，以实战为脉络，通过一系列精心设计的案例，引导读者从真实场景出发，深入理解大数据分析的精髓。

书中，不仅详细介绍了Python编程的基础知识，包括数据友好型语法、Pandas库的使用、Matplotlib与Seaborn的可视化技巧等，还深入探讨了机器学习、分布式计算、大模型构建等前沿话题。通过电商数据分析、社交媒体情感分析、财务大数据分析、政务大数据分析等真实案例，展示了如何将理论知识用于解决实际问题，实现从数据到商业价值的转化。这种"从数据到行动"的闭环思维，不仅能够帮助读者建立扎实的理论基础，更能够培养大家的实践能力和创新思维。

作为教育者，我深知一本好书对于学生成长的重要性。《大数据分析基础》不仅是一本技术书籍，更是一本启发思维、激发潜能的宝典。它鼓励读者先跑通代码，再优化细节；善用工具箱思维，掌握核心范式；从"为什么"到"怎么做"，培养批判性思维；加入社区，保持好奇心，持续精进。通过阅读本书，读者不仅能够掌握大数据分析的核心技能，更能够在实践中不断探索、不断创新，成为推动社会进步的重要力量。

最后，我衷心希望《大数据分析基础》能够成为广大读者探索数据世界的得力助手，助力大家在算法的海洋中锚定方向，在信息的洪流中捕捉价值。携手共进，在这场"解码世界"的旅程中，不断探索、不断前行，共同开创一个更加智慧、更加美好的未来。

黄恒学

2025年5月1日写于北京大学廖凯原楼

在数据驱动的时代，信息技术的每一次革新都在重塑人们的认知范式。从智能手机的普及到人工智能的突破，从物联网到云计算的泛在化，数据已成为推动社会发展的新"原油"。需要指出的是，数据的价值并非与生俱来——它必须经过挖掘、分析和转化，这正是大数据技术的核心使命。

Python作为一门兼具简洁性与强大功能的编程语言，凭借其丰富的开源生态和高效的开发效率，已成为大数据处理与分析领域的"通用语言"。无论是数据清洗、机器学习建模，还是实时流处理、分布式计算，都可以使用Python完成。本书旨在帮助读者跨越理论与实践的鸿沟，掌握使用Python解决实际数据问题的能力。

本书特色

大数据技术的应用早已突破科技公司的边界，融入金融、医疗、教育、政务、农业等各个领域。零售企业需要通过用户行为数据分析优化库存，城市需要通过交通流量数据分析缓解拥堵，医院需要通过患者数据分析预测疾病风险……这些场景的共同点在于：数据是起点，决策才是终点。许多初学者往往陷入两种困境：一是被庞杂的技术栈(如Hadoop、Spark、Flink等)所困扰；二是学了一堆技术，却不知如何解决实际问题。

本书的初衷即在于此——以问题为导向，以实战为脉络。本书摒弃了单纯罗列技术的写法，从真实场景出发，通过实操练习，让读者不仅学会"如何写代码"，而且理解"为什么这样设计"。例如，介绍文本分析时，会从社交媒体评论出发，逐步展示如何用Python提取关键词、分析情感倾向、定位问题根源，最终形成可落地的改进方案。这种"从数据到行动"的闭环思维，正是本书区别于其他相关技术书籍的核心特色。

本书的结构与主要内容

全书围绕基础、工具、应用、拓展四层架构展开，共分为三大部分。

(1) 第1部分"筑基篇——Python与数据科学的桥梁"共包含四章内容，帮助读者奠定知识基础。

第1章从信息技术的演进切入，解析大数据的5V(volume、velocity、variety、veracity、value)特征，并探讨数据驱动决策的底层逻辑。

第2章和第3章深入介绍Python编程，但与传统编程语言书籍不同，本书聚焦"数据友好型"语法，如列表推导式处理多维数据、使用Pandas库实现类SQL操作、使用Matplotlib与Seaborn构建可视化叙事。

第4章揭开机器学习的神秘面纱，通过scikit-learn库的实战，阐释如何用Python训练一个预测模型，并重点讨论过拟合陷阱、特征工程等容易被忽视的实战要点。

(2) 第2部分"进阶篇——分布式计算与生态工具"共包含两章内容，引领读者初步认识工业级大数据处理领域。

第5章深入解析Hadoop与Spark架构设计，避免陷入配置参数细节，通过PySpark实例演示如何用Python调用分布式计算能力。例如，用弹性分布式数据集(RDD)处理TB级日志文件，用MLlib库构建分布式推荐系统。

第6章专章剖析国产大模型DeepSeek，包含从预训练数据集的构建到垂直领域的微调策略等大模型构建过程，并通过医疗影像分析、金融风控等案例，展现国产AI框架的独特优势与技术突破。

(3) 第3部分"实战篇——从数据到商业价值"包含一章内容，是全书的提高篇，介绍了六个案例，均源自真实业务场景。

电商数据分析案例：数据科学中的一个重要应用场景，涉及数据清洗、探索性分析、可视化、用户行为分析、销售趋势分析等。

社交媒体情感分析案例：自然语言处理(NLP)中的一个重要应用场景，旨在通过分析社交媒体上的文本数据(如推文、评论等)来判断用户的情感倾向(正面、负面或中性)。

财务大数据分析案例：数据科学在金融领域的重要应用，涉及财务报表分析、趋势预测、风险评估、投资组合优化等任务。

政务大数据分析案例：利用大数据技术对政府相关数据进行分析，以支持政策制定、资源分配、公共服务优化等决策。

自媒体大数据分析案例：利用大数据技术对自媒体平台(如微博、微信公众号、抖音等)的数据进行分析，以支持内容优化、用户行为分析、趋势预测等任务。

生活服务类大数据分析案例：利用大数据技术对生活服务领域(如餐饮、出行、住宿、娱乐等)的数据进行分析，以支持业务优化、用户行为分析、市场趋势预测等任务。

每个案例均提供完整代码、数据集与商业分析报告模板，读者可一键复现并修改，以适配自身需求。

致读者：如何最大化学习效果

(1) 先跑通，再优化：初次接触代码时，不必纠结于每一行代码的语法，先关注整体流程。本书所有案例均提供最小可行代码(MVP版本)，确保读者快速看到结果，建立正向反馈。

(2) 善用工具箱思维：大数据领域的技术迭代极快，本书强调掌握核心范式，而非死记工具。例如，学完Hadoop MapReduce后，读者应能触类旁通地理解Flink的流处理思想。

(3) 从"为什么"到"怎么做"：第1部分和第2部分中，每章开篇设"灵魂三问"——这项技术解决了什么问题、不用它会怎样、它的局限性在哪里，培养读者的批判性思维。

(4) 加入社区，保持好奇心：技术问题的答案往往不在教科书中。本书鼓励读者参与

V

GitHub开源项目、关注Kaggle竞赛、订阅权威博客(如Towards Data Science)，在实践中持续精进。

本书免费提供教案、教学大纲、教学课件、习题及解答、源代码，读者可扫右侧二维码下载。

写在最后

大数据不是冰冷的数字堆砌，而是人类行为的镜像，是商业创新的火种，是社会进步的刻度。学习Python与大数据技术，本质上是一场"解码世界"的旅程——当你用几行代码从杂乱的数据中提炼出规律，当你建立的模型帮助一家企业节省了百万元成本，当你用可视化图表让复杂问题一目了然，那种创造的喜悦，正是技术赋予我们的别样浪漫。

在此，衷心感谢云南大学胡茂老师为本书的撰写和修改提供了大量的宝贵意见和建议。同时，特别感谢参与本书编写和审阅的清华大学出版社的编辑们，正是由于他们的辛勤工作和宝贵意见，本书才得以完善。

希望本书能成为你探索数据世界的指南针，助你在算法的海洋中锚定方向，在信息的洪流中捕捉价值。星辰大海，代码为舟，让我们共同启航！

李石明

2025年1月

目录 CONTENTS

第 1 部分　筑基篇——Python 与数据科学的桥梁

第 2 部分　进阶篇——分布式计算与生态工具

第3部分 实战篇——从数据到商业价值

第1部分

筑基篇——Python与数据科学的桥梁

第1章
信息技术与计算机基础

灵魂三问

一问：这项技术解决了什么问题？

信息技术，特别是以计算机为核心的技术，解决了信息的高效收集、处理、存储和传输问题。在信息时代，数据量爆炸性增长，传统的手工处理方式已无法满足需求。计算机和互联网技术的出现，使得人们能够迅速处理和分析海量数据，从中提取有价值的信息，为决策提供支持。同时，信息技术也极大地促进了信息的全球化流通，使得人们能够跨越地域限制，实时获取和分享信息。

二问：不用它会怎样？

如果没有信息技术，我们的生活和工作将受到极大的限制。首先，信息处理效率低下，无法及时响应市场变化和客户需求。其次，信息流通不畅，知识和经验无法有效共享，阻碍了创新和发展。此外，没有信息技术的支持，许多行业(如电子商务、金融科技、远程教育等)将无法存在，人们的生活质量将大幅下降。

三问：它的局限性在哪里？

尽管信息技术带来了诸多便利，但它也存在一些局限性。首先，技术更新迅速，旧的技术和设备容易被淘汰，导致资源浪费和环境污染。其次，信息安全问题日益突出，黑客攻击、数据泄露等事件频发，对个人隐私和企业安全构成威胁。再次，信息技术的发展使得数字鸿沟加大，不同地区、不同群体的信息获取能力差异也在加大。最后，过度依赖信息技术可能导致人类思维能力和创造力的退化，人们可能逐渐失去独立思考和解决问题的能力。

目前，随着互联网技术的快速发展，其应用已深度渗透到社会生活的各个领域。例如，通过便捷的移动终端平台和云端数据服务，人们足不出户即可完成交易支付，获取各类实体商品或虚拟商品；互联网还能基于用户行为分析，提供个性化服务。随着社会对互联网依赖程度的持续加深，网络空间每天都会产生海量数据，对这些数据进行有效分析和处理，能够为各领域提供更精准、更可靠的决策支持与服务。大数据分析、处理及应用正日益成为研究热点，而这一过程离不开以计算机为核心的信息技术。本章将系统介绍信息技术与计算机基础知识，帮助读者构建计算机相关理论框架、理解大数据分析理论与实践背景，为后续章节的学习奠定基础。

1.1 信息社会与计算机

在信息社会中，信息收集、处理和发布需要各种信息技术的支持。信息技术主要包括传感技术、计算机技术、通信技术和控制技术。其中，计算机技术是信息技术的核心。

1.1.1 信息与信息处理

在信息时代，信息的获取极为便捷，然而面对海量且杂乱的数据，人们往往无从下手。如何从庞杂的数据中提取关键信息，将信息转化为知识，进而升华为智慧，成为信息时代的重要课题。

DIKW(data、information、knowledge、wisdom，数据、信息、知识、智慧)体系是人们在探索过程中总结的一种学习方法，如图1-1所示。在信息科学领域，DIKW体系被简称为"信息体系"或"信息金字塔"，清晰地反映了数据、信息、知识、智慧之间的递进关系，使信息更容易被接受、记忆、管理和使用。

数据是DIKW体系中最基础的概念，是信息、知识和智慧的源泉。任何事物的存在方式和运动状态都可以用数据来表示，数据经过加工处理后，具有了知识性并对人类活动产生作用，从而形成信息。

3

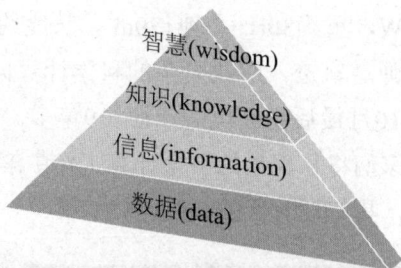

智慧(wisdom)

知识(knowledge)

信息(information)

数据(data)

图1-1 DIKW体系

信息可定义为人们对客观事物的属性和运动状态的反映。客观世界中的任何事物都在不停地运动和变化，呈现出不同的状态和特征。可以说信息是有一定含义的、经过加工处理的、对决策有价值的数据，即信息=数据+处理。信息必然来源于数据，经过沉淀且有价值的信息形成知识，用于指导人们的社会活动、经济活动及生产活动。

通常所说的信息处理实际上就是对数据的处理，而它的技术基础是数字电子器件，即利用计算机对各种类型的数据进行处理。

计算机处理信息的过程大体分为数据输入、数据加工和结果输出三个步骤。人们通过输入设备将各种原始数据输入计算机，计算机对输入的数据进行加工处理，然后将结果经由输出设备以文件、图像、动画或声音等形式表示出来。

事实上，计算机与人处理信息的过程有着本质的区别：计算机对信息的处理能力不是自发产生或学习形成的，而是人事先赋予的。即人设计好程序，再将程序输入计算机，计算机按照程序的规定，一步一步完成程序设计者交给的任务。所以，计算机处理信息的过程就是人所编制的程序的执行过程，是人的思维的一种体现。

计算机是一种能够按照事先存储的程序，自动、高速地进行大量数值计算和信息处理的现代化智能电子设备，处理速度快、计算精度高、存储容量大、逻辑判断能力强、可靠性和通用性强。由于计算机具备类似人脑的记忆和逻辑判断能力，因此也被称为"电脑"。计算机的出现及相关信息技术的快速发展，推动人类社会迅速迈入信息化时代。

1.1.2 计算机的起源与发展

1. 计算机的起源

"计算机"一词的历史可以追溯到1946年，最初定义为"执行计算任务的人"。20世纪40年代以前，为执行计算任务而设计的机器被称为计算器或制表机，而不是计算机。直到第一台电子计算设备问世，人们才开始使用"计算机"这一术语并赋予了其现代定义。

1946年2月，宾夕法尼亚大学莫尔学院电工系和阿伯丁弹道研究实验室历时两年半制造完成世界上第一台电子计算机 ENIAC(electronic numerical integrator and computer，电子数字积分计算机)，如图1-2所示。该机共使用了18 000个电子管和1800个继电器，每秒运算5000次，每小时耗电150kW，重约30t，占地170m^2，长度约30m。研制ENIAC的目的在于计算炮弹及火箭、导弹的弹道轨迹，解决复杂的科学计算问题。这台计算机从1946年2月开始投入使用，到1955年10月最后切断电源，服役9年多。虽然它每秒只能进行5000次加减运算，但它预示了科学家们将从繁重的科学计算工作中解脱出来。ENIAC的问世，标志着电子计算机时代的到来，具有划时代的意义。

图1-2 世界上第一台电子计算机 ENIAC

ENIAC本身存在两大缺点：一是没有存储器；二是控制非常麻烦，求解问题的程序是通过接线板设定的，问题改变时需要重新接线，有的问题只需要计算几分钟，接线却要花费几小时，计算速度被接线工作抵消了。所以，ENIAC的发明仅仅标志着电子计算机的问世。

研制ENIAC的过程中，美籍匈牙利数学家冯·诺依曼(John von Neumann)总结并提出了两点改进意见：第一，计算机内部直接采用二进制数进行运算；第二，将指令和数据都存储起来，由程序控制计算机自动执行。冯·诺依曼和他的同事们成功研制了第二台电子计算机EDVAC(electronic discrete variable automatic computer，离散变量自动电子计算机)，EDVAC的发明为现代计算机在体系结构和工作原理上奠定了基础，对后来的计算机设计产生了重大影响。EDVAC中采用了"存储程序"的概念，以此为基础的各类计算机统称为冯·诺依曼机。多年来，虽然计算机系统在软硬件各种指标方面与当时的计算机有很大差别，但都属于冯·诺依曼机。不过，冯·诺依曼自己也承认，他的关于计算机"存储程序"的想法来自图灵。

计算机科学的奠基人是英国科学家艾伦·麦席森·图灵(Alan Mathison Turing，1912—1954)。第二次世界大战期间，图灵设计并完成了真空管机器Colossus，多次成功破译了德军密码，为"二战"的胜利做出了卓越贡献。他在计算机科学领域的主要贡献有两个：一是建立图灵机(Turing machine，TM)模型，奠定了可计算理论的基础；二是提出图灵测试(Turing test)，阐述了机器智能的概念。

图灵机的概念是现代可计算性理论的基础。图灵证明了图灵机能解决的计算问题，实际计算机也能解决；图灵机不能解决的计算问题，实际计算机也无法解决。图灵机的能力概括了数字计算机的计算能力。图灵机对计算机的一般结构、可实现性和局限性都产生了深远的影响。

1950年10月，图灵在哲学期刊*Mind*上发表了一篇著名论文"Computing Machinery and Intelligence"(计算机器与智能)。他提出了一个关于判断机器能否思考的实验。图灵认为，如果人与计算机进行文字对话后，人无法判定对方是计算机还是人，那就证明计算机会"思考"。今天，人们把这个论断称为图灵测试，它奠定了人工智能的理论基础。

为了纪念图灵对计算机的贡献，美国计算机学会(Association for Computing Machinery，ACM)于1966年创立了"图灵奖"，每年颁发给计算机科学领域的领先研究人员，号称计算机业界和学术界的诺贝尔奖。

2. 计算机的发展

自第一台电子计算机ENIAC诞生以来，计算机以惊人的速度发展。根据计算机所使用的电子元器件不同，计算机的发展经历了传统意义上的四个时代。

1) 第一代：电子管计算机(1946—1957年)

电子管计算机的主要特征是采用电子管作为基本电子元器件，使用机器语言和汇编语言，应用领域主要局限于科学计算。这一代计算机是计算机发展的初级阶段，运算速度每秒只有几千次至几万次，且体积大、功耗大、价格昂贵、可靠性差，如图1-3所示。

(a) 电子管　　　　　　　　　　　　　　(b) 电子管计算机

图1-3　电子管和电子管计算机

　　另外，电子管计算机没有操作系统，由人手工控制作业的输入和输出，通过控制台开关启动程序的运行，如图1-4所示。用户使用电子管计算机的过程大致如下：先把程序纸带装上输入机，启动输入机把程序和数据送入计算机，然后通过控制台开关启动程序，程序计算完毕，用户即可拿走打印结果。

图1-4　操作人员手工控制输入

2) 第二代：晶体管计算机(1958—1964年)

　　晶体管计算机的主要特征是采用晶体管作为主要元器件，如图1-5所示。这一时期的软件技术出现了程序设计语言(如FORTRAN)和操作系统的雏形(批处理操作系统)。晶体管计算机的主要应用领域由科学计算转为数据处理，与第一代电子管计算机相比，其体积缩小，功耗降低，可靠性有所提高，而运算速度则达到了每秒几万次至几十万次。

(a) 晶体管　　　　　　　　　　　　　　(b) 晶体管计算机

图1-5　晶体管和晶体管计算机

3) 第三代：集成电路计算机(1965—1970年)

　　集成电路(integrated circuit，IC)产生于1958年，是一种微型电子器件，如图1-6(a)所示。它的产生揭开了人类电子革命的序幕,同时宣告了数字信息时代的来临。集成电路从1965年开始成为主要元器件。集成电路的发明者是美国工程师杰克·基尔比(Jack Kilby,1923—2005),如图1-6(b)所示。他在2000年获得了诺贝尔物理学奖,这是一个迟到了42年的诺贝尔物理学奖。迄今为止,人类的计算机、手机、电视、照相机、DVD及所有电子产品的核心部件都是集成电路。

(a) 集成电路示意   (b) 杰克·基尔比

图1-6 集成电路和集成电路的发明者杰克·基尔比

集成电路计算机的主要特征:普遍采用了集成电路,体积、功耗均显著减小,可靠性大大提高;运算速度达到每秒几十万次至几百万次;操作系统的功能日臻完善;出现了多道程序、并行处理技术、虚拟存储系统等。

4) 第四代:大规模或超大规模集成电路计算机(1971年至今)

大规模或超大规模集成电路计算机的主要特征:采用大规模或超大规模集成电路作为计算机的主要元器件;运算速度提高到每秒几百万次至上亿次;随着大规模集成电路技术的发展,微型计算机诞生,它将计算机的运算器与控制器集成在一块芯片上,进一步缩小了计算机的体积并降低了功耗;多机系统和网络化,多处理机系统、分布式系统、计算机网络发展迅速;系统软件的发展不仅实现了计算机运行的自动化,而且推动计算机向工程化和智能化迈进。

3. 未来的计算机

1965年,英特尔(Intel)公司(以下简称英特尔)创始人之一戈登·摩尔(Gordon Moore)提出了被称为计算机第一定律的摩尔定律。该定律指出:集成电路上可容纳的晶体管和电阻的数目将每年增加一倍。1975年,摩尔根据当时的实际情况将该定律进行了修正,把"每年增加一倍"改为"每两年增加一倍"。而普遍被引用的"18个月"的说法,则是由英特尔首席执行官大卫·豪斯(David House)提出的,即预计18个月后芯片的性能将提高一倍(即更多的晶体管使其更快),是一种成倍数增长的观测。尽管摩尔定律在近现代的数十年间均成立,但它仍应被视为对现象的观测或对未来的推测,是简单评估半导体技术进展的经验法则,而不应被视为一个物理定律或者自然规律。

随着大规模集成电路工艺的发展,芯片的集成度越来越高,但也越来越接近工艺甚至物理的极限。在传统计算机的基础上，计算机性能的大幅度提高必将遇到难以逾越的障碍。很多专家和学者将目光投向了最基本的物理原理，因为在过去几百年里，物理学原理的应用带来了一系列应用技术的革命，未来以超导计算机、分子计算机、光子计算机和量子计算机为代表的第五代计算机将推动新一轮计算技术的革命。

1) 超导计算机

超导是指在接近绝对零度的温度下，电流在某些介质中传输时所受阻力为零的现象。1962年，英国物理学家约瑟夫逊提出了"超导隧道效应"，即对由超导体、绝缘体、超导体组成的器件(约瑟夫逊元件)两端加电压时，电子就会像通过隧道一样无阻挡地从绝缘介质中穿过，形成微小电流，而该器件两端的电压为零。目前制成的超导开关器件，其开关状态切换所需时间已达到0.000 000 000 001s的高水平。这是当今所有电子、半导体、光电器件都无法比拟的，比集成电路要快几百倍。超导计算机运算速度比现在的电子计算机快100倍，而电能消耗仅是电子计算机的1/1000。如果目前一台大中型计算机每小时耗电10kW，那么同样性能的超导计算机只需要一节干电池就可以工作了。

2) 分子计算机

分子计算机就是利用分子计算的能力进行信息的处理。分子计算机的逻辑元件采用生物芯片，生物芯片由生物工程技术产生的蛋白质分子构成。在这种芯片中，信息以波的形式传播，运算速度大大加快，而能量消耗仅相当于普通计算机的1/10，且拥有巨大的存储能力。由于蛋白质分子能够自我组合，再生新的微型电路，使得分子计算机具有生物体的一些特点，能发挥生物体本身的调节机能自动修复芯片故障，能模仿人脑的思考机制。分子计算机是一种由生物分子元件组装成的纳米级计算机，将其植入人体后能自动扫描身体信号、检测生理指标、诊断疾病并控制药物释放等。

3) 光子计算机

光子计算机用光子取代电子进行数据运算、传输和存储，可快速完成复杂的计算工作。在光子计算机中，不同的数据用不同波长的光表示。

与传统的电子计算机相比，光子计算机的优点体现在超高的运算速度、强大的并行处理能力、大存储量、非常强的抗干扰能力、能量消耗小、与人脑相似的容错性等。光子计算机的速度比电子计算机快，光子计算机的计算速度可高达每秒一万亿次，存储量是电子计算机的几万倍，还可以对语言、图形和手势进行识别与合并。

4) 量子计算机

1982年，美国物理学家理查德·费曼(Richard Feynman)提出利用量子体系实现通用计算的新奇想法。随后，英国牛津大学物理学家戴维·多伊奇(David Deutsch)于1985年提出了量子图灵机模型，初步阐述了量子计算机的概念，并提出量子并行处理技术会使量子计算机比传统的计算机功能更强大。

量子计算机是指利用处于多现实态下的量子进行运算的计算机，是一种使用量子逻辑进行通用计算的设备。不同于电子计算机，量子计算用来存储数据的对象是量子比特，具有运行速度快、处理信息能力强和安全性较高等优势。

1.1.3　计算机的分类和应用领域

1. 计算机的分类

计算机是一种用途广泛的机器，有一些特定类型的计算机更适合完成某些特定任务，可按照功能和用途、规模和性能等分成不同的类型。

1) 按照功能和用途划分

(1) 通用计算机。通用计算机的特点是通用性强，具有很强的综合处理能力，能够解决各种类型的问题，既可以进行科学和工程计算，又可以用于数据处理和工业控制等，是一种用途广泛、结构复杂的计算机。

(2) 专用计算机。专用计算机的特点是功能单一，配备解决特定问题的软硬件，能够高速、可靠地解决特定的问题，如数控机床、银行存取款机等。专用计算机针对性强、效率高，结构比通用计算机简单。

2) 按照规模和性能划分

(1) 微型计算机。微型计算机又称个人计算机(personal computer，PC)，是指为满足个人计算需要而设计的一种使用微处理器的计算设备，分为桌面计算机和便携式计算机。

(2) 工作站。工作站既可以指连接到网络的普通个人计算机，也可以指用于高性能计算任务处理的功能强大的桌面计算机，它具有很快的处理速度，能完成医学成像和计算机辅助设计等工作。

(3) 服务器。服务器既可以指计算机硬件，也可以指特定类型的软件，还可以指软件与硬件的结合体，其作用是给网络上的计算机提供数据。任何向服务器请求数据的软件或数字设备都称作客户端。

(4) 大型计算机。大型计算机是指通用性能好、外部设备负载能力强、具有较快的处理速度和较强处理能力的一类计算机，一般作为大型客户机/服务器系统的服务器或者终端/主机系统中的主机。

(5) 巨型机。巨型机也称超级计算机，是指运算速度极快、存储容量大、处理能力极强的计算机，一般用于执行专门的计算密集型任务，如气候研究、密码破译、核武器模拟、石油勘探、天气预报、基因测序等。

(6) 手持计算机。许多手持设备具备计算机大部分的特性，可以接收输入、产生输出、处理数据，并且具有一定的存储能力。不同手持设备的可编程性与多功能性是有差别的。那些允许用户安装应用的手持设备(如智能手机)可以归类为手持计算机。

(7) 可穿戴计算机。近年来，计算机已经小到可以穿戴，并且能配备各种传感器，在医疗保健等场所有许多潜在的用途。

2. 计算机的应用领域

计算机的应用领域从最初诞生时的科学计算扩大到人类社会的各个方面，并改变着人们传统的工作、学习和生活方式。

1) 科学计算

科学计算也称数值计算，是指计算机用于完成科学研究和工程技术中数学问题的计算。科学计算是研制电子计算机的最初目的，也是计算机最早的应用领域。

2) 数据处理

数据处理是指计算机对大量的数据及时记录、整理、统计并加工成所需要的形式。计算机不仅能用于处理日常的事务，而且支持科学管理与决策，是现代化管理的基础。

3) 过程控制

过程控制也称实时控制，是自动控制原理在生产过程中的应用，现已广泛应用于冶金、石油、化工、水电、纺织、机械、军事和航天等领域。在过程控制中，首先用传感器在现场采集控制对象的数据，求出它们与设定数据的偏差；接着由计算机根据控制模型进行计算，产生相应的控制信号，驱动伺服装置对受控对象进行控制或调整。

4) 计算机辅助系统

计算机辅助系统包括计算机辅助设计(computer aided design，CAD)、计算机辅助制造(computer aided manufacturing，CAM)和计算机辅助教育(computer based education，CBE)等。

5) 人工智能

人工智能(artificial intelligence，AI)是通过计算机模拟人类的智能活动，包括学习、理解、判断、识别、推理和问题求解等。人工智能涉及计算机科学、控制论、信息论、仿生学、神经生理学和心理学等诸多学科，主要应用于机器视觉、指纹识别、人脸识别、视网膜识别、专家系统、自动规划等。近年来，人工智能的研究再次成为热点并取得不少成果，如机器人战胜人类职业围棋选手、无人驾驶汽车广泛应用等。

6) 多媒体技术

多媒体技术是指以数字化为基础，能够对多种媒体信息(包括文字、声音、图形、动画、图像、视频等)进行采集、加工处理、存储和传递，并能使各种媒体信息之间建立起有机的逻辑联系，集成为一个具有良好交互性的系统。

多媒体技术主要涉及数据压缩、多媒体处理(音频信息处理、图像处理)、多媒体数据存储(多媒体数据库)、多媒体数据检索(基于内容的图像检索、视频检索)、多媒体著作工具(多媒体同步、超媒体和超文本)、多媒体通信与分布式多媒体(视频会议系统、视频点播技术等)、多媒体专用设备技术(多媒体专用芯片技术)、多媒体应用技术(远程教学、多媒体远程监控)等。多媒体技术的各方面均涉及一定的规范和标准，根据不同标准制作的多媒体文件，其格式均有所不同。多媒体技术的应用领域主要有知识学习、多媒体出版物、远程医疗、视频会议、语音识别等。

7) 虚拟现实和增强现实

从技术角度讲，虚拟现实(virtual reality，VR)和增强现实(augmented reality，AR)是多媒体技术的发展方向。VR是利用计算机生成的一种模拟环境，通过多种传感设备使用户融入该环境中，实现用户与环境的直接交互，如虚拟课堂、虚拟工厂、虚拟主持人、数字汽车等。这种模拟环境是用计算机生成的具有表面色彩的立体图形，它可以是现实世界的真实写照，也可以是纯粹构想出来的世界。

在AR系统中，虚拟世界与现实世界叠加在一起，对人们看到的现实世界补充一些有用的信息，例如百度地图的实景路线导航、美图的美颜功能等都用到了AR技术。

8) 网络应用

计算机网络是利用通信设备和线路将地理位置不同且功能独立的多个计算机系统互联起来，通过网络软件实现资源共享和信息传递的系统。网络的出现为计算机应用开辟了空前广阔的前景，对人类社会产生了巨大的影响，使人们的生活、工作、学习产生了巨大的变化。

1.1.4　计算思维

计算机原本只是人们解决问题的工具，但当这种工具在几乎每一个领域中都得到广泛使用后，工具就会反过来影响人们的思维方式。2006年，时任美国卡内基-梅隆大学计算机系主任的周以真(Jeannette M. Wing)教授提出了计算思维(computational thinking)的概念，第一次从思维层面阐述了运用计算机科学的基础概念求解问题、设计系统和理解人类行为的过程。

计算思维即抽象实际问题的计算特性，利用计算机求解，涉及如何在计算机中表示问题、如何让计算机通过执行有效的算法来解决问题。计算思维的本质是基于三个阶段的3A迭代过程。

- 抽象(abstraction)：问题的表示。
- 自动化(automation)：解决方案的表达。
- 分析(analyse)：解决方案的执行和评估。

从问题的计算机表示、算法设计直到编程实现，计算思维贯穿全过程。

1. 常见思想和方法

基于计算机的能力和局限性，计算机科学家提出了很多关于计算的思想和方法，从而开发了一整套利用计算机解决问题的思维工具。下面简要介绍不同阶段的常见思想和方法。

1) 问题表示

用计算机解决问题，首先要建立问题的计算机表示。抽象是用于问题表示的重要思维工具。例如，小学生经过学习都知道应用题"原来有五个苹果，吃掉两个后还剩几个"可以抽象表示成"5-2"，这里显然只抽取了问题中的数量特性，完全忽略了苹果的颜色或吃法等不相关特性。一般意义上的抽象是指忽略研究对象的具体的或无关的特性，而抽取其一般的或相关的特性。计算机科学中的抽象包括数据抽象和控制抽象，简言之就是将现实世界中的各种数量关系、空间关系、逻辑关系和处理过程等表示成计算机世界中的数据结构(数值、字符串、列表、堆栈、树等)和控制结构(基本指令、顺序执行、分支、循环、模块等)，即建立实际问题的计算模型。另外，抽象还用于在不改变意义的前提下隐去或减少过多的具体细节，以便每次只关注少数几个特性，从而有利于理解和处理复杂系统。显然，通过抽象还能发现不同问题的共性，从而建立相同的计算模型。总之，抽象是计算机科学中广泛使用的思维方式。

可以在不同层次上对数据和控制进行抽象，不同抽象级对问题进行不同颗粒度或详细程度的描述。人们经常在较低抽象级之上再建立一个较高的抽象级，以便隐藏较低抽象级的复杂细节，提供更简单的求解方法。例如，在互联网上发送一封电子邮件实际上要经过不同抽象级的多层网络协议才得以实现，写邮件的人肯定不希望先掌握网络底层知识才能发送邮件。再如，人们经常在现有软件系统之上搭建新的软件层，目的是隐藏底层系统的观点或功能，提供更便于理解或使用的新观点或新功能。

2) 算法设计

问题得到表示之后，接下来的关键是找到问题的解法——算法。算法设计是计算思维大显身手的领域，计算机科学家采用多种思维方式和方法来实现有效的算法。例如，利用分治法的思想找到了高效的排序算法，利用递归思想轻松地解决了Hanoi塔问题，利用贪心法寻求复杂路网中的最短路径，利用动态规划方法构造决策树，等等。计算机在各个领域的成功应用都有赖于高效算法的发现，而高效算法又依赖于各种算法设计方法的巧妙运用。

3) 编程实现

找到了解决问题的算法，接下来就要用编程语言来实现算法，这个领域同样是各种思想和方法的宝库。例如，类型化与类型检查方法将待处理的数据划分为不同的数据类型，编译器或解释器可以借此发现很多编程错误，这和自然科学中量纲分析的思想是一致的；又如，结构化编程方法使用规范的控制流程来组织程序的处理步骤，形成层次清晰、边界分明的结构化构造，每个构造具有单一的入口和出口，从而使程序易于理解、排错、维护和验证正确性；再如，模块化编程采取从全局到局部的自顶向下设计方法，将复杂程序分解成许多较小的模块，完成了所有底层模块后，将模块组装起来即构成最终程序；再如，面向对象编程以数据和操作融为一体的对象为基本单位来描述复杂系统，通过对象之间的协作和交互实现系统的功能。本书后续章节中所用的Python即支持面向对象的高级程序设计语言。

4) 可计算性与算法的复杂性

用计算机解决问题时，不仅要找到正确的解法，还要考虑解法的复杂度。这和数学思维不同，因为数学家可以满足于找到正确的解法，但不会因为该解法过于复杂而抛弃不用。但对计算机来说，如果一个解法太复杂，导致计算机要耗费几年、几十年乃至更久才能得出结果，那么这种"解法"只能被抛弃，问题等于没有解决。有时即使一个问题已经有了可行的算法，计算机科学家仍然会寻求更有效的算法。

虽然很多问题对计算机来说难度太高甚至是不可能完成的任务，但计算思维具有灵活、变通、实用的特点，对这样的问题可以寻求不那么严谨但现实可行的实用解法。例如，当计算机有限的内存无法容纳复杂问题中的海量数据时，计算机科学家设计出了缓冲方法来分批处理数据。当许多用户共享并竞争某些系统资源时，计算机科学家又利用同步、并发控制等技术来避免竞态和僵局。

2. 日常生活中的计算思维

人们在日常生活中的很多思维方式其实都和计算思维不谋而合，也可以说计算思维从生活中吸收了很多有用的思想和方法，部分例子如下。

算法过程：菜谱可以说是算法(或程序)的典型代表，它将一道菜的烹饪步骤一步一步地罗列出来，即使不是专业厨师，照着烹饪步骤也能做出可口的菜肴。这里，菜谱的每一步骤都必须足够简单、可行。例如，"将土豆切成块状""将一两油入锅加热"等都是可行的步骤，而"使菜肴具有神秘香味"则不是可行的步骤。

查找：如果要在英汉词典中查一个英文单词，相信没有人会从第一页开始逐页翻看，而会根据字典是有序排列的事实，快速地定位单词词条。又如，如果老师说"请翻到本书第4章"，则可以通过书前的目录直接找到第4章所在的页码。这正是计算机中广泛使用的索引技术。

回溯：人们在路上遗失了东西之后，会沿原路边往回走边寻找。或者，人们要前往某目的地，到达一个岔路口后，会选择一条路走下去，如果发现此路不通就会原路返回，回到岔路口后选择另一条路。这种回溯法对于搜索问题是非常重要的。

缓冲：学生随身携带所有的教科书是不可能的，因此每天只能把当天用的教科书放入书包，第二天再换入新的教科书，这就是缓冲。

并发：烧菜时，如果一个菜需要在锅中煮一段时间，厨师会利用这段时间去做别的事情(例如将另一个菜洗净、切好)，不会无所事事地等待。在此期间，如果锅里的菜需要加盐和佐料，厨师可以放下手头的活儿去处理锅里的菜。虽然只有一个厨师，但他可以同时做几个菜。

类似的例子还有很多。要强调的一点是，学习用计算机解决问题时，可以参考生活中遇到类似问题时的做法，一定会对找出问题解决方法有所帮助。

1.2　计算机基础知识

1.2.1　信息编码

1. 数字化

计算机和其他数字设备一样能处理文本、图像、语音和视频等各种信息，而这些信息最终都转换为简单的电脉冲，并以0和1序列的形式存储起来。将信息用0和1这两个符号构成的符号串来表示的过程称为编码。对数据编码后进行处理、存储、传递称为信息的数字化。

　　数字化的一个显著优势就是，书籍、电影、歌曲、通话、文档和照片等各种不同的内容都可以转换为同一类信号，这些信号不需要单独的设备来处理。数字化技术出现之前，电话通话需要电话机和专门的电话线路，浏览照片需要幻灯片投影仪和投影幕布，阅读需要纸质书籍，拍照需要相机和胶卷，看电影则需要胶片放映机。数字化技术出现后，通话、照片、书籍和电影都可以由一个设备来管理，并可以通过一组通信线路来传输。

　　数据的类型有很多，数字和文字是最简单的类型，表格、声音、图形和图像则是复杂的类型，因此编码是一件非常重要的工作，要考虑数据的特性并便于计算机的存储和处理。

2. 进制及其转换

1) 数的进制

　　计算机中存放的是二进制数，为了方便书写和表示，还引入了八进制数和十六进制数。无论哪种数制，其共同之处都是进位计数制。

　　一般来说，如果数制只采用R个基本符号(如0，1，2，$\cdots$，$R-1$)表示数值，则称数值为"R进制数"，R为该数值的"基数"。例如，十进制数采用10个基本符号(0，1，$\cdots$，9)，其基数为10；二进制数采用2个基本符号(0，1)，其基数为2。数值中每一个固定位置对应的单位值称为"权"。

　　【例1-1】　将十进制数$(368.19)_D$按权展开。

$$368.19 = 3 \times 10^2 + 6 \times 10^1 + 8 \times 10^0 + 1 \times 10^{-1} + 9 \times 10^{-2}$$

　　任意一个R进制数N可表示为

$$N = a_{n-1} \times R^{n-1} + a_{n-2} \times R^{n-2} + \cdots + a_1 \times R^1 + a_0 \times R^0 + a_{-1} \times R^{-1} + \cdots + a_{-m} \times R^{-m} = \sum_{i=-m}^{n-1} a_i \times R^i$$

其中，a是数码，R是基数，R^i是权；m和n为正整数，n为小数点左边的位数，m为小数点右边的位数。

　　不同的基数表示不同的进制数。例如：

$$(123.45)_O = 1 \times 8^2 + 2 \times 8^1 + 3 \times 8^0 + 4 \times 8^{-1} + 5 \times 8^{-2}$$

其中，下标O表示该数是八进制数。

　　通常用下标B(或2)、O(或8)、D(或10)、H(或16)表示该数是二进制数、八进制数、十进制数和十六进制数。

　　计算机中常用的各种进制数的表示如表1-1所示。

表1-1　计算机中常用的各种进制数的表示

说明	二进制数	八进制数	十进制数	十六进制数
规则	逢二进一	逢八进一	逢十进一	逢十六进一
基数	2	8	10	16
基本符号	0，1	0，1，2，$\cdots$，7	0，1，2，$\cdots$，9	0，1，2，9，A，B，$\cdots$，F
权	2^i	8^i	10^i	16^i
表示形式	下标B(或2)	下标O(或8)	下标D(或10)	下标H(或16)

14

2) R 进制数转换为十进制数

基数为 R 的数值，只要将各位数码与它的权相乘，其积相加，和数就是十进制数。展开式为

$$N = \sum_{i=-m}^{n-1} a_i \times R^i$$

【例1-2】 将二进制数 $(10001100.101)_B$ 转换为十进制数。

$(10001100.101)_B = 1 \times 2^7 + 0 \times 2^6 + 0 \times 2^5 + 0 \times 2^4 + 1 \times 2^3 + 1 \times 2^2 + 0 \times 2^1 + 0 \times 2^0 + 1 \times 2^{-1} + 0 \times 2^{-2} + 1 \times 2^{-3}$

$\qquad\qquad\qquad = 128 + 0 + 0 + 0 + 8 + 4 + 0 + 0 + 0.5 + 0 + 0.125$

$\qquad\qquad\qquad = 140.625$

因此，$(10001100.101)_B = (140.625)_D$。

【例1-3】 将八进制数 $(167)_O$ 转换为十进制数。

$$(167)_O = 1 \times 8^2 + 6 \times 8^1 + 7 \times 8^0 = (119)_D$$

【例1-4】 将十六进制数 $(3A7)_H$ 转换为十进制数。

$$(3A7)_H = 3 \times 16^2 + A \times 16^1 + 7 \times 16^0 = (935)_D$$

3) 十进制数转换为 R 进制数

将十进制数转换为 R 进制数时，可将此数分成整数与小数两部分分别转换，然后拼接而成。十进制数整数部分转换为 R 进制数整数，采用除 R 取余法：用十进制整数连续地除以 R 取余数，直到商为0，余数从右到左排列，第一次取得的余数为最低位，最后所得余数为最高位；小数部分转换为 R 进制数采用乘 R 取整法：将十进制小数不断乘以 R 取整数，直到小数部分为0或达到所要求的精度为止，所得的整数在小数点后自左向右排列。

【例1-5】 将 $(123.125)_D$ 转换为二进制数。

取余数

```
  2 | 123        1
    2 | 61        1
      2 | 30      0
        2 | 15    1
          2 | 7   1
            2 | 3 1
              2 | 1 1
                  0
```

取整数

```
0.125
 ×2
0.250    0
 ×2
0.500    0
 ×2
1.000    1
```

$$(123.125)_D = (1111011.001)_B$$

类似地，将十进制数234.12转换为八进制数的结果为

$$(234.12)_D = (352.075)_O$$

4) 二进制数、八进制数、十六进制数之间的转换

由前面的例子可以看到，将十进制数转换为二进制数，转换的书写过程较长。二进制数比等值的十进制数占更多的位数，容易出错。为方便起见，可借助八进制和十六进制数进行转换或表示。由于二进制数、八进制数和十六进制数间存在特殊关系：$2^3=8$，$2^4=16$，即1位八进制数相当于3位二进制数，1位十六进制数相当于4位二进制数，因此转

换时就比较容易。它们之间的关系见四种进制数对照表,如表1-2所示。

表1-2 四种进制数对照表

十进制数	二进制数	八进制数	十六进制数	十进制数	二进制数	八进制数	十六进制数
0	0000	00	0	8	1000	10	8
1	0001	01	1	9	1001	11	9
2	0010	02	2	10	1010	12	A
3	0011	03	3	11	1011	13	B
4	0100	04	4	12	1100	14	C
5	0101	05	5	13	1101	15	D
6	0110	06	6	14	1110	16	E
7	0111	07	7	15	1111	17	F

根据这种对应关系,二进制数转换为八进制数时,以小数点为中心分组,每3位为一组,两头不足3位则补0即可。同样,二进制数转换为十六进制数以每4位为一组,两头不足4位则补0即可。

【例1-6】 将二进制数$(1011111011.0011001)_B$转换为十六进制数(见表1-3)。

表1-3 二进制数转换为十六进制数

0010	1111	1011	0011	0010	二进制数
↓	↓	↓	↓	↓	↓
2	F	B	3	2	十六进制数

因此,$(1011111011.0011001)_B=(2FB.32)_H$。

【例1-7】 将二进制数$(1011111011.0011001)_B$转换为八进制数(见表1-4)。

表1-4 二进制数转换为八进制数

001	011	111	011	001	100	100	二进制数
↓	↓	↓	↓	↓	↓	↓	↓
1	3	7	3	1	4	4	八进制数

因此,$(1011111011.0011001)_B=(1373.144)_O$。

同样,将八(十六)进制数转换为二进制数只要将1位转换为3(4)位即可,中间的0不能省略,小数点前的高位0和小数点后的低位0可以去掉。

【例1-8】 将十六进制数$(1A3D.B2)_H$转换为二进制数(见表1-5)。

表1-5 十六进制数转换为二进制数

1	A	3	D	B	2	十六进制数
↓	↓	↓	↓	↓	↓	↓
0001	1010	0011	1101	1011	0010	二进制数

因此，$(1A3D.B2)_H=(1101000111101.1011001)_B$。

3. 数据信息编码

1) 计算机中数据的存储单位：位、字节与字长

(1) 位(bit，b)。位是计算机中表示信息的最小单位，代码为0和1。n位二进制数能表示2^n种状态。

(2) 字节(byte，B)。字节是计算机中存储信息的基本单位，每字节由8位二进制数组成。计算机是以字节为单位计算存储容量的。一个英文字母(不区分大小写)占1字节的空间，一个中文汉字占2字节的空间。英文标点占1字节，中文标点占2字节。

换算关系如下：

$$1B=8b$$
$$1KB=1024B=2^{10}B$$
$$1MB=1024KB=2^{20}B$$
$$1GB=1024MB=2^{30}B$$
$$1TB=1024GB=2^{40}B$$
$$1PB=1024TB=2^{50}B$$
$$1EB=1024PB=2^{60}B$$

(3) 字长。计算机进行数据处理和运算的单位，即CPU在单位时间内能一次处理的二进制数据的位数，称为字长。字长由若干字节组成，如16位、32位、64位等。目前常用的是32位计算机和64位计算机。字长较长的计算机在相同的时间内能处理更多的数据。字长是衡量计算机性能的重要指标。

2) 机器数

前面提到，计算机内部采用二进制表示各类数据。对于数值型数据，数据有正负和小数之分，因此，必须解决符号位、小数点在计算机内部的表示问题。

通常，把一个数在计算机内的二进制表示形式称为机器数，该数称为这个机器数的真值。一个机器数一般由三类符号构成：数字0和1(表示符号位的+和-)，以及小数点。数字0和1的二进制编码是直接的，剩下的就是解决符号位和小数点的表示问题。

机器数具有如下三个特点。

(1) 由于计算机设备的限制和操作上的便利，机器数有固定的位数。

机器数所表示的数受到位数的限制，在一定的范围内，超过这个范围就会产生"溢出"。例如，一个8位的机器数，所能表示的无符号整数的最大值是全1(11111111)，即十进制数255。如果超过这个值，就会产生"溢出"。

(2) 机器数把其真值的符号数字化。

通常机器数中规定的符号位(一般是最高位)取0或1，分别表示其值的正或负(0表示正数，1表示负数)。例如，一个8位机器数，其最高位是符号位，对于00101110和10010011，其真值分别为十进制数+46和-19。

(3) 机器数中，采用定点和浮点方式来表示小数点的位置。

定点表示法是将小数点的位置固定在一个二进制数的某一位置。定点数分为定点纯小数(小数点固定在符号位之后，数的最前面)和定点整数(小数点固定在数据最后一位之后，表示一个纯整数)。

浮点表示法是指表示一个数时，其小数点的位置是浮动(可变)的，是数的科学(指数)计数法在计算机中的具体实现。浮点表示法表示数的范围较大，但运算规则复杂，运算速度相对来说较慢。

3) 原码、反码与补码

(1) 原码。带符号的机器数称为数的原码。实际上，计算机中不是用原码存储有符号数的。为什么呢？机器数在进行运算时，若将符号位和数值位同时参与运算，则会得出错误的结果。例如：

$$X=+6 \quad [X]_原=00000110$$
$$Y=-3 \quad [Y]_原=10000011$$
$$X+Y=+6+(-3)=6-3=3$$

原码相加，得到-9：

$$\begin{array}{r} 00000110 \\ +\ 10000011 \\ \hline 10001001\cdots\cdots\cdots-9 \end{array}$$

原码相减，得到-3：

$$\begin{array}{r} 00000110 \\ -\ 10000011 \\ \hline 10000011\cdots\cdots\cdots-3 \end{array}$$

因此，为了运算方便，计算机中引入了反码和补码的概念，将加减法运算统一转换为补码的加法运算。

正数的原码、反码和补码形式完全相同，负数则有不同的表示形式。

整数X的原码表示：整数的符号位用"0"表示正，"1"表示负，其数值部分是该数的绝对值的二进制表示。

$$[X]_原=\begin{cases} 0X & X\geqslant0 \quad +7:00000111 \quad +0:00000000 \\ 1[X] & X\leqslant0 \quad -7:10000111 \quad -0:10000000 \end{cases}$$

表示数的范围为-127~127(11111111~01111111)，在原码表示中，0有两种表示方法。

(2) 反码。反码是求补码的中间过渡。负数的反码是对该数的原码中除符号位外的各位取反。

$$[X]_反=\begin{cases} 0X & X\geqslant0 \quad +7:00000111 \quad +0:00000000 \\ 1|X| & X\leqslant0 \quad -7:11111000 \quad -0:10000000 \end{cases}$$

在反码表示中，0有两种表示方法。

(3) 补码。负数的补码是在其反码的基础上，在末位加1。

$$[X]_{\text{补}}=\begin{cases}0X & X\geqslant0 & +7：00000111 & +0：00000000\\1|X|+1 & X\leqslant0 & -7：11111001 & -0：00000000\end{cases}$$

补码表示中，0有唯一的表示形式，即[+0]=[-0]=00000000，因此，可以用多出来的编码10000000来扩展补码的表示范围，最高位1既可看作符号位负数，又可表示数值。所以对于一个八位的二进制机器数，补码表示数的范围为-128~127。这就是补码与原码、反码最小值不同的原因。

【例1-9】利用补码进行(+6)+(-6)运算。

$$X=+6\quad[X]_{\text{原}}=00000110\quad[X]_{\text{补}}=00000110$$
$$Y=-6\quad[Y]_{\text{原}}=10000110\quad[Y]_{\text{补}}=11111010$$

两数相加：

$$\begin{array}{r}00000110\cdots\cdots\cdots\cdots+6的补码\\+\ 11111010\cdots\cdots\cdots\cdots-6的补码\\\hline 00000000\cdots\cdots\cdots\cdots0的补码\end{array}$$

【例1-10】利用补码进行(+6)+(-3)运算。

$$X=+6\quad[X]_{\text{原}}=00000110\quad[X]_{\text{补}}=00000110$$
$$Y=-3\quad[Y]_{\text{原}}=10000011\quad[Y]_{\text{补}}=11111101$$

两数相加：

$$\begin{array}{r}00000110\cdots\cdots\cdots\cdots+6的补码\\+\ 11111101\cdots\cdots\cdots\cdots-3的补码\\\hline 00000011\cdots\cdots\cdots\cdots+3的补码\end{array}$$

数的原码、反码和补码表示总结如下。

● 对于正数，其原码、补码和反码的表示相同，即$[X]_{\text{原}}=[X]_{\text{补}}=[X]_{\text{反}}$，符号位用0表示，其余各位为该数的绝对值。

● 对于负数：①原码，符号位用"1"表示，加上该数的绝对值；②反码，符号位"1"不变，其余各位求反；③补码，$[X]_{\text{补}}=[X]_{\text{反}}+1$(末位加1)。

4. 字符编码

1) ASCII码

ASCII码，即 American Standard Code for Information Interchange(美国信息交换标准代码)，是西文字符的一种编码规范，原为美国国家标准，1967年被国际标准化组织(ISO)定为国际标准。ASCII码是1字节编码，编码范围是0~255，最多可表示256个不同字符。具有256个编码的ASCII码分为两大部分：标准ASCII码和扩充ASCII码。

(1) 标准ASCII码。在ASCII码中，二进制最高位为0的编码称为标准ASCII码，其编码范围是十进制0~127，即标准ASCII码有128个编码。可见，标准ASCII码只需要7位二进制字符进行编码就可以了，所以又称为7位字符编码。而在实际存储时，由于存储器是按字节作为最小单位来组织的，7位编码仍然需要占1字节的存储空间，必须在编码前补一个二进制0成为1字节。标准ASCII码如表1-6所示。

表1-6 标准ASCII码

低四位	高四位							
	0000	0001	0010	0011	0100	0101	0110	0111
0000	NULL	DLE	空格	0	@	P	`	p
0001	SOH	DC1	!	1	A	Q	a	q
0010	STX	DC2	"	2	B	R	b	r
0011	ETX	DC3	#	3	C	S	c	s
0100	EOT	DC4	$	4	D	T	d	t
0101	ENQ	NAK	%	5	E	U	e	u
0110	ACK	SYN	&	6	F	V	f	v
0111	BELL	ETB	'	7	G	W	g	w
1000	BS	CAN	(	8	H	X	h	x
1001	HT	EM	)	9	I	Y	i	y
1010	LF	SUB	*	:	J	Z	j	z
1011	VT	ESC	+	;	K	[	k	{
1100	FF	FS	,	<	L	\	l		
1101	CR	GS	-	=	M	]	m	}
1110	SO	RS	>	N	^	n	~
1111	SI	US	/	?	O	_	o	DEL

这样，英文中的每一个字符都有一个固定的编码，保存字符时只需要保存它的ASCII码即可。

ASCII码表中有33个控制符编码(00H~1FH、7FH)和95个可显字符编码(20H~7EH)。它确定了西文字符的顺序：小写字母在大写字母之后，其顺序与字母顺序一致。不难发现，只要记住字母"A""a"和数字"0"的ASCII码，就能够推算出所有英文大、小写字母和数字的ASCII码。

(2) 扩充ASCII码。扩充ASCII码的二进制最高位为1，其范围为128~255。扩充的ASCII码也是128个，虽然这些代码也有国际标准，但它们是可变字符。各国都利用扩充ASCII码来定义自己国家的文字代码。例如，日本将其定义为片假名字符，我国则将其定义为中文文字的代码。

2) 汉字编码

ASCII码只对英文字母、数字和标点符号等进行了编码。为了用计算机处理汉字，同样需要对汉字进行编码。由于汉字是象形文字，种类繁多，远比西文复杂，而且在一个汉字处理系统中，输入、内部处理、输出对汉字编码的要求不尽相同，因此要进行一系列的汉字编码及转换，即必须解决汉字的输入码、交换码、机内码和字形码等问题。

(1) 输入码。为了使用计算机的西文键盘输入汉字，必须提供汉字的输入编码，即汉字的输入码，也称外码。一般来说，汉字输入码应具有单一性、方便性、高速性和可靠性。目前，有多种汉字输入编码。

① 数字编码。数字编码是用等长的数字串为汉字逐一编号，以这个编号作为汉字的输入码。例如，区位码、电报码等都属于数字编码。数字编码规则简单，易于和汉字的内部码互相转换，但难记忆，不宜推广使用。

1980年，为了使每个汉字有一个全国统一的代码，我国发布了《信息交换用汉字编码字符集　基本集》，即国家标准GB 2312—1980，它是我国国家标准简体中文字符集。新加坡等国家和地区也采用此编码，是目前使用最多的汉字编码标准。

该标准基于区位码设计，将编码表分为94个区，每个区对应94个位，每个位放一个字符(包括汉字、符号、数字等)。这样每个字符的区号和位号组合起来就成为该汉字的区位码。区位码一般用十进制来表示。例如，"啊"字位于16区01位，它的区位码就是1601。为了处理与存储的方便，每个汉字的区号和位号在计算机内部分别用一个字节来表示。

在GB 2312—1980中，01~09区是符号区、数字区，16~87区是汉字区，10~15和88~94是未定义的空白区。其中，共有6763个简化汉字(分为两级，第一级3755个汉字，属于常用汉字，按汉字拼音字母顺序排列；第二级3008个汉字，属于次常用汉字，按部首排列)和682个汉字符号。

② 字音编码。字音编码是以汉字读音为基础的一种编码，常用的是拼音码。拼音码简单、易学，用户只需要能正确写出汉字的拼音即可使用。由于同音汉字较多，拼音码的重码率较高，输入时常要进行屏幕选字，对汉字输入速度有影响。

③ 字形编码。字形编码用字母表示组成汉字的基本笔画，按汉字基本笔画的书写顺序和组成进行编码，如五笔字型码、表形码等。它的特点是输入速度较快，重码率低，但是由于要对汉字进行拆分，因此需要学习如何拆字、记忆字根等。

需要指出的是，以上所说的均是编码输入的方式，目前还有一些非编码输入方式，如手写板输入、光学字符识别输入、语音输入等，均是模式识别输入方式，这些方法大大方便了汉字的输入操作。与编码输入的确定性不同，模式识别输入存在不确定性，识别难度较大，对算法要求较高。

(2) 交换码。交换码是指具有汉字处理功能的不同计算机系统之间交换汉字信息时所使用的编码标准。我国一直沿用GB 2312—1980所规定的国标码作为统一的汉字信息交换码。

由于区位码无法用于汉字通信，因为它可能与通信使用的控制码(ASCII码表中的控制字字符00H~1FH，即0~31)发生冲突，于是，ISO 2022规定每个汉字的区号和位号必须分别加上20H(即十进制的32)，得到对应的国标交换码，简称国标码，也称交换码。国标码通常用十六进制来表示。例如，"啊"字的区位码(16 01)的十六进制表示为1001H，其国标码为3021H。

(3) 机内码。由于文本中通常混合有汉字和西文字符，汉字信息如果不加以特别标识，就会与单字的ASCII码混淆。例如，"啊"字的国标码为3021H，用来表示其国标码的两个字节最高位均为0,即两个字节分别为30H和21H,可以解析成两个字符"0"和"!"。

为了解决这一问题,将一个汉字看成两个扩展ASCII码,将GB 2312—1980中汉字的两个字节的最高位都置1,即国标码加上80H(即二进制数10000000,十进制的128)。这种高位为1的双字节汉字编码即GB 2312—1980汉字的机内码,简称内码,又称汉字ASCII码。它是计算机内部存储、处理加工和传输汉字时所用的代码。每个汉字的外码可以有多种,但是内码只有一个。

【例1-11】 "啊"字的区位码(16 01)的十六进制表示为1001H,国标码为3021H,机内码则为B0A1H(30H+80H=B0H,21H+80H=A1H)。

区位码是一种早期的汉字输入编码,由区码(十进制)和位码组成,例如1601表示第16区第1位的汉字。使用时需要先将区码和位码分别转换为十六进制(如1601→1001H),这是后续转换的基础。国标码通过区位码转换得到:将十六进制区位码的区号和位号分别加上2020H(即整体加2020H),例如1001H + 2020H = 3021H。机内码是计算机内部处理汉字的实际编码,由国标码转换而来:国标码每个字节最高位置1(即加8080H),例如3021H + 8080H = B0A1H。

汉字机内码、国标码和区位码三者之间的关系为

$$国标码=区位码+2020H$$

$$机内码=国标码+8080H$$

$$机内码=区位码+A0A0H$$

【例1-12】 求汉字"爪"的机内码,可以先对照GB 2312—1980,找到该字的区位码5506,对应的十六进制表示为3706H,则其机内码为3706H+A0A0H=D7A6H。

除了GB 2312—1980编码,常用的汉字编码标准还有如下几个。

Big5:又称大五码或五大码,是繁体中文社区中最常用的汉字字符集标准,共收录13 053个汉字,使用2字节表示。

GBK:为了更好地满足古籍研究等方面的文字处理需要,我国在1995年颁布了GBK汉字内码扩充规范,不仅包含GB 2312—1980 中规定的全部汉字和符号,还收录了包括繁体字在内的大量汉字和符号。它是GB 2312—1980的扩展,共收录了21 003个文字,支持国际标准ISO 10646中的全部中、日、韩文字,也包括Big5编码中的所有汉字,使用2字节编码。

GB18030:对GBK的扩充,覆盖中国少数民族文字和繁体汉字。其编码空间约为161万码位,收录了70 244个文字。它采用变长多字节编码,每个字可以由1字节、2字节或4字节组成。

当采用GB 2312—1980、GBK和GB 18030三种不同的汉字编码标准时,一些常用的汉字如"中""国"等,它们在计算机中的表示(内码)是相同的。

(4) 字形码。字形码是为了解决汉字的显示和打印等输出问题而制定的编码标准。汉字的字形码表示汉字字形的字模数据,又称汉字字模。字模通常有点阵和矢量两种汉字字形码。点阵码主要用于显示输出,其他类型的输出主要使用点阵码和矢量码。

用点阵表示字形时,汉字字形码指的就是这个汉字字形点阵的代码,如图1-7所示。

系统提供的所有汉字字形码的集合组成了系统的汉字字形库，简称汉字库。

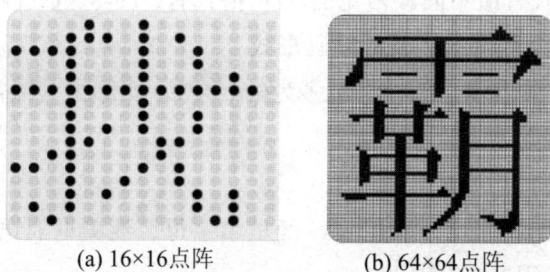

(a) 16×16点阵　　　　(b) 64×64点阵

图1-7　汉字"我"和汉字"霸"的点阵表示

汉字点阵有多种规格，包括简易型16×16点阵、普及型24×24点阵、提高型32×32点阵、精密型48×48点阵和64×64点阵。点阵规模越大，字形也越清晰、美观，在汉字库中所占用的空间也越大。

矢量码存储的是汉字字形的轮廓特征，用数学曲线描述，字体中包含符号边界上的关键点、连线的导数信息等。输出汉字时，通过计算机的计算，描述汉字的大小和形状。矢量化字形描述与最终文字显示的大小、分辨率无关，因此可产生高质量的汉字输出。

点阵字形码使用方便、易于理解，但不同大小的字形需要不同的点阵库，占用的存储空间较大，且字形放大时容易产生锯齿状失真，优点是可以直接送到输出设备进行输出。矢量码占用的存储空间较小，字号变化时不会改变字形，效果较好，但需要进行适当处理后才能送到输出设备输出。

计算机处理汉字的一般过程(见图1-8)：输入汉字时，操作者在键盘上键入输入码，通过输入码找到汉字的区位码，再计算汉字的机内码，保存内码；显示或打印汉字时，首先从指定地址取出汉字的内码，根据内码从汉字库中取出汉字的字形码，再通过一定的转换，将字形码输出到屏幕或打印机上。

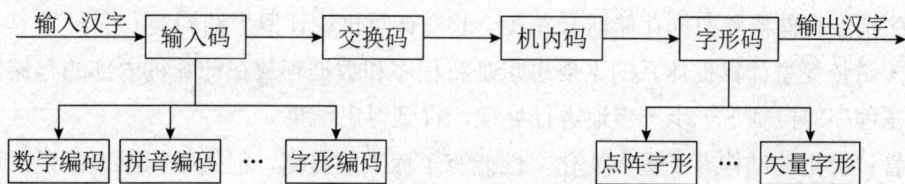

图1-8　计算机处理汉字的过程

3) Unicode码

很多传统的编码方式允许计算机支持双语环境(通常使用拉丁字母及本地语言)，却无法支持多语言环境，因此产生了Unicode码(统一码、国际码、万国码、单一码)。它为每种语言中的每个字符设定了统一并且唯一的二进制编码，以满足跨语言、跨平台进行文本转换、处理的要求，是一种可以容纳全世界所有语言文字的编码方案。

Unicode编码系统可分为编码方式和实现方式两个层次。

Unicode的编码方式规定每个字符的数字编号是多少，并不规定这个编号如何存储。Unicode的实现方式称为UTF(Unicode transformation format，Unicode转换格式)，一个字符的Unicode编码是确定的，但是在实际传输过程中，出于跨平台及节省空间的目的，Unicode编码的实现方式有所不同。常见的UTF 格式有UTF-8、UTF-16及UTF-32。自2009年以来，UTF-8一直是互联网最主要的编码形式。

UTF-8使用变长字节表示，理论上最多为6个字节，实际上其通常使用1~4字节为每个字符编码。具体编码规则如下。

- 一个ASCII字符只需要1字节编码。
- 带有变音符号的拉丁文、希腊文、西里尔字母、亚美尼亚语、希伯来文、阿拉伯文、叙利亚文等字母使用2字节编码。
- 中日韩文字、东南亚国家文字、中东国家文字等使用3字节编码。
- 其他极少使用的字符使用4~6字节编码。

UTF-8可以用来表示Unicode 标准中的任何字符，而且其编码中的第一个字节仍与ASCII码相容，使得原来处理ASCII字符的软件无须或只进行少部分修改后，便可继续使用。

1.2.2 计算机系统

1.冯·诺依曼型体系结构

当要利用计算机完成某项工作时，如完成复杂的数学计算或进行信息的管理，都必须先制定该项工作的解决方案，再将其分解成计算机能够识别并能执行的基本操作指令，最终完成程序所要实现的目标。由此可见，计算机的工作方式取决于它的两个基本能力：一是能存储程序，二是能自动执行程序。

1944年，美籍匈牙利数学家冯·诺依曼提出计算机基本结构和工作方式的设想，为计算机的诞生和发展提供了理论基础。时至今日，尽管计算机软硬件技术飞速发展，但计算机本身的体系结构并没有明显的突破，当今的计算机仍属于冯·诺依曼型体系结构，是一种将程序指令存储器和数据存储器合并在一起的计算机设计概念结构。

冯·诺依曼型计算机体系的主要思想是将程序和数据存放在计算机内部的存储器中，计算机在程序的控制下一步一步地进行处理，直到得出结果。

尽管计算机的结构有了重大变化，性能有了惊人的提高，但就结构原理来说，至今占统治地位的仍是存储程序式的冯·诺依曼型计算机体系结构，如图1-9所示。

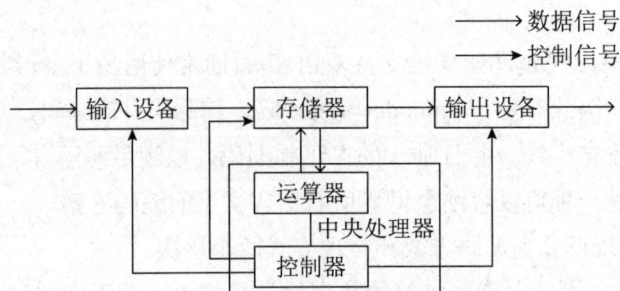

图1-9 冯·诺依曼型计算机体系结构

冯·诺依曼型计算机体系的特点如下。

1) 组成部分

冯·诺依曼型计算机由运算器、控制器、存储器、输入设备和输出设备五大部分组成，这五大部分分别完成计算机的五大功能。

(1) 运算器：完成运算功能，能完成各种算术运算、逻辑运算及数据传输等操作。

运算器又称算术/逻辑单元(arithmetic and logic unit，ALU)，是计算机处理数据、形成信息的加工厂，它的主要功能是对二进制数进行算术运算或逻辑运算。运算器主要由一个加法器、若干个寄存器和一些控制线路组成。在控制器控制下，它对取自存储器或其内部寄存器的数据进行算术或逻辑运算，其结果暂存在内部寄存器或送到存储器。

运算器的性能指标是衡量整个计算机性能的重要因素之一，与运算器相关的性能指标包括计算机的字长和运算速度。其中，字长是指计算机运算部件一次能同时处理的二进制数据的位数，字长越长，则计算机的运算速度和精度就越高。运算速度通常是指每秒所能执行加法指令的数目，常用百万次每秒(million instructions per second，MIPS)来表示，这个指标能直观地反映机器的速度。

运算器中的数据取自内存，运算结果又被送回内存。运算器在控制器的控制下对内存进行读写操作。

(2) 控制器：完成控制功能，能根据程序的规定或操作结果控制程序的执行顺序及协调计算机各部件的工作。

在计算机中，控制计算机进行某一操作的命令称为指令。控制器是计算机的神经中枢，由程序计数器、指令寄存器、指令译码器、工作脉冲形成控制电路、时钟控制信号形成部件、地址形成部件和中断控制逻辑组成。

控制器的工作过程如下：

- 从内存中取出指令，并确定下一条指令在内存中的地址。
- 对所取指令进行译码和分析，根据指令的要求向有关部件发出控制命令。
- 有关部件执行指令规定的操作。
- 将执行结果返回内存，并读取下一条指令。

从宏观上看，控制器的作用是协调计算机各部件的工作。从微观上看，控制器的作用是按一定顺序产生机器指令以获得执行过程中所需要的全部控制信号，这些控制信号作用于计算机的各个部件以使其完成某种功能，从而达到执行指令的目的。所以，控制器的真正作用是对机器指令执行过程的控制。

运算器和控制器一起组成了中央处理单元，即CPU(central processing unit)，它是计算机的核心部件。中央处理单元的性能决定着整个计算机系统的性能。

(3) 存储器：完成存储功能，能记忆和保存输入的程序、数据及各种结果。

存储器是计算机中用来存储程序和数据的部件，主要用于在控制器的控制下按照指定的地址存入和取出信息。它由若干存储单元组成，每个存储单元有一个编号，称为地址。

存储器分为内存储器和外存储器。

- 内存储器简称内存(主存)，是计算机的信息交流中心。用户通过输入设备输入的程序和数据最初送入内存，控制器执行的指令和运算器处理的数据取自内存，运算的中间结果和最终结果保存在内存中，输出设备输出的信息同样来自内存，内存中的信息如果需要长期保存，则应保存在外存储器中。总之，内存要与计算机各个部件打交道，进行数据传送。因此，内存的存取速度直接影响计算机的运算速度，内存容量是衡量计算机数据信息处理能力的重要标志。内存的特点是密度大、重量轻、体积小、存取速度快。

内存又分为只读存储器(ROM)和随机存储器(RAM)。ROM只能从中读取信息，而不能写入信息。当停电或死机时，其中的信息仍能保留。RAM可以从中读出和写入信息，但在断电以后将丢失存储的内容。计算机运行时，系统程序、应用程序及用户数据都临时存放在RAM中。

- 外存储器简称外存，用来存放计算机系统的系统软件、用户程序及用户的数据。通常，外存只和内存交换数据而不和计算机的其他部件直接交换数据。当需要执行外存中的程序或处理外存中的数据时，必须通过CPU的输入/输出指令将其调入内存。常见的计算机存储设备有硬盘、光盘、U盘等。外存的特点是容量大、速度较慢、价格较便宜。

个人计算机中常使用三种存储技术：磁存储(如hard disk drive，HDD)、光存储(如CD、DVD)和固态存储(如各类内存卡、U盘以及solid state drive，SSD)。每种存储技术都有其优缺点，通常从通用性、耐用性、速度和容量等方面来考虑使用何种存储设备。计算机的运算器、控制器和内存储器合称计算机的主机。

(4) 输入设备：完成输入功能，将程序和数据送到计算机的存储器中。

输入设备是人与计算机进行会话的一个接口。常用的输入设备有键盘、鼠标、扫描仪、摄像头、麦克风等。

(5) 输出设备：完成输出功能，能根据人们事先给出的格式要求，将程序、数据及结果输出给操作人员。

常用的输出设备有显示器、打印机、音箱、绘图仪等。

2) 数据和程序的存储

数据和程序以二进制代码的形式不加区别地存放在存储器中，存放位置由地址指定，地址码也为二进制形式。

3) 控制器的工作模式

控制器是根据存放在存储器中的指令序列即程序来工作的，并由一个程序计数器(PC，即指令地址计数器)控制指令的执行。控制器有判断能力，能根据计算结果选择不同的动作流程。

2. 计算机的工作原理和基本结构

计算机硬件系统的各大部件并不是孤立存在的，在处理信息的过程中，各部件需要互相传输数据，部件之间基本上都有单独的连接线路。计算机的工作原理和基本结构如图1-10所示。

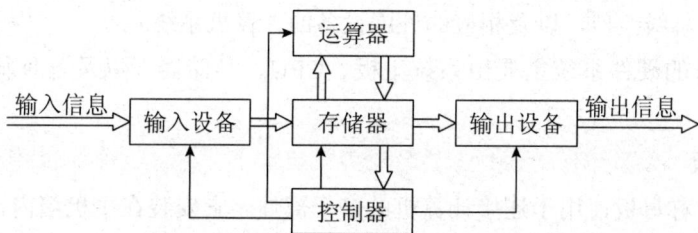

图1-10　计算机的工作原理和基本结构

　　计算机操作系统启动后，输入设备处于等待用户输入数据的状态，用户输入时，输入设备向控制器发出输入请求，控制器向输入设备发出输入命令，用户将编写的源程序、命令及各种数据通过输入设备传送到内部存储器中，依次执行输入的命令或程序指令，控制器发出存取命令，数据存入内部存储器或从内部存储器中取出数据；控制器根据程序指令的运算请求发出取数据命令，从内部存储器中取数据送入运算器的缓冲器参与运算，运算的结果保存到内部存储器中。当程序需要输出时，控制器通知输出设备，输出设备准备好后向控制器发送输出请求，控制器发送输出命令，数据从内部存储器传送到输出设备，输出运行结果。

3. 计算机系统的组成

　　计算机系统由硬件系统和软件系统两大部分组成，如图1-11所示。硬件是指由电子线路、元器件和机械部件等构成的具体装置，是看得见、摸得着的实体，是机器系统。软件系统是计算机中运行的程序及其使用的数据和相应文档的集合。没有软件系统的计算机几乎是没有用的。计算机的功能不仅取决于硬件系统，在更大程度上是由所安装的软件系统所决定的。

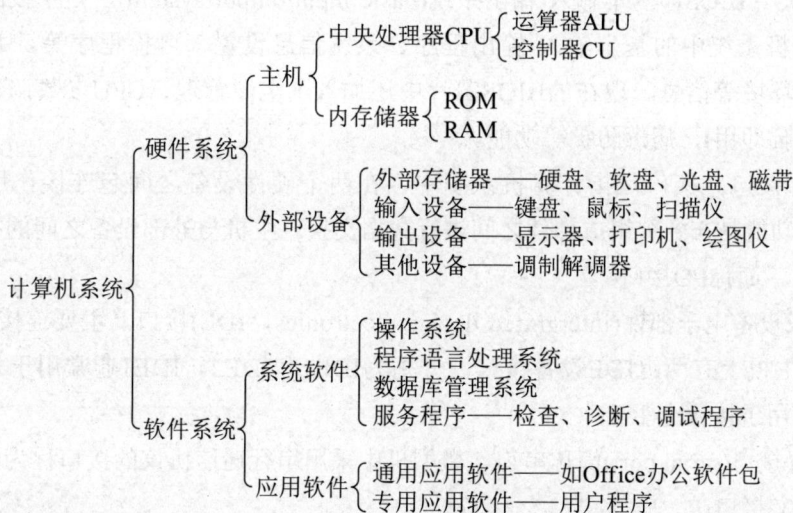

图1-11　计算机系统的组成

4. 微型计算机的硬件系统

微型计算机是指以微处理器为中心，同时配置相应的主存储器、输入/输出接口电路、系统总线和总线接口，以及相应的外围设备的计算机系统。

微型计算机的硬件系统主要由系统主板、CPU、存储器，以及各种输入、输出设备组成。

1) 系统主板

系统主板又称母板，用于连接计算机的多个部件。它安装在主机箱内，是微型计算机最基本、最重要的部件之一。主板主要包括CPU插槽、内存插槽、芯片组、总线扩展槽、BIOS、各种接口。目前主板一般都集成了显卡、声卡、网卡、无线网卡等。

(1) CPU插槽。CPU插槽用于固定连接CPU的芯片。

(2) 内存插槽。用户购买与主板插槽匹配的内存就可以实现内存扩充，即插即用。

(3) 芯片组。芯片组是主板的灵魂，由一组超大规模集成电路芯片构成。芯片组控制和协调整个微机系统的正常运转和各个部件的选型，它被固定在主板上，不能像CPU、内存等进行简单的升级换代。芯片组的作用是在BIOS和操作系统的控制下，按照统一的技术标准和规范为计算机中的CPU、内存、显卡等部件建立可靠的安装、运行环境，为各种接口的外部设备提供可靠的连接。芯片组的外观就是集成块。目前，芯片组的生产厂家主要有Intel、VIA、AMD、NVIDIA、ATI等，其中Intel和VIA的芯片组最为常见。

(4) 总线扩展槽。总线扩展槽主要用于扩展微型计算机的功能，也称为I/O插槽，可以插入许多标准选件，如显卡、声卡、网卡等，以扩展微型计算机的各种功能。任何插卡插入扩展槽后，都可以通过系统总线与CPU连接，在操作系统的支持下实现即插即用。这种开放式结构方便用户对微机相应子系统进行局部升级，使厂家和用户在配置机型方面有更大的灵活性。

(5) BIOS。BIOS即基本输入/输出系统(basic input/output system)，是主板的核心，它保存着计算机系统中的基本输入/输出程序、系统信息设置、自检程序等，并反馈设备类型、系统环境等信息。现在的BIOS芯片中还加入了电源管理、CPU参数调整、系统监控、PNP(即插即用)、病毒防护等功能。

(6)各种接口。接口是指计算机系统中，在两个硬件设备之间起连接作用的逻辑电路。接口的功能是在各个组成部件之间进行数据交换。主机与外部设备之间的接口称为输入/输出接口，简称I/O接口。

● 集成设备电子部件(intergrated device electronics，IDE)接口，主要连接IDE硬盘和IDE光驱。主板上有两组IDE设备接口，分别为IDE1和IDE2。IDE1通常用于连接引导硬盘，IDE2多用于接入光驱。

● 串行接口(serial port)简称串口。微型机中采用串行通信协议的接口称为串行接口，也称为RS-232接口。

● 并行接口(parallel port)简称并口，用一组线同时传送几组数据。在微型机中，一般配置一个并行接口，标记为LPT1或PRN。并口一般用于连接老式的打印机，目前很多主板已经不提供并口了。

- USB(universal serial bus)接口即符合通用串行总线硬件标准的接口，用于外部设备。USB能使相关外设在机箱外连接，允许热插拔(连接外设时不必关闭电源)，实现安装自动化，且比传统串口快成百上千倍。各类设备(如鼠标、键盘、打印机、扫描仪等)均已转为使用USB接口。

2) CPU

CPU是一个大规模集成电路芯片，包括运算器、控制器、寄存器组、内部总线等。寄存器用于暂存参与运算的数据、结果和状态等，高档CPU芯片中还有高速缓冲存储器，用于解决CPU与内存之间速度不匹配的问题。

CPU的性能指标主要包括两个：机器字长和主频。

机器字长是指计算机的运算部件能同时处理的二进制数据的位数。字长决定了计算机的运算精度，字长越长，计算机的运算精度就越高。因此，高性能的计算机字长较长，而性能较差的计算机字长相对要短一些。字长也影响计算机的运算速度，字长越长，计算机在一个周期内处理的数据位数就越多，运算速度就越快。字长通常是字节的整倍数，如Intel奔腾系列CPU字长为32位，而酷睿2系列CPU字长达到64位。近几年，主流CPU为64位字长，处理器一次可以运行64位数据。64位计算机主要有两大优点：可以进行更大范围的整数运算，可以支持更大的内存。

主频即计算机CPU的时钟频率，又称时钟周期和机器周期，单位是兆赫(MHz)或吉赫(GHz)，它反映了CPU的基本工作节拍。例如，2.4GHz主频是指CPU时钟能在1s内运行2.4亿个周期。周期是CPU的最小时间单位。CPU的每一项活动都以周期来度量。需要注意的是，时钟的速度并不等于处理器在1s内能执行的指令数目。在很多计算机中，一些指令能在1个周期内完成，但是也有一些指令需要多个周期才能完成。有些CPU甚至能在单个时钟周期内执行几个指令。

主频是衡量CPU性能的一个重要技术指标。主频越高，表明指令的执行速度越快，指令的执行时间也就越短，对信息的处理能力和效率就越高。

注意，只有在比较同系列芯片的CPU时，才可以直接对时钟速度加以比较。

另外，对多核处理器来说，核心的数量也会影响性能。双核(多核)结构就是在一个CPU中集成两个(多个)单独的CPU单元。这种技术的好处是可以在一个时钟周期内执行多条指令，因而理论上可以成倍提高CPU的处理能力。多核心通常会带来更快的处理速度。2.4GHz的i5处理器有两个核心，等效性能为4.8GHz(2.4GHz×2)。而1.6GHz的i7处理器有4个核心，等效性能为6.4GHz(1.6GHz×4)。

如果是不同架构、不同品牌的CPU，仅对比主频没有可比性，还需要了解CPU的核心架构、核心数量及缓存容量等几个重要指标。

3) 存储器

存储器是用来存储程序和数据的部件。从存储器中取出信息而不破坏原有的内容，这种操作称为存储器的读操作；把信息写入存储器而将原来的内容抹掉，这种操作称为存储器的写操作。存储器分为内存(又称主存储器)和外存(又称辅助存储器)两大类。

29

内存与运算器和控制器直接相连，存放当前正在运行的程序和有关数据，存取速度较快；外存存放计算机暂时不用的程序和数据，需要时才调入内存，它的存取速度相对较慢。通常，运算器、控制器、主存储器合称为计算机的主机。

4) 输入、输出设备

输入设备(如键盘、鼠标等)能把程序、数据、图形、声音、控制现场的模拟量等信息，通过输入接口转换为计算机可接收的形式。输出设备(如显示器、打印机等)能把计算机的运行结果或过程，通过输出接口转换为人们所要求的直观形式或控制现场能接受的形式。而不少设备同时集成了输入、输出两种功能。例如，光盘刻录机可作为输入设备，将光盘上的数据读入计算机内存，也可作为输出设备将数据刻录到CD-R或CD-RW光盘上。

5. 计算机的软件系统

计算机的软件系统是指为支持计算机运行或解决某些特定问题而需要的程序、数据以及相关文档的集合。

计算机的硬件系统也称为裸机，裸机只能识别由0和1组成的机器代码。没有软件系统的计算机是无法工作的，它只是一台机器而已。实际上，用户所面对的是经过若干层软件"包装"的计算机，计算机的功能不仅仅取决于硬件系统，在更大程度上是由所安装的软件系统决定的。硬件系统和软件系统互相依赖，不可分割。计算机硬件、软件与用户之间的关系是一种层次结构，其中硬件处于内层，用户在最外层，而软件则在硬件与用户之间，用户通过软件使用计算机的硬件。计算机系统的层次结构如图1-11所示。

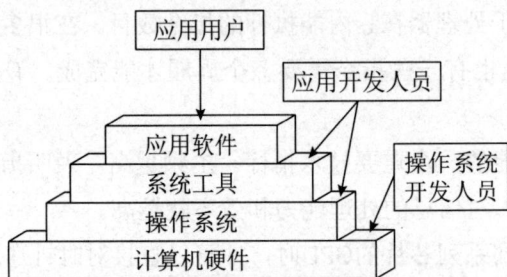

图1-11　计算机系统的层次结构

1) 软件的定义

软件是计算机的灵魂，没有软件的计算机毫无用处。软件是用户与硬件之间的接口，用户通过软件使用计算机硬件资源。计算机科学对软件的定义：软件就是在计算机系统支持下，能够完成特定功能和性能的程序、数据及相关的文档。于是，软件可以形式化地表示为

$$软件=知识+程序+数据+文档$$

程序是用计算机程序设计语言描述的。无论是低级语言(如汇编语言)，还是高级语言(如C++、Java、Python 等)，程序都可以在相应的语言编译器的支持下转换为操纵计算机硬件执行的代码。

2) 软件的特点

(1) 具有抽象性，是一种逻辑实体，只能通过运行状况来了解其功能、特性和质量。

(2) 软件没有明显的制作过程。

(3) 软件不存在磨损、老化问题，但存在缺陷需要维护和技术更新等问题。

(4) 软件的开发和运行必须依赖于特定的计算机系统环境，对硬件有依赖性，为了减少依赖，开发中提出了软件的可移植性。

(5) 复杂性高、成本高，软件的开发渗透了大量的脑力劳动，以及人的逻辑思维、智能活动和技术水平。

(6) 软件的开发涉及诸多社会因素，如知识产权等。

3) 软件的分类

计算机软件分为系统软件(system software)和应用软件(application software)两大类。

(1) 系统软件。系统软件是管理、监控和维护计算机资源的软件，是用来扩大计算机的功能、提高计算机的工作效率、方便用户使用计算机的各种程序的集合。人们借助软件使用计算机。系统软件是计算机正常运转不可缺少的，一般在购买计算机时由厂家提供。任何用户都要用到系统软件，其他程序都要在系统软件的支持下运行。系统软件分为操作系统、语言处理系统、数据库管理系统及系统工具软件4类。

① 操作系统。操作系统(operating system，OS)是用户和计算机硬件之间的操作平台，用户只有通过操作系统才能在不必了解计算机系统内部结构的情况下正确使用计算机。所有的应用软件和其他的系统软件都是在操作系统下运行的。目前使用的操作系统有很多不同的版本，其功能各具特色，适用于不同的场合。目前在微机上运行的操作系统主要有MS-DOS、Windows、macOS、UNIX、Linux等，在手持计算机上运行的操作系统主要有Android、iOS等。

② 语言处理系统。语言处理系统将高级语言编写的源程序翻译成由机器语言(一种以二进制代码"0"和"1"形式来表示，且能够被计算机直接识别和执行的语言)组成的目标程序。高级语言贴近自然语言，用户不必了解计算机的内部结构，只需要把解决问题的执行步骤输入计算机即可。高级语言不能直接被计算机执行，必须通过语言处理系统转换为计算机能够识别的机器语言，其转换过程有如下两种方式。

● 编译方式：编译程序把高级语言的源程序翻译成用机器指令生成的目标程序，再由计算机执行该目标程序并得到计算结果。

● 解释方式：解释程序对源程序逐句地进行翻译，每翻译一句就由机器执行一句，即边解释边执行。

不同的高级语言有不同的语言处理系统。C++等高级语言源程序采用编译方式，而Python等则采用解释方式。

③ 数据库管理系统。数据库管理系统(database management system，DBMS)是进行数据存储、共享和处理的有效工具。当今计算机已广泛应用于各种管理工作中，而完成这种

管理工作的信息管理系统几乎都是以数据库为核心的。简单地说，数据库管理系统是管理系统中大量、持久、可靠、共享的数据的工具。数据库管理系统在操作系统支持下工作。常见的数据库管理系统有Access、Oracle、DB2、SQL Server、MySQL等。

④ 系统工具软件。系统工具软件是指用来管理、维护、使用计算机的服务性程序，如诊断和修复工具、调试程序、编辑程序、文件压缩程序和磁盘整理工具等，主要是为了维护计算机系统正常运行，方便用户进行软件开发和运行，如Windows 中的磁盘整理工具程序等。还有一些著名的工具软件，如360软件管家，它集成了维护计算机的各种工具程序。实际上，Windows和其他操作系统都有附加的实用系统工具程序。

(2) 应用软件。应用软件是为解决某一特定应用领域内的任务而开发的软件，是在系统软件的支持下工作的。常用的应用软件如下。

① 通用应用软件。通用应用软件由计算机专业人员与相关专业的技术人员共同开发完成，是为解决通用性问题而研制开发的程序，通常由软件开发商发布与发行，使用范围较广，如文字处理软件Word、WPS，电子表格软件Excel，绘图软件AutoCAD、网络浏览软件 Internet Explorer、Chrome、Firefox 等。

② 专用应用软件。专用应用软件也称用户程序，是指用户自行开发或者委托软件企业开发的针对特定问题而编制的程序。专用应用软件专门用于某一个专业领域，如股票分析软件、银行管理软件、气象预报分析系统、企业财务管理系统、仓库管理系统、人事档案管理系统、设备管理系统、计划管理系统等，以及广泛使用的各种管理信息系统(management information system，MIS)。

1.2.3 操作系统和文件

1. 操作系统

操作系统是计算机系统中的一个系统软件，它们管理和控制计算机系统中的软件和硬件资源，合理地组织计算机工作流程，以便有效地利用这些资源为用户提供一个功能强大、使用方便和可扩展的工作环境，从而在计算机与其用户之间起到接口的作用。

操作系统的目标主要有两点：一是方便用户使用计算机，一个好的操作系统应提供给用户一个清晰、简洁、易于使用的用户界面；二是提高系统资源的利用率，尽可能使计算机系统中的各种资源得到最充分的利用。

1) 操作系统的功能

操作系统的主要功能可以分为处理机管理、存储管理、设备管理、文件管理和作业管理等。

(1) 处理机管理。处理机管理主要是对CPU进行管理，又称进程管理。CPU是计算机系统中最重要的硬件资源，计算机的一切处理和运算都是在CPU中完成的。处理机的占用率和它的利用率直接关系计算机和用户任务的处理效率。

CPU的每个周期都是可用于完成任务的资源。许多被称为"进程"的计算机活动会竞争CPU的资源。进程是指正在执行的程序,即进程=程序+执行。进程是程序的一次执行过程,是系统进行调度和资源分配的一个独立单位。一个程序被加载到内存,系统就创建了一个进程,程序执行结束后,该进程也就消亡了。当有一个或多个用户提交作业请求服务时,操作系统对进程的管理是协调各作业之间的运行,充分发挥CPU的作用,为所有用户服务,提高计算机的使用效益,使CPU的资源得到充分利用。

在Windows等操作系统中,用户可以查看当前正在执行的进程。有时"进程"又称"任务"。例如,在Windows任务管理器(按Alt+Ctrl+Delete组合键打开)中,可以快速查看进程信息,或者强行中止某个进程。当然,结束一个应用程序的最好方式是在应用程序的界面中正常退出,而不是在进程管理器中删除一个进程,除非应用程序出现异常而不能正常退出时才这样做。如果怀疑程序没有正确关闭或有恶意软件在暗中捣鬼,用户可以查看CPU正在执行哪些进程。

(2) 存储管理。存储管理的主要任务是对内存资源进行合理分配。当多个程序共享有限的内存资源时,如何为它们分配内存空间,使它们既彼此隔离、互不干扰,又能在一定条件下及时调配,尤其是内存不够用时,如何把当前未运行的程序与程序所需数据及时调出内存,运行时再从外存调入内存等,都是存储管理的任务。

(3) 设备管理。设备管理是指计算机系统中,CPU和内存以外的所有输入/输出设备的管理,不仅包括进行实际输入/输出操作的设备,还包括各种支持设备。设备管理的首要任务是为这些设备提供驱动程序或控制程序,使用户不必了解设备及接口技术细节,就可方便地对这些设备进行操作。另外,设备管理会协调相对低速的外部设备尽可能与CPU并行工作,以提高设备的使用效率和整个系统的运行速度。

(4) 文件管理。文件是具有某种性质的信息集合。文件的范围很广,包括文本文件、程序文件、应用文件等。文件通常存放在外存(如磁盘)上,通过文件名即可对文件的内容进行读写操作。文件是计算机系统的软件资源,有效地组织、存储、保护文件,使用户方便、安全地访问它们,是文件管理的任务。

(5) 作业管理。所谓作业,就是在一次提交给计算机处理的程序和数据的集合或一次事务处理中,要求计算机系统所做的工作的集合。可以说,计算机的一切工作都是为了完成作业。协助用户向计算机系统提交作业,保障系统以较高的效率运行,这就是作业管理的任务。

2) 操作系统的演变与发展

操作系统伴随着计算机技术及其应用的发展而逐渐发展和不断完善,其功能由弱到强,在计算机系统中的地位不断提高,至今,已成为计算机系统的核心。操作系统的发展历史如下。

(1) 无操作系统时代。1946年,世界上第一台电子计算机ENIAC诞生,计算机硬件主要采用电子管器件,输入、输出等各类操作命令均由手工实现。

(2) 第一代操作系统。20世纪50年代初期,产生了第一个简单的批处理操作系统,即操作系统的雏形——批处理系统(监督程序),用来控制作业的运行。用户将作业提交到机房,操作员将一批作业输入外存(如磁带),形成一个作业队列。当需要调入作业时,监督程序从这一批作业中选择一项调入内存运行。当这一项作业完成时,监督程序再调入另一项作业,直到这一批作业全部完成。

(3) 第二代操作系统。20世纪60年代中期,产生了多道操作系统、分时操作系统。

多道操作系统:在计算机内存中同时存放几个相互独立的程序,在管理程序控制之下,使它们在系统内相互穿插地运行。

分时操作系统:在一台主机上连接多个带有显示器和键盘的终端,同时允许多个用户通过自己的键盘,以交互的方式使用计算机,共享主机中的资源。

(4) 第三代操作系统。20世纪70年代,通用计算机操作系统开始出现,如 UNIX、MS-DOS等操作系统相继问世。

UNIX系统自诞生至今已50多年,仍然是PC、服务器、中小型机、工作站、巨型机及集群等类型的计算机的通用操作系统,而且以其为基础形成的开放系统标准(如POSIX)也是迄今为止唯一的操作系统标准。

MS-DOS是 Microsoft disk operating system 的简称,是由美国微软公司提供的单用户磁盘操作系统,从4.0版开始具有多任务处理功能。

(5) 第四代操作系统。20世纪八九十年代以后,出现了Windows系列操作系统、网络操作系统、分布式操作系统等。

Windows系列操作系统自1985年推出Windows 1.0以来不断推陈出新,因其易学、易用、友好的图形用户界面,以及多任务及内存扩展等功能得以很快流行并迅速占领市场,至今仍是操作系统的主流产品。

网络操作系统能够管理网络通信和网络上的共享资源,协调各个主机上任务的运行,并向用户提供统一、高效、方便、易用的网络接口。UNIX、Linux及用于服务器的Windows版本都是网络操作系统。

分布式操作系统是指由多个分散的处理单元经网络的连接而形成的系统。在分布式操作系统中,系统的处理和控制功能都分散在系统的各个处理单元上,系统中的所有任务都可以动态地分配到各个处理单元中。分布式操作系统是网络操作系统的更高形式。

(6) 第五代操作系统。第五代操作系统与硬件结合更加紧密,嵌入式操作系统(embedded operating system,EOS)及移动操作系统均是这一代操作系统的代表。

嵌入式系统是一种完全嵌入受控器件内部,为特定应用而设计的专用计算机系统。它结构精简,在硬件和软件上都只保留需要的部分,而将不需要的部分裁去。一般都具有便携、低功耗、性能单一等特性,在智能家居、交通管理、环境监测、电子商务等领域的智能终端上均有广泛的应用。嵌入式操作系统是指用于嵌入式系统的操作系统,是一种用途广泛的系统软件,例如嵌入式Linux、WinCE,负责嵌入式系统的全部软硬件资源的分配、调度工作,控制与协调并发活动。

另外,移动操作系统也随着智能手机和平板计算机的不断发展而发展起来,主流的移动操作系统有苹果的iOS和 Google的 Android等。

2. 文件

文件是具有文件名的相关信息的集合，所有的程序和数据都是以文件的形式存放在计算机的外存上。想有效地使用计算机文件，就需要对文件的基础知识有很好的理解。

1) 文件名和扩展名

任何一个文件都有文件名，文件名是存取文件的依据，即"按名存取"。保存文件时，必须提供符合特定规则的有效文件名，这些特定规则称为文件命名规范。

用户给文件命名时，必须遵循以下规则：

(1) 在文件和文件夹的名称中，用户最多可使用255个字符。

(2) 可使用带有多个间隔符"."的文件名，如jsj.jsj.docx。

(3) 文件名可以有空格但不能有"\""/"":""*""?"""""<"">""|"等。

(4) Windows保留文件名的大小写格式，但不能区分大小写，例如JSJ.TXT 和jsj.txt被认为是同一文件名。

(5) 搜索和显示文件时，用户可以使用通配符"?"和"*"。其中，问号"?"代表一个任意字符，星号"*"代表任意个字符。

(6) 文件名中最后一个"."后的字符串被称为扩展名，用以标识文件类型，例如jsj.jsj.docx的扩展名为docx，表示该文件是一个Word文档。

在Windows 10系统的平铺显示方式下，文件主要由文件名、文件扩展名、分隔点、文件图标及文件描述信息等部分组成，如图1-12所示。

图1-12　文件的组成

常用的Windows文件扩展名及其表示的文件类型如表1-7所示。

表1-7　常用的 Windows 文件扩展名及其表示的文件类型

扩展名	文件类型	扩展名	文件类型
AVI	视频文件	FON	字体文件
BAK	备份文件	HLP	帮助文件
BAT	批处理文件	INF	信息文件
BMP	位图文件	MID	乐器数字接口文件
COM	执行文件	MMF	Mail文件
DAT	数据文件	RTF	文本格式文件

（续表）

扩展名	文件类型	扩展名	文件类型
DCX	传真文件	SCR	屏幕文件
DLL	动态链接库	TTF	TureType字体文件
DOC	Word 文件	TXT	文本文件
DRV	驱动程序文件	WAV	声音文件

可以通过设置来显示或隐藏文件的扩展名。设置显示和隐藏文件扩展名的方法：首先打开"此电脑"或"文件资源管理器"窗口，选择"查看"→"选项"命令，在弹出的"文件夹选项"对话框中选择"查看"选项卡，在"高级设置"中，取消勾选"隐藏已知文件类型的扩展名"复选框即可显示文件扩展名。

2) 文件夹和路径

要指定文件的位置，首先必须指定文件存储在哪个设备中。在Windows操作系统中，个人计算机的每一个存储设备都是以驱动器名(也叫盘符)进行识别的。盘符通常由图标、名称和信息组成，用大写字母加一个冒号来表示，如"C:"，简称C盘。

在Windows 中硬盘驱动器被指定为"C:"，用户可以根据自己的需求创建多个硬盘分区，在不同的磁盘上存放相应的内容，一般来说，C盘是第一个磁盘分区，用来存放系统文件，程序和数据可以存放在其他分区。各个磁盘在计算机中的显示状态如图1-13所示。

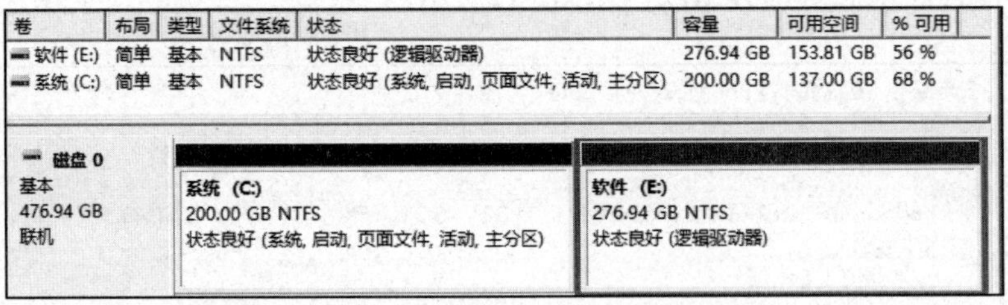

图1-13 各个磁盘在计算机中的显示状态

操作系统为每个存储设备维护一个称为目录的文件列表。主目录也称根目录。根目录通过驱动器名加反斜杠来表示，如"C:\"表示硬盘的一个根目录。根目录还可以进一步细分为更小的列表，一个列表称为一个子目录。

在Windows中，子目录即文件夹，简单地说，文件夹就是文件的集合，类似于文件柜中存放的相关文件的文件夹。如果计算机中的文件过多，则会显得杂乱无章，不方便查找文件，此时用户可将相似类型的文件整理起来，统一地放置在一个文件夹中，这样不仅可以方便用户查找文件，还能有效地管理计算机中的资源。

文件夹中可以包含文件和子文件夹，子文件夹中又可以包含文件和子文件夹，以此类推，即可形成文件和文件夹的树形关系。文件夹中可以包含多个文件和文件夹，也可以不包含任何文件和文件夹。不包含任何文件和文件夹的文件夹称为空文件夹。文件夹名称及图标如图1-14所示。

图1-14　文件夹名称及图标

路径指文件或文件夹在计算机中存储的位置，打开某个文件夹，即可在地址栏中看到进入的文件夹的层次结构，地址栏如图1-15所示。由文件夹的层次结构可以得到文件夹的路径。

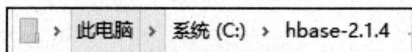

图1-15　地址栏

路径的结构包括盘符、文件夹名称和文件名称，它们之间用"\"隔开。例如C盘下"hbase-2.1.4"文件夹里的"license.txt"文件，路径显示为C:\hbase-2.1.4\license.txt。

3) 文件格式

文件格式是指存储在文件中的数据的组织和排列方式。显然，音乐文件的存储方式与文本文件和图形文件的存储方式是不同的，甚至对同一类数据，也有很多不同的文件格式，例如，图形数据可存储为BMP、GIF、JPEG或PNG等文件格式。对程序、文字、图片等每一类信息，都可以以一种或多种文件格式保存到计算机中。每一种文件格式通常会有一种或多种扩展名来识别，但也可以没有扩展名。扩展名可以帮助应用程序识别文件格式。

每一种应用软件都可以处理特定的文件格式。打开"打开"对话框时，多数应用程序会自动筛选文件，只显示那些以它们能处理的文件格式存储的文件。在Windows中，可使用文件关联列表把文件格式和相应的应用软件连接起来，以便用户双击某个文件名时，计算机可以自动打开能处理正确文件格式的应用软件。

此外，可对文件格式进行转换。例如，若某人创建了一个Word文档，想将其发布到Web上，则可以将此文档的格式转换为HTML格式后发布。最简单的文件格式转换方法就是找到一种能处理这两种文件格式的应用软件，然后使用该软件打开需要转换格式的文件，使用"导出"或"另存为"对话框选择一种新的文件格式，给这个文件重新命名后保存。

本章小结

本章主要介绍了计算机的基础知识和信息技术的发展历程，首先阐述了计算机的定义、核心特征以及其在现代社会中的重要地位，随后详细回顾了计算机从起源到现代的发展历程，包括电子管、晶体管、集成电路到超大规模集成电路的四个主要阶段。在理解计算机硬件系统的基础上，本章探讨了计算机的软件系统，包括系统软件和应用软件的分类与作用。此外，本章介绍了计算机信息处理的基本原理，包括二进制编码、数值编码和字符编码等核心概念，以及计算机在科学计算、数据处理、过程控制和人工智能等多个领域的广泛应用。读者通过学习本章，可以对计算机的基础知识和信息技术的发展历程有全面而深入的了解。

习题

1. 简答题

(1) 简述计算机的五大组成部分及其功能。

(2) 解释冯·诺依曼型计算机体系结构的主要特点。

(3) 什么是二进制？为什么计算机使用二进制进行数据处理？

(4) 简述ASCII码和Unicode码的区别。

2. 计算题

(1) 将十进制数123转换为二进制数和十六进制数。

(2) 将二进制数1101011转换为十进制数和八进制数。

(3) 计算二进制数的和：1011 + 1101。

(4) 将十六进制数A3F转换为二进制数和十进制数。

3. 应用题

(1) 假设一个文件大小为2GB，计算其对应的字节数，分别以KB、MB为单位进行计算。

(2) 解释计算机中"存储程序"的概念，并举例说明其在现代计算机中的应用。

(3) 简述计算机的发展历程，列举每一代计算机的主要特点。

(4) 解释计算机中"字长"的概念，并说明其对计算机性能的影响。

4. 编程题

(1) 编写一个Python程序，将用户输入的十进制数转换为二进制数和十六进制数。

(2) 编写一个Python程序，计算两个二进制数的和，并输出结果。

第2章
Python 编程基础

一问，这项技术解决了什么问题？

Python编程技术解决了多个方面的问题。

1. 简化编程过程：Python的设计初衷是易于理解和使用，通过简化语法和强调代码的可读性，降低了编程的门槛，使得编程变得更加直观和高效。

2. 提高开发效率：Python拥有丰富的标准库和第三方库，这些库提供了大量的功能模块，使得开发者可以快速实现各种功能，减少重复编码工作。

3. 跨平台应用：Python是一种跨平台语言，可以在不同的操作系统上运行，这使得开发者可以编写一次代码，在不同平台上运行，提高了代码的可移植性。

4. 支持复杂任务：尽管Python语法简洁，但它仍然支持处理复杂任务，如数据分析、机器学习、Web开发等，为各领域提供了强大的编程工具。

二问，不用它会怎样？

如果不使用Python编程技术，可能会面临以下问题。

1. 开发效率低下：缺少Python这样强大且易于使用的编程工具，开发者可能需要编写更多的代码来实现相同的功能，导致开发周期延长。

2. 学习成本高：其他编程语言可能语法更复杂，学习曲线更陡峭，提高了新开发者的学习难度和时间成本。

3. 错过优秀的生态系统：Python拥有庞大的社区和丰富的第三方库，这些资源为开发者提供了大量的支持和解决方案。不使用Python，可能无法充分利用这些资源。

4. 跨平台部署困难：如果选择其他非跨平台语言，可能在不同操作系统上的部署和维护会更加复杂和耗时。

三问，它的局限性在哪里？

尽管Python编程技术具有许多优点，但它也存在一些局限性。

1. 性能问题：与一些编译型语言(如C、C++)相比，Python的运行速度可能较慢。这是因为Python是一种解释型语言，代码在执行前需要被解释器逐行解释。

2. 内存管理：Python的全局解释器锁(GIL)限制了Python程序在多核CPU上的并行执行

能力，可能导致性能瓶颈，特别是在CPU密集型任务中。

3. 不适合某些特定领域：虽然Python在多个领域都有广泛应用，但在某些对性能要求极高的领域(如实时系统、嵌入式系统等)，Python可能不是最佳选择。

4. 代码可读性"双刃剑"：Python的简洁语法和强调可读性的设计虽然降低了编程门槛，但有时也可能导致代码过于简洁而难以阅读和理解，特别是对于大型项目或复杂逻辑。

2.1 Python概述

2.1.1 产生背景

Python由荷兰计算机科学家吉多·范罗苏姆(Guido van Rossum)于20世纪80年代末至90年代初开发出来。范罗苏姆希望开发一种易于理解和使用且能够处理复杂任务的语言，以简化编程过程并提高开发效率。Python的设计受到了ABC语言和Modula-3等语言的启发，强调代码的可读性和简洁性。范罗苏姆选择"Python"作为语言名称，部分是出于对英国电视节目《蒙提·派森的飞行马戏团》的喜爱，同时反映了他希望Python语言不仅具有实用性，而且具备轻松、幽默的一面。

2.1.2 历史发展

起源阶段(1989—1993年)：范罗苏姆在荷兰国家数学和计算机科学研究所工作时，出于对当时编程语言的不满，开始构思一种新的编程语言，他希望这种语言能够弥补C语言在异常处理和分布式操作系统支持方面的不足。

初始阶段(1994—2000年)：Python 1.0于1994年发布，引入了lambda表达式、map、filter和reduce等函数式编程工具。Python 1.6于2000年发布，是Python 1.x系列的最后一个版本。这个阶段主要实现了基本的语法结构、数据类型、异常处理、模块系统等特性。

成熟阶段(2001—2007年)：Python 2.0于2000年发布，引入了循环引用检测垃圾回收机制和全局解释器锁(GIL)。Python 2.4于2004年发布，同年Django框架诞生。Python 2.7于2010年发布，是Python 2.x系列的最后一个版本。这个阶段主要增加了许多新功能，对Python 1.x 做了改进，如Unicode支持、列表推导、垃圾回收机制、生成器、装饰器、迭代器协议、新式类等。

Python 3的诞生与挑战(2008年至今)：2008年，Python 3.0发布，这是Python历史上的一个重要里程碑。Python 3旨在解决Python 2中的一些设计缺陷，例如处理整数和长整数时的不一致性。然而，Python 3与Python 2在语法和库兼容性上存在差异，这导致了社区的分裂。尽管如此，Python 3的推广仍在稳步进行。Python 2的官方支持已于2020年结束，Python 3成为唯一的官方支持版本。

2.1.3　版本更迭

Python 2.x版本已于2020年1月1日停止更新，而Python 3.x版本则持续得到更新和优化。Python 3.x版本引入了许多新特性，如模式匹配、类型提示、异步编程等，不仅适用于初学者，也能够满足专业开发人员在复杂项目中的需求。

2.1.4　应用分析

Python在多个领域都有广泛的应用，包括但不限于以下领域。

(1) **数据科学**：在数据科学领域，Python凭借其强大的数据处理和分析能力，成为该领域的首选语言。Python拥有丰富的数据处理库，如NumPy、Pandas和SciPy等，这些库提供了高效的数据存储、操作和分析功能。此外，Python还支持数据可视化，如Matplotlib、Seaborn等库，使得数据科学家能够直观地展示数据分析结果。Python在数据科学中的应用场景包括但不限于数据挖掘、数据清洗、数据转换、统计分析、预测建模等。

(2) **机器学习**：在机器学习领域，Python同样占据重要地位。Python支持多种机器学习算法和框架，如Scikit-learn、TensorFlow和PyTorch等。这些框架提供了丰富的机器学习算法实现和高效的计算性能，使得开发者能够轻松构建和训练机器学习模型。Python在机器学习中的应用场景包括图像识别、语音识别、自然语言处理、推荐系统等。

(3) **Web开发**：Python在Web开发领域也有广泛的应用。Python拥有多个流行的Web开发框架，如Django和Flask等。这些框架提供了便捷的Web开发功能，如路由、模板渲染、数据库交互等，使得开发者能够快速搭建Web应用。Python在Web开发中的应用场景包括网站开发、Web服务开发、API接口开发等。

(4) **自动化运维**：在自动化运维领域，Python同样发挥着重要作用。Python支持多种自动化运维工具和平台，如Saltstack和Ansible等。这些工具和平台提供了自动化部署、配置管理、监控和报警等功能，使得运维人员能够提高运维效率和质量。Python在自动化运维中的应用场景包括自动化部署、配置管理、日志收集和分析、性能监控等。

(5) **云计算**：在云计算领域，Python也有广泛的应用。Python支持多种云计算平台和服务，如OpenStack、AWS、Azure等。这些平台和服务提供了丰富的云计算功能，如虚拟机管理、存储管理、网络管理等。Python在云计算中的应用场景包括云计算平台开发、云服务管理、云资源调度等。

此外，Python还在科学计算、网络爬虫、人工智能等领域发挥着重要作用。简洁的语法、跨平台特性、丰富的库支持及不断发展的特性，使得Python成为最受欢迎的编程语言之一。

2.1.5 发展趋势

Python作为一种功能强大且易于上手的高级编程语言，已经在多个领域展现了其广泛的应用价值。关于Python的发展趋势，虽然无法做出绝对准确的预测，但可以从当前的技术发展、行业趋势及Python社区的动态中窥见一斑。

(1) **持续技术创新**：Python社区一直致力于语言本身和周边生态的持续创新。随着Python版本的不断更新，新的语法特性将不断涌现，性能将持续优化，标准库也将不断扩展。这些创新将进一步提升Python的编程体验和开发效率，吸引更多的开发者加入Python的大家庭。

(2) **人工智能与机器学习的快速发展**：随着人工智能和机器学习技术的快速发展，Python在这两个领域的应用将更加深入。Python拥有众多优秀的机器学习库和框架，如TensorFlow、PyTorch等，这些工具已经成为构建和训练机器学习模型的主流选择。未来，Python在人工智能领域的应用将更加广泛，包括自然语言处理、计算机视觉、自动驾驶等多个方向。

(3) **大数据与云计算的强力推动**：大数据和云计算是当前信息技术领域的两大热门话题。Python在数据处理和分析方面有着得天独厚的优势，其丰富的数据处理库和高效的计算性能使得Python成为大数据处理的首选语言之一。同时，Python支持多种云计算平台和服务，使得开发者能够轻松构建和管理云应用。未来，随着大数据和云计算技术的不断成熟与普及，Python在这两个领域的应用将更加广泛和深入。

(4) **跨平台与多领域应用**：Python的跨平台特性和丰富的第三方库支持使得它能够在多个领域发挥重要作用。无论是Web开发、自动化运维、网络爬虫还是科学计算等领域，Python都有着广泛的应用场景和市场需求。未来，随着技术的不断进步和行业的不断发展，Python的应用领域将进一步拓展和深化。

(5) **社区支持与生态建设**：Python的成功离不开其活跃的社区支持和丰富的生态建设。Python社区拥有庞大的开发者群体和丰富的资源积累，包括教程、文档、开源项目等。这些资源为Python的学习者提供了极大的便利和支持。未来，随着Python社区的不断发展壮大和生态建设的不断完善，Python的竞争力将进一步提升。

作为开发者，应该紧跟技术发展的步伐，不断学习和掌握新的技术和工具，以更好地应对未来的挑战和机遇。

2.2 编程环境

Python编程环境通常包括Python解释器、集成开发环境(IDE)，以及一些常用的库和工具。本节主要介绍如何搭建和配置Python编程环境。

2.2.1 安装Python解释器

Python解释器是运行Python代码的核心组件。登录Python的官方网站(https://www.python.org/)即可下载适用于自己操作系统的Python安装程序,按照提示进行安装,在安装过程中,建议勾选"Add Python to PATH"选项,这样可以在命令行中直接运行Python。

2.2.2 选择合适的IDE

IDE提供了代码编辑、调试、运行等功能,可以大大提高开发效率。以下是一些常用的Python IDE。

(1) PyCharm:由JetBrains开发,功能强大,支持智能代码补全、调试、版本控制等。

(2) VSCode(Visual Studio Code):微软开发的轻量级代码编辑器,支持多种编程语言,通过安装Python扩展可以提供完整的Python开发体验。

(3) Jupyter Notebook:基于Web的交互式计算环境,适用于数据科学和机器学习领域。

2.2.3 安装常用的库和工具

Python拥有丰富的第三方库和工具,这些库和工具可以大大扩展Python的功能。以下是一些常用的库和工具。

(1) pip:Python的包管理工具,用于安装和管理Python包。安装Python时,pip通常会一并安装。

(2) NumPy:用于科学计算的基础库,提供了大量数学函数和操作数组的工具。

(3) Pandas:用于数据分析和操作的数据处理库。

(4) Matplotlib:用于数据可视化的库。

(5) Requests:用于发送HTTP请求的库,非常适合进行网络爬虫和数据抓取。

可以通过pip来安装这些库,例如:

```
pip install numpy pandas matplotlib requests
```

2.2.4 配置环境变量

配置环境变量选项是可选项。如果Python安装路径或某些库的安装路径没有添加到系统的PATH环境变量中,则需要手动配置,才可以在命令行中直接运行Python或某些库提供的命令。

2.2.5 测试和验证

最后，确保Python编程环境已经正确搭建和配置。可以编写一个简单的Python脚本来测试环境是否正常工作，例如：

```
print("Hello, World!")
import numpy as np
print(np.array([1, 2, 3]))
```

如果脚本能够正常运行并输出结果，说明Python编程环境搭建和配置正确。

IDLE环境如图2-1所示。

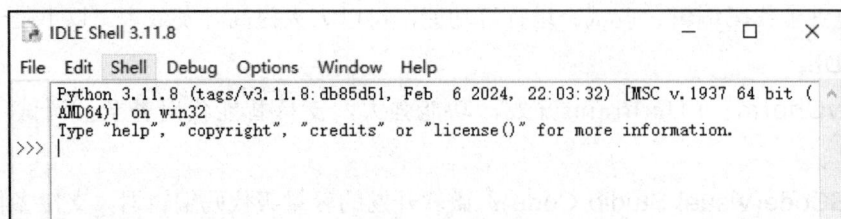

图2-1 IDLE环境

Jupyter环境如图2-2所示。

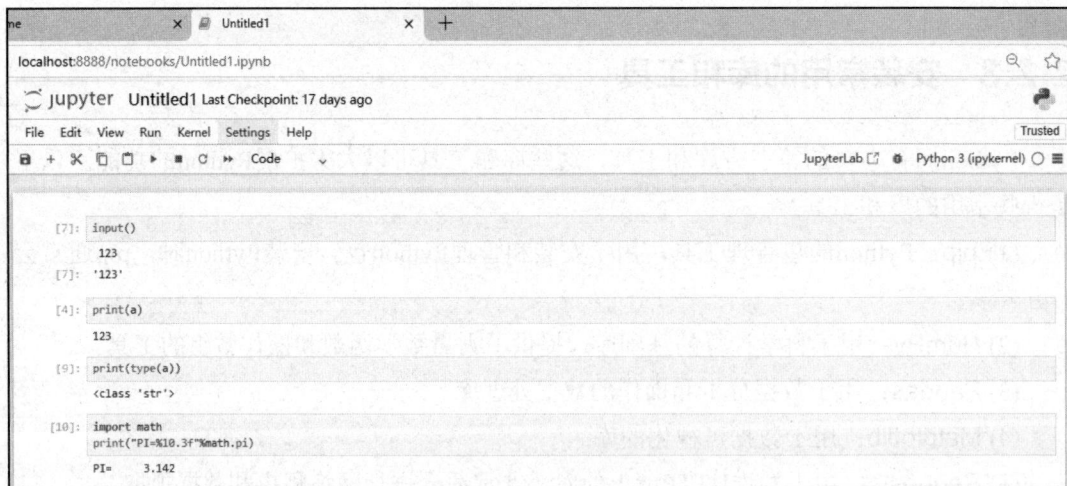

图2-2 Jupyter环境

在IDLE环境中运行程序，结果如图2-3所示。

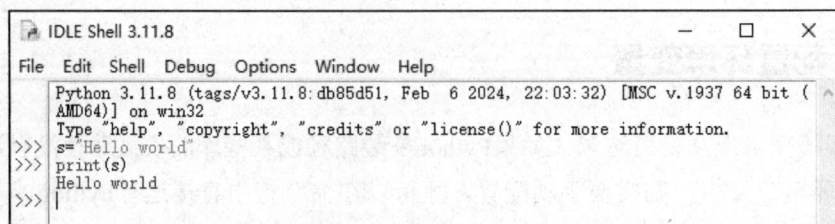

图2-3 程序运行结果

2.3　基础知识

2.3.1　标识符

标识符的第一个字符必须是字母表中的字母或下画线，其他字符可以是字母、数字和下画线，标识符对大小写敏感。在Python 3中，非ASCII码标识符也是合法的。

1. 命名规则

字母和数字：标识符只能包含字母(大写或小写)、数字和下画线。标识符不能以数字开头。

区分大小写：Python中的标识符是区分大小写的，例如，变量名myVar和myvar会被视为两个不同的变量。

避免使用关键字：Python有一些保留的关键字(如if、else、for等)，这些关键字不能用作标识符。

2. 命名约定

虽然Python对标识符的命名没有严格的规定，但遵循一定的命名约定可以使代码更加清晰和易于理解。以下是一些常见的命名约定。

小驼峰命名法：首单词的首字母小写，后续单词的首字母大写，如myFunctionName。

大驼峰命名法(又称Pascal命名法)：每个单词的首字母都大写，如MyClassName。

下画线命名法：单词之间使用下画线分隔，如my_variable_name。

3. 示例

以下是一些有效的Python标识符示例：

```
# 变量名
age = 25
name = "Alice"
is_student = True
# 函数名
def calculate_area(radius):
    return 3.14 * radius ** 2
```

4. 提示

避免使用过长或过于复杂的标识符：过长或过于复杂的标识符会使代码难以阅读和维护。

选择有意义的标识符名称：有意义的标识符名称可以使代码更加清晰和易于理解。

2.3.2　变量

1. 变量定义

变量是代表某值的名字，对变量的操作称为赋值，如：

```
>>>x=5              # 将 5 赋值给 x
>>>y='abc'          # 将字符串 abc 赋值给 y
```

变量可以参与表达式的运算，如：

```
>>>x*2
```

变量的命名遵循标识符命名法则，可以包括字母、数字和下画线，但是不能以数字开头，并且建议命名遵循见文识意的原则。

2. 表达式

表达式是将不同类型的数据(常量、变量、函数)用运算符按照一定的规则连接起来的式子，由运算符(operators)和操作数(operands)组成。

2.3.3　数据类型

Python语言的数据类型如下。

1. 数值类型

(1) 整型(int)的取值为整数，有正有负，如 2、–666、666 等。

(2) 浮点型(float)的取值为小数，当计算有精度要求时使用，由于小数点可以在相应的二进制的不同位置浮动，故而称为浮点数，如 3.14、–6.66 等。如果是非常大或者非常小的浮点数，就需要使用科学计数法表示，用 e 代替 10 。

(3) 复数(complex)由实部和虚部组成，实部和虚部都是浮点数，如1.3+4.6j就是一个复数，虚部加小写字母j表示。

(4) 空值是Python里一个特殊的值，用 None 表示，一般用 None 填充表格中的缺失值。

Python中，可以使用 type() 函数获取某值的类型。

2. 非数值类型

(1) 字符串(str)是用两个单引号或两个双引号括起来的文本，如字符串 "Jump Shot"，包括 J、u、m、p、空格、S、h、o、t，共9个字符。

字符串里常常存在换行、制表符等有特殊含义的字符，这些字符被称为转义字符。例如 \n 表示换行，\t 表示制表符，Python还允许用 r" " 表示，" " 内部的字符串默认不转义。

(2) 布尔型(bool)只有 True 和 False 两个值。比较运算和条件表达式都会得到 True 或 False的结果。

布尔值可以进行 and 、 or 和 not 运算，and 和 or 运算分别用 & 和 | 表示，如图2-4所示。

	True	False
True	True	False
False	False	False

	True	False
True	True	True
False	True	False

(a) and运算　　　　　　　　　　(b) or运算

图2-4　and运算和or运算

not 运算为非运算，即把 True 变成 False，把False 变成 True 。

(3) 日期类型的数据在金融、交通等领域十分常见。在Python中，日期和时间主要通过datetime模块处理，该模块提供了多种类来表示和操作日期时间数据，可根据需求选择合适的类，并通过算术运算、格式化等方法高效处理。

3. 元组类型

元组(tuple)数据的结构与列表类似，其中的元素可以有不同的类型，但是元组中的元素是不可变的，即一旦初始化之后，就不能够再做修改(如果修改则报错：元组对象不支持赋值)。

4. 集合类型

集合(set)是一种无序集，是一组不允许重复的键的集合，不存储值。集合可以用于去除重复值，也可以进行数学集合运算，如并、交、差及对称差等。

5. 列表类型

列表(list)是一个有序的序列结构，序列中的元素可以是不同的数据类型，各元素用逗号分隔开，并用方括号将所有元素括起来。列表可以进行一系列序列操作，如索引、切片、加、乘和检查成员等。

6. 字典类型

字典(dict)在其他语言中被称作哈希映射(hash map)或者相关数组(associative arrays)，是一种大小可变的键值对无序元素集，其中的键(key)和值(value)都是Python对象，其中键必须是唯一的。字典用于需要高速查找的地方。

2.3.4　字符串的表示及格式化

字符串是由单引号或双引号括起来的字符序列，该序列中可以使用反斜杠"\"转义字符加其他特殊字符来实现个别字符的输出。如果字符串包含单引号但不含双引号，则用双引号将字符串括起来；反之，则用单引号将字符串括起来。对于这样的输入字符串，print() 函数会输出更易读的结果。

跨行的字符串可用以下几种方法表示：①使用续行符，即在每行最后一个字符后使用反斜线来说明下一行是上一行逻辑上的延续；②使用 """ (三个双引号)或者 ''' (三个单引号)将字符串括起来。使用三引号时，换行符不需要转义，它们会包含在字符串中。

字符串格式化是指将变量或者表达式插入字符串的特定位置。在Python中，字符串格式化有多种实现方法：

- 使用百分号(%)作为占位符进行格式化。
- 使用format()方法进行格式化。
- 使用f-string进行格式化(仅支持Python 3.6及更高版本)。

2.3.5 语句input/output

1. 输入语句input()

input()获取键盘录入，以字符格式存储，包括简易格式、提示格式、赋值格式。

(1) 简易格式，仅获取键盘录入，如：

```
>>>input()
123
```

(2) 提示格式，带提示语句，如：

```
>>>input("请输入：")
请输入：123
```

(3) 赋值格式，可以将输入赋予变量x，如：

```
>>>x=input("请输入：")
请输入：123
```

当前，将字符串123赋值给变量x并存储，此时不显示任何内容，如果需要查看变量x则需要输出操作，如：

```
>>>print(x)
123
```

此时，123依然是字符串格式，而非数值123，可以调用type验证，如：

```
>>>print(type(x))
<class 'str'>
```

2. 输出语句print()

print()的显示效果如下，其中%s、%d是占位符。

```
>>>a=3.14159
>>>a
   3.14159
>>>print("%d",%a)
   SyntaxError: invalid systax
>>> print("%d",a)
   %d 3.14159
```

```
print("%d"%a)
   3
print("%f"%a)
   3.141590
print("%.3f"%a)
   3.142
```

格式1(右对齐)：

```
>>>import math
>>>print("PI=%10.3f"%math.pi)
PI=     3.142
```

格式2(默认对齐)：

```
>>>print("PI=%f"%math.pi)
PI=3.141593
```

格式3(左对齐)：

```
>>>print("PI=%-10.3f"%math.pi)
PI=3.142
```

格式4(取整对齐)：

```
>>>print("PI=%06d"%math.pi)
PI=000003
```

%s和%r的区别：前者调用str()函数，后者调用repr()函数将对象转换为字符串。

```
>>>import datetime
>>>today=datetime.date.today()
>>>print(today,type(today))
2025-02-02 <class 'datetime.date'>
```

调用str()函数将对象转换为字符串：

```
>>>print(str(today),type(str(today)))
2025-02-02 <class 'str'>
```

调用repr()函数将对象转换为字符串：

```
>>>print(repr(today),type(repr(today)))
datetime.date(2025, 2, 2) <class 'str'>
```

使用字典输出格式字符串：

```
>>>dd={'room':102}
>>>print("your room_no is %(room)d"%dd)
your room_no is 102
```

使用变量+format()格式化字符串：

```
>>>name,no='jack',102
>>>print("{0}'s room_no is {1}".format(name,no))
jack's room_no is 102
```

一种简洁方法如下：

```
>>>print("{0}'s room_no is {1}".format('jack',102))
```

49

```
jack's room_no is 102
```

可以模板化，效果一样，如：

```
>>>template="{0}'s room_no is {1}"
>>>template.format(name,no)
"jack's room_no is 102"
```

一种简单的输出方式如下：

```
>>>name,no='jack',102
>>>print(name,"'s room_no is" ,no)
jack 's room_no is 102
```

2.4 流程控制

流程控制即控制流程，具体指控制程序的执行流程，它允许程序根据条件执行不同的代码块。

2.4.1 程序的基本结构

程序有三种基本结构：顺序结构、分支结构(使用if判断语句)、循环结构(使用while与for语句)。程序的顺序结构是指程序中的各个操作按照它们在源代码中的排列顺序，自上而下依次执行，这是程序设计中最简单的控制结构。本节主要介绍分支结构和循环结构。

2.4.2 分支结构

1. 单分支结构

单分支结构只有一个语句块，供条件成立时执行，否则跳过该语句块，如图2-5所示。

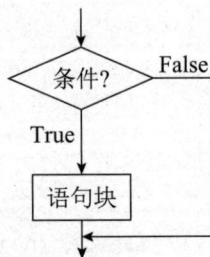

图2-5 单分支结构

条件语句中常用的操作运算符如表2-1所示。

表2-1 操作运算符及说明

操作运算符	说明
<	小于
<=	小于或等于
>	大于
>=	大于或等于
==	等于，比较对象是否相等
!=	不等于

2. 双分支结构

双分支结构有两个语句块，根据条件的真假各自执行一个语句块，如图2-6所示。

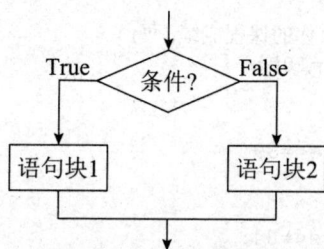

图2-6 双分支结构

3. 多分支结构

多分支结构有多个条件和多个语句块，根据条件的真假执行相应的语句块，如图2-7所示。

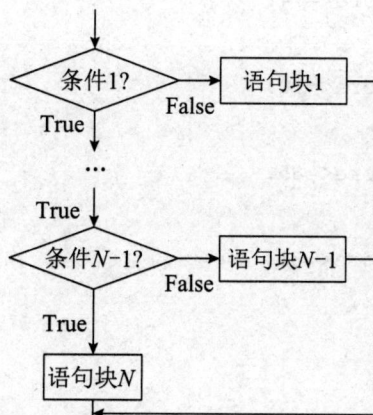

图2-7 多分支结构

分支结构语句示例如下。

```
# 简单的 if 语句示例
x = 10
```

```
if x > 5:
    print("x 大于 5")

# if-else 语句示例
if x > 15:
    print("x 大于 15")
else:
    print("x 不大于 15")

# if-elif-else 语句示例
if x > 15:
    print("x 大于 15")
elif x > 5:
    print("x 在 5 和 15 之间 ")
else:
    print("x 小于或等于 5")
```

示例：计算课程绩点。

```
score=eval(input(" 请输入你的课程成绩： "))
if score>=90 and score<=100:
    point=4
    grade='A'
elif score>=85 and score<=89:
    point=3.7
    grade='A-'
elif score>=82 and score<=84:
    point=3.3
    grade='B+'
elif score>=78 and score<=81:
    point=3.0
    grade='B'
elif score>=75 and score<=77:
    point=2.7
    grade='B-'
elif score>=71 and score<=74:
    point=2.3
    grade='C+'
elif score>=66 and score<=70:
    point=2.0
    grade='C'
elif score>=62 and score<=65:
    point=1.7
    grade='C-'
elif score>=60 and score<=61:
    point=1.3
    grade='D'
elif score<60:
    point=0
    grade='F'
elif score>100:
    point=-1
else:
    point=1.0
    grade='D-'
if point>=0:
    print(" 你的绩点 ={:.2f}".format(point))
```

```
    print(" 你的等级： ",grade)
else:
    print(" 你输入的成绩有误，成绩不能超过 100 分 ")
```

运行程序，输入91，结果如下：

```
请输入你的课程成绩：91
你的绩点 =4.00
你的等级：A
```

运行程序，输入120，结果如下：

```
请输入你的课程成绩：120
你输入的成绩有误，成绩不能超过 100 分
```

2.4.3　循环结构

循环结构是一种程序控制结构，用于重复执行某段代码块，直到满足终止条件。

Python中有for与while两种循环结构，其中while循环被称为条件循环。

1. for循环

for循环的结构如图2-8所示。

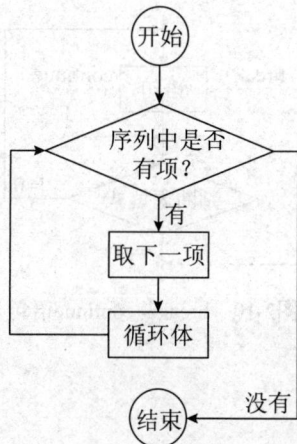

图2-8　for循环

for循环示例如下，遍历一个列表。

```
fruits = ["apple", "banana", "cherry"]
for fruit in fruits:
    print(fruit)
```

2. while循环

while循环的结构如图2-9所示。

while循环示例如下，计算1到10的和。

```
sum = 0
```

```
i = 1
while i <= 10:
    sum += i
    i += 1
print("1 到 10 的和是: ", sum)
```

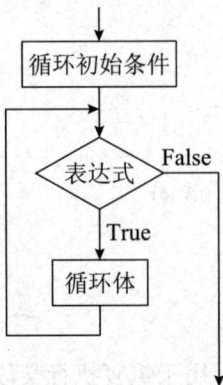

图2-9 while循环

3. break与continue语句

break与continue语句如图2-10所示。

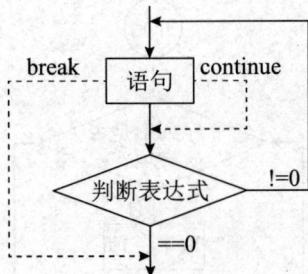

图2-10 break与continue语句

break与continue语句示例如下。

```
# break 语句示例
for i in range(1, 11):
    if i == 5:
        break
    print(i)

# continue 语句示例
for i in range(1, 11):
    if i % 2 == 0:
        continue
    print(i)
```

break语句用于跳出for和while的循环体。如果跳出for或while循环，则任何对应的else代码块将不被执行。

continue语句用于跳出当前循环块中的剩余语句，然后继续进行下一轮循环。

2.4.4　综合案例

1. 闰年判断

闰年的判断规则如下：

(1) 能被 4 整除但不能被 100 整除的年份是闰年；

(2) 能被 400 整除的年份也是闰年。

【代码示例】

```python
def is_leap_year(year):
    """
    判断给定年份是否为闰年。
    参数：
    year (int)：年份
    返回：
    bool：如果是闰年则返回 True，否则返回 False
    """
    if (year % 4 == 0 and year % 100 != 0) or (year % 400 == 0):
        return True
    else:
        return False
# 测试用例
years = [2000, 2004, 2100, 2023, 2024]
for year in years:
    if is_leap_year(year):
        print(f"{year} 年是闰年 ")
    else:
        print(f"{year} 年不是闰年 ")
```

【输出结果】

```
2000 年是闰年
2004 年是闰年
2100 年不是闰年
2023 年不是闰年
2024 年是闰年
```

【代码解析】

(1) 函数定义：

- is_leap_year(year) 函数用于判断给定年份是否为闰年。
- 参数 year 是整数类型的年份。
- 返回值是布尔类型，True 表示是闰年，False 表示不是闰年。

(2) 判断逻辑，使用 if 语句判断年份是否满足闰年的条件。

- year % 4 == 0 and year % 100 != 0：能被 4 整除但不能被 100 整除。
- year % 400 == 0：能被 400 整除。

(3) 测试用例：使用 years 列表存储多个年份，遍历列表并调用 is_leap_year() 函数进行判断。

2. 素数判断

素数是指大于1且只能被1和它本身整除的自然数。

【代码示例】

```python
def is_prime(n):
    """
    判断给定数字是否为素数。
    参数：
    n (int)：需要判断的数字
    返回：
    bool：如果是素数则返回 True，否则返回 False
    """
    if n <= 1:
        return False
    if n == 2:
        return True
    if n % 2 == 0:
        return False
    for i in range(3, int(n**0.5) + 1, 2):
        if n % i == 0:
            return False
    return True
# 测试用例
numbers = [2, 3, 4, 5, 6, 7, 8, 9, 10, 11, 12, 13, 14, 15]
for num in numbers:
    if is_prime(num):
        print(f"{num} 是素数 ")
    else:
        print(f"{num} 不是素数 ")
```

【输出结果】

```
2 是素数
3 是素数
4 不是素数
5 是素数
6 不是素数
7 是素数
8 不是素数
9 不是素数
10 不是素数
11 是素数
12 不是素数
13 是素数
14 不是素数
15 不是素数
```

【代码解析】

(1) 函数定义：

- is_prime(n) 函数用于判断给定数字是否为素数。

- 参数 n 是整数类型的数字。

- 返回值是布尔类型，True 表示是素数，False 表示不是素数。

(2) 判断逻辑：

- 如果 n 小于或等于 1，则直接返回 False(1 及以下的数不是素数)。
- 如果 n 等于 2，则直接返回 True(2 是最小的素数)。
- 如果 n 能被 2 整除且不等于 2，则直接返回 False(2以外的偶数都不是素数)。
- 对于从 3 开始到 sqrt(n) 范围内的奇数，检查是否能被n整除，如果能，则不是素数。

(3) 优化：

- 只需要检查到 sqrt(n)，因为如果 n 有大于 sqrt(n) 的因数，那么它必然有一个小于 sqrt(n) 的因数。
- 只检查奇数，因为偶数已经被排除了。

(4) 测试用例：使用 numbers 列表存储多个数字，遍历列表并调用 is_prime() 函数进行判断。

3. 回文数的判断

回文数是指正读和反读都相同的数字，例如 121、12321 等。

【代码示例】

```python
def is_palindrome(n):
    """
    判断给定数字是否为回文数。
    参数：
    n (int)：需要判断的数字
    返回：
    bool：如果是回文数则返回 True，否则返回 False
    """
    # 将数字转换为字符串
    s = str(n)
    # 判断字符串是否等于其反转
    return s == s[::-1]
# 测试用例
numbers = [121, 123, 12321, 12345, 123321, 1234321]
for num in numbers:
    if is_palindrome(num):
        print(f"{num} 是回文数 ")
    else:
        print(f"{num} 不是回文数 ")
```

【输出结果】

```
121 是回文数
123 不是回文数
12321 是回文数
12345 不是回文数
123321 是回文数
1234321 是回文数
```

【代码解析】

(1) 函数定义：

- is_palindrome(n) 函数用于判断给定数字是否为回文数。

- 参数 n 是整数类型的数字。
- 返回值是布尔类型，True 表示是回文数，False 表示不是回文数。

(2) 判断逻辑：

- 将数字转换为字符串，方便进行反转操作。
- 使用切片操作 [: : –1] 反转字符串。
- 判断原字符串是否等于反转后的字符串。

(3) 测试用例：使用 numbers 列表存储多个数字，遍历列表并调用 is_palindrome() 函数进行判断。

4. 回文数的判断(不转换为字符串)

判断给定数字是否为回文数时，如果不想将数字转换为字符串，可以通过数学方法判断。

【代码示例】

```python
def is_palindrome_math(n):
    """
    判断给定数字是否为回文数（数学方法）。
    参数:
    n (int): 需要判断的数字
    返回:
    bool: 如果是回文数则返回 True，否则返回 False
    """
    if n < 0:
        return False
    original = n
    reversed_num = 0
    while n > 0:
        reversed_num = reversed_num * 10 + n % 10
        n = n // 10
    return original == reversed_num
# 测试用例
numbers = [121, 123, 12321, 12345, 123321, 1234321]
for num in numbers:
    if is_palindrome_math(num):
        print(f"{num} 是回文数 ")
    else:
        print(f"{num} 不是回文数 ")
```

【输出结果】

```
121 是回文数
123 不是回文数
12321 是回文数
12345 不是回文数
123321 是回文数
1234321 是回文数
```

【代码解析】

(1) 函数定义：

- is_palindrome_math(n) 函数用于判断给定数字是否为回文数，使用数学方法实现。

- 参数 n 是整数类型的数字。
- 返回值是布尔类型，True 表示是回文数，False 表示不是回文数。

(2) 判断逻辑：如果 n 是负数，则直接返回 False(负数不可能是回文数)。

(3) 使用循环将数字反转：

- 每次取 n 的最后一位，加到 reversed_num 的末尾。
- 去掉n的最后一位。
- 判断反转后的数字是否等于原数字。

(4) 测试用例：使用 numbers 列表存储多个数字，遍历列表并调用 is_palindrome_ math() 函数进行判断。

5. 字符类型统计

使用 Python 统计字符串中各类字符的数量，包括字母、数字、空格和其他字符。

【代码示例】

```python
def count_characters(s):
    """
    统计字符串中各类字符的数量。
    参数：
    s (str)：输入的字符串
    返回：
    dict：存储各类字符数量的字典
    """
    # 初始化计数器
    counts = {
        'letters': 0,
        'digits': 0,
        'spaces': 0,
        'others': 0
    }
    # 遍历字符串
    for char in s:
        if char.isalpha():   # 判断是否为字母
            counts['letters'] += 1
        elif char.isdigit():   # 判断是否为数字
            counts['digits'] += 1
        elif char.isspace():   # 判断是否为空格
            counts['spaces'] += 1
        else:   # 其他字符
            counts['others'] += 1
    return counts
# 测试用例
input_string = "Hello World! 123"
result = count_characters(input_string)
# 输出结果
print(f"字母数量：{result['letters']}")
print(f"数字数量：{result['digits']}")
print(f"空格数量：{result['spaces']}")
print(f"其他字符数量：{result['others']}")
```

【输出结果】

```
字母数量：10
数字数量：3
空格数量：2
其他字符数量：1
```

【代码解析】

(1) 函数定义：

- count_characters(s) 函数用于统计字符串中各类字符的数量。

- 参数 s 是输入的字符串。

- 返回值是一个字典，存储字母、数字、空格和其他字符的数量。

(2) 判断逻辑：

- 使用 isalpha() 方法判断字符是否为字母。

- 使用 isdigit() 方法判断字符是否为数字。

- 使用 isspace() 方法判断字符是否为空格。

- 以上判断结果均为False，则归为其他字符。

(3) 测试用例：使用 input_string 作为输入字符串，调用 count_characters() 函数进行统计。

6. 字符次数统计

如果需要统计字符串中每个字母或数字出现的次数，可以使用 collections.Counter。

【代码示例】

```python
from collections import Counter
def count_characters_extended(s):
    """
    统计字符串中每个字母和数字出现的次数。
    参数：
    s (str)：输入的字符串
    返回：
    dict：存储每个字母和数字出现次数的字典
    """
    # 筛选出字母和数字
    filtered_chars = [char for char in s if char.isalpha() or char.
    isdigit()]
    # 使用 Counter 统计
    return Counter(filtered_chars)
# 测试用例
input_string = "Hello World! 123"
result = count_characters_extended(input_string)
# 输出结果
print(" 字母和数字出现的次数 :")
for char, count in result.items():
    print(f"'{char}': {count}")
```

【输出结果】

```
字母和数字出现的次数 :
'H': 1
```

```
'e': 1
'l': 3
'o': 2
'W': 1
'r': 1
'd': 1
'1': 1
'2': 1
'3': 1
```

【代码解析】

(1) 函数定义：

- count_characters_extended(s) 函数用于统计字符串中每个字母和数字出现的次数。
- 参数 s 是输入的字符串。
- 返回值是一个字典，存储每个字母和数字的出现次数。

(2) 实现逻辑：

- 使用列表推导式筛选出字母和数字。
- 使用 collections.Counter 统计每个字符出现的次数。

(3) 测试用例：使用 input_string 输入字符串，调用 count_characters_extended() 函数进行统计。

2.5　组合数据类型

Python中的组合数据类型是指可以包含多个数据项的数据类型，这些数据类型能够存储和操作复杂的数据结构，使得程序更加灵活和强大。

2.5.1　列表及其操作

从形式上看，列表会将所有元素都放在一对方括号中，相邻元素之间用逗号分隔。和数组不同的是，列表可以存储整数、实数、字符串、列表、元组等任何类型的数据，并且同一个列表中元素的类型也可以不同。

Python 教程中，经常用 list 代指列表，这是因为列表的数据类型就是 list，可以调用 type() 函数验证，如：

```
>>>print(type(["c.prog.net",1,[2,3,4],3.0]))
<class 'list'>
```

表明["c.prog.net",1,[2,3,4],3.0]是列表类型。

1. 创建列表

方法1：使用方括号直接定义列表。

```
>>>mylist=["c.prog.net",1,[2,3,4],3.0]
>>>print(mylist)
['c.prog.net', 1, [2, 3, 4], 3.0]
```

方法2：可以调用 list() 函数将其他可迭代对象(如元组、字符串、集合等)转换为列表。

```
# 将元组转换为列表
>>>my_tuple=(1,2,3)
>>>my_list=list(my_tuple)
>>>print(my_list)
[1, 2, 3]
# 将字符串转换为列表
>>>my_string="hello"
>>>char_list=list(my_string)
>>>print(char_list)
['h', 'e', 'l', 'l', 'o']
```

2. 输出列表

直接使用 print() 函数即可输出列表。输出整个列表时，包括左右两侧的方括号。如果不想输出全部元素，可以通过列表的索引获取指定的元素。例如，获取列表中索引值为0的元素，可以使用如下代码：

```
>>>mylist=["c.prog.net",1,[2,3,4],3.0]
>>>print(mylist[0])
c.prog.net
```

由执行结果可以看出，输出单个列表元素时，是不带方括号的，且如果是字符串，还不包括左右的引号。除了一次性访问列表中的单个元素，列表还可以通过切片操作实现一次性访问多个元素。可以看到，通过切片操作，最终得到的是一个新的列表。

```
>>>mylist=["c.prog.net",1,[2,3,4],3.0]
>>>print(mylist[1:3])
[1, [2, 3, 4]]
```

3. 删除列表

已经创建的列表，可以使用 del 语句将其删除。Python 自带的垃圾回收机制也会自动销毁不用的列表。

```
>>>del(my_list)
>>>print(my_list[1:3])
--------------------------------------------------------------------------
NameError Traceback (most recent call last)
Cell In[46], line 2
1 del(my_list)
----> 2 print(my_list[1:3])
NameError: name 'my_list' is not defined
```

4. 添加列表元素

name列表：

```
>>>name=['zhangsan','lisi','wangwu']
```

```
>>>print(name)
['zhangsan', 'lisi', 'wangwu']
```

方法1：使用"+"运算符将多个列表元素连接起来。

```
>>>name=name+['zhaoliu']
>>>print(name)
['zhangsan', 'lisi', 'wangwu', 'zhaoliu']
```

方法2：使用函数append()在列表的末尾追加元素。

```
>>>name.append("yangwu")
>>>print(name)
['zhangsan', 'lisi', 'wangwu', 'zhaoliu', 'yangwu']
```

方法3：使用函数extend()在列表中追加元素，而非整体添加，语法格式为listname.extend(obj)。

追加元组：

```
>>>a_list=['a',3]
>>>a_list.extend((-2,3.0))
>>>print(a_list)
['a', 3, -2, 3.0]
```

追加列表元素：

```
>>> a_list.extend(['C','N','N'])
>>>print(a_list)
['a', 3, -2, 3.0, 'C', 'N', 'N']
```

追加区间元素：

```
>>>a_list.extend(range(98,100))
>>>print(a_list)
['a', 3, -2, 3.0, 'C', 'N', 'N', 98, 99]
```

方法4：使用列表的 insert()方法在列表中间增加元素，语法格式为listname.insert(index，obj)，其中，index 参数指的是将元素插入列表中指定位置处的索引值。和append() 方法一样，使用 insert() 方法向列表中插入元素，无论插入的对象是列表还是元组，都只会将其整体视为一个元素。

创建列表：

```
>>>b_list=list(range(1,5))
>>>print(b_list)
[1, 2, 3, 4]
```

插入元组：

```
>>>b_list.insert(2,(90,60))
>>>print(b_list)
[1, 2, (90, 60), 3, 4]
```

插入列表：

```
>>>b_list.insert(2,[91,61])
>>>print(b_list)
```

```
[1, 2, [91, 61], (90, 60), 3, 4]
```
插入字符串：

```
>>>b_list.insert(3,'python')
>>>print(b_list)
[1, 2, [91, 61], 'python', (90, 60), 3, 4]
```
插入字符串列表：

```
>>>b_list.insert(4,['C++'])
>>>print(b_list)
[1, 2, [91, 61], 'python', ['C++'], (90, 60), 3, 4]
```

2.5.2 元组及其操作

1. 元组的定义

元组是有序且不可变的序列，可以包含不同类型的元素，用于存储不可变的数据集合，如函数的返回值或字典的键。元组的特点如下。

(1) 不可变性：一旦创建了一个元组，就不能修改其内容或长度。元组是不可变的，因此它们在处理数据时具有较高的安全性。

(2) 有序性：元组中的元素按照创建时的顺序排列，可以通过索引访问每个元素。

(3) 任意长度：元组可以包含零个或多个任意数量的元素。

2. 创建方式

(1) 将值放在圆括号中，可以创建一个元组，例如：

```
>>>t=(1,2,3)
>>>print(t)
(1, 2, 3)
```

(2) 在Python中，使用逗号分隔的值默认被解释为元组，例如：

```
>>>t=1,2,3
>>>print(t)
(1, 2, 3)
```

(3) 使用内置的tuple()函数可以将可迭代对象转换为元组，例如：

```
>>>t=tuple([1,2,3])
>>>print(t)
(1, 2, 3)
```

3. 访问和修改

(1) 可以通过索引来访问元组中的元素。元组的索引值从0开始，可以使用方括号来获取指定位置的元素。例如，t[0]将返回元组中的第一个元素：

```
>>>t=tuple([1,2,3])
>>>print(t,t[0])
```

```
(1, 2, 3) 1
```

(2) 可以使用"+"加号运算符将两个或多个元组合并成一个新的元组,例如:

```
>>>t1,t2=(1,2,3),(4,5,6)
>>>t3=t1+t2
>>>print(t3)
(1, 2, 3, 4, 5, 6)
```

(3) 可以使用切片来获取元组中的一部分元素,例如:

```
>>>t=(1,2,3,4,5,6)
>>>print(t[1:3])
(2, 3)
```

(4) 可以使用"*"运算符来创建元组的副本,例如:

```
>>>t=(1,2,3)
>>>t_copy=t*2
>>>print(t_copy)
(1, 2, 3, 1, 2, 3)
```

此外,还有一些特殊的方法和技巧有助于更好地处理元组数据。例如,可以使用 enumerate()函数在遍历元组的同时获取元素的索引和值:

```
>>>my_tuple=('apple','banana','cherry')
>>>for index,value in enumerate(my_tuple):
    print(f"Index:{index},Value:{value}")
Index:0,Value:apple
Index:1,Value:banana
Index:2,Value:cherry
```

可以使用in关键字检查元组中是否存在某个元素:

```
>>>my_tuple=(10,20,30,40,50)
>>>if 30 in my_tuple:
    print("30 存在于元组中 ")
>>>else:
print("30 不存在于元组中 ")
30 存在于元组中
>>>my_tuple=(10,20,30,40,50)
>>>if 60 in my_tuple:
    print("60 存在于元组中 ")
>>>else:
print("60 不存在于元组中 ")
60 不存在于元组中
```

可以使用len()函数获取元组的长度:

```
>>>my_tuple=(10,20,30,40,50)
>>>length=len(my_tuple)
>>>print(f" 元组的长度是: {length}")
元组的长度是: 5
```

4. 元组与列表的区别

(1) 列表是可变的,可以通过索引直接修改列表中的元素;而元组是不可变的,一旦创建就不能修改其内容或长度。

(2) 列表通常用于存储需要频繁修改的数据集合；而元组通常用于存储不需要修改的数据集合，如常量值、数据结构等。

(3) 与列表相比，元组的语法更加简洁、明了，因此在一些情况下使用元组可以提高代码的可读性。

(3) 元组是不可变的，不需要像列表那样进行额外的内存分配和回收操作，因此在某些情况下使用元组可以提高代码的性能。

2.5.3 字典及其操作

字典类似通信录，包括名字及其信息。在字典中，名字叫作"键"，对应的内容信息叫作"值"。字典就是一个键值对的集合。它的基本格式是(key,value)::d = {key1: value1,key2: value2 }。键与值用冒号分割，键值对之间用逗号分隔，整个字典包括在花括号中。

```
>>>score={' 张三 ':90,' 李四 ':89,' 王五 ':76}
>>>print(score)
{' 张三 ': 90, ' 李四 ': 89, ' 王五 ': 76}
```

注意：第一，键必须是唯一的；第二，键只能是简单对象，比如字符串、整数、浮点数、布尔值；第三，list不能作为键，但是可以作为值。

Python字典中的键值对没有顺序，无法通过索引访问字典中的某一项，而是通过键来访问。

```
>>>score={' 张三 ':90,' 李四 ':89,' 王五 ':76}
>>>print(score[' 李四 '])
89
```

注意：如果键是字符串，通过键访问的时候就需要加引号，如果键是数字则不用。

1. 遍历操作

情况一：直接输出字典。

```
>>>print(score)
{' 张三 ': 90, ' 李四 ': 89, ' 王五 ': 76}
```

情况二：通过键遍历并输出值列表。

```
>>>for i in score:
>>>    print(score[i])
90
89
76
```

2. 增项操作

增加字典项的方法是给一个新键赋值，如：

```
>>>score[' 赵四 ']=90
```

```
>>>print(score)
{'张三': 90, '李四': 89, '王五': 76, '赵四': 90}
```

3. 更新操作

直接给某一项赋新值就可以改变这一项的值，如：

```
>>>score['赵四']=100
>>>print(score)
{'张三': 90, '李四': 89, '王五': 76, '赵四': 100}
```

4. 删除操作

可以使用del关键字完成删除操作，前提是键值必须存在，否则会报错，如：

```
>>>del score['王六']
-------------------------------------------------------------------------
KeyError    Traceback (most recent call last)
Cell In[70], line 1
----> 1 del score['王六']
KeyError: '王六'
```

5. 实操练习

练习1：创建字典。

```
# 直接创建字典
>>>my_dict = {"name": "Alice", "age": 25, "city": "New York"}
# 使用 dict() 函数创建字典
>>>my_dict2 = dict(name="Bob", age=30, city="London")
>>>print(my_dict)
{'name': 'Alice', 'age': 25, 'city': 'New York'}
>>>print(my_dict2)
{'name': 'Bob', 'age': 30, 'city': 'London'}
```

练习2：通过键访问字典中的值。

```
>>>my_dict = {"name": "Alice", "age": 25, "city": "New York"}
# 访问键对应的值
>>>print("Name:", my_dict["name"])
Name: Alice
>>>print("Age:", my_dict["age"])
Age: 25
# 使用 get() 方法访问值（避免键不存在时报错）
>>>print("City:", my_dict.get("city"))
City: New York
>>>print("Country:", my_dict.get("country", "Unknown"))    # 提供默认值
Country: Unknown
```

练习3：通过赋值或update()方法更新字典中的键值对。

```
>>>my_dict = {"name": "Alice", "age": 25, "city": "New York"}
# 更新值
>>>my_dict["age"] = 26
# 添加新键值对
>>>my_dict["country"] = "USA"
# 使用 update() 方法批量更新
>>>my_dict.update({"city": "Los Angeles", "job": "Engineer"})
```

```
>>>print(my_dict)
{'name': 'Alice', 'age': 26, 'city': 'Los Angeles', 'country': 'USA',
'job': 'Engineer'}
```

练习4：使用del关键字或pop()方法删除键值对。

```
>>>my_dict = {"name": "Alice", "age": 25, "city": "New York"}
# 删除键值对
>>>del my_dict["age"]
# 使用 pop() 方法删除并返回值
>>>city = my_dict.pop("city")
>>>print("Deleted city:", city)
Deleted city: New York
>>>print("Updated dictionary:", my_dict)
Updated dictionary: {'name': 'Alice'}
```

练习5：通过循环遍历字典的键、值或键值对。

```
my_dict = {"name": "Alice", "age": 25, "city": "New York"}
# 遍历键
print("Keys:")
for key in my_dict:
    print(key)
# 遍历值
print("Values:")
for value in my_dict.values():
    print(value)
# 遍历键值对
print("Key-Value pairs:")
for key, value in my_dict.items():
    print(f"{key}: {value}")
```

输出结果：

```
Keys:
name
age
city
Values:
Alice
25
New York
Key-Value pairs:
name: Alice
age: 25
city: New York
```

2.5.4 集合及其操作

集合是一个无序且元素不重复的集。基本功能包括关系测试和消除重复元素。

1. 创建

可以使用{ }和set()函数创建集合，其中set()是内置函数，可以将字符串、列表、元组、range对象等可迭代对象转换为集合。仅set()函数可以实现空集合的创建，{ }用于创建空字典。

```
>>>s=set("python")
>>>print(s)
```

输出结果：

```
{'h', 'p', 'y', 't', 'o', 'n'}
```

2. 访问

由于集合元素的无序性，无法通过下标访问，只能通过循环将数据逐一读出。

```
s=set("python")
for i in s:
print(i)
```

输出结果：

```
h
p
y
t
o
n
```

3. 删除

可以使用remove()方法、discard()方法、pop()方法、clear()方法删除元素。

```
s.remove('y')
for i in s:
print(i)
```

输出结果：

```
o
h
p
n
t
```

4. 增加

可以使用add()方法添加集合元素，使用update()方法添加集合。

```
s.add('Y')
for i in s:
print(i)
```

输出结果：

```
Y
o
h
p
n
t
```

5. 运算

常用的集合操作是交、并、差、对称差运算。

```python
set_a = {1, 2, 3, 4}
set_b = {3, 4, 5, 6}
# 并集
union = set_a | set_b
print(" 并集 :", union)
# 交集
intersection = set_a & set_b
print(" 交集 :", intersection)
# 差集
difference = set_a - set_b
print(" 差集 (set_a - set_b):", difference)
# 对称差集 ( 只存在于一个集合中的元素 )
symmetric_difference = set_a ^ set_b
print(" 对称差集 :", symmetric_difference)
```

输出结果:

```
并集 : {1, 2, 3, 4, 5, 6}
交集 : {3, 4}
差集 (set_a - set_b): {1, 2}
对称差集 : {1, 2, 5, 6}
```

6. 实操练习

(1) 练习1:去重,集合常用于从列表或其他可迭代对象中去除重复元素。

```python
# 列表中包含重复元素
>>>my_list = [1, 2, 2, 3, 4, 4, 5]
# 使用集合去重
>>>unique_elements = set(my_list)
>>>print(" 去重后的集合 :", unique_elements)
```

输出结果:

```
去重后的集合 : {1, 2, 3, 4, 5}
```

(2) 练习2:成员检查,集合的成员检查操作(in关键字)比列表更高效。

```python
# 定义一个集合
my_set = {10, 20, 30, 40, 50}
# 检查元素是否在集合中
if 30 in my_set:
print("30 存在于集合中 ")
else:
print("30 不存在于集合中 ")
```

输出结果:

```
30 存在于集合中
```

(3) 练习3:集合运算,集合支持多种数学运算,如并、交、差和对称差等。

```python
set_a = {'a', 'b', 'c', 'd'}
set_b = {'c', 'd', 'e', 'f'}
```

```
# 并集
union = set_a | set_b
print("并集:", union)
# 交集
intersection = set_a & set_b
print("交集:", intersection)
# 差集
difference = set_a - set_b
print("差集 (set_a - set_b):", difference)
# 对称差集 (只存在于一个集合中的元素)
symmetric_difference = set_a ^ set_b
print("对称差集:", symmetric_difference)
```

输出结果:

```
并集: {'c', 'e', 'f', 'd', 'b', 'a'}
交集: {'c', 'd'}
差集 (set_a - set_b): {'b', 'a'}
对称差集: {'e', 'f', 'b', 'a'}
```

2.6 函数和模块

函数和模块是 Python 中两个重要的概念,它们在代码组织和复用中扮演着不同的角色。函数是一段可重用的代码块,用于执行特定任务,通过 def 关键字定义,可以接受参数并返回值。模块是一个包含 Python 代码的文件,通常用于组织相关的函数、类和变量,文件名去掉 .py 后缀就是模块名。具体见表2-2。

表2-2 函数和模块

特性	函数	模块
定义	一段可重用的代码块,用于执行特定任务	一个包含 Python 代码的文件,用于组织代码
作用范围	局部作用域,只能在定义它的模块或函数中使用	全局作用域,可以被其他模块导入和使用
复用性	在同一个模块或程序中复用	在多个程序中复用
组织方式	用于封装具体的功能逻辑	用于组织相关的函数、类和变量
文件形式	不需要单独的文件	通常是一个 .py 文件

2.6.1 函数

1. 函数的定义

通过定义函数,可以将代码逻辑封装起来,提高代码的复用性和可维护性。

```
def function_name(parameters):
```

71

```
"""
函数文档字符串（可选）
"""
# 函数体
return value   # 返回值（可选）
```

2. 函数的调用

函数的调用是指通过函数名和参数列表来执行函数的过程。

```
function_name(arguments)
```

如果函数没有参数，则直接使用函数名加括号调用。

```
def greet():
    print("Hello, World!")
# 调用函数
>>>greet()
```

如果函数有参数，调用时需要传递相应的参数。

```
def greet(name):
    print(f"Hello, {name}!")
# 调用函数
>>>greet("Alice")
```

输出结果：

```
Hello, Alice!
```

3. 函数参数

函数的参数是传递给函数的值或变量，用于控制函数的行为。

1) 参数的类型

Python 支持多种类型的参数，包括位置参数、关键字参数、默认参数、可变参数等。

(1) 位置参数是按照参数定义的顺序传递的参数。

```
def greet(name, message):
    print(f"{message}, {name}!")
# 调用函数
>>>greet("Alice", "Hello")
```

输出结果：

```
Hello, Alice!
```

(2) 关键字参数是通过参数名传递的参数，可以不按顺序传递。

```
def greet(name, message):
    print(f"{message}, {name}!")
# 调用函数
>>>greet(message="Hello", name="Alice")
```

输出结果：

```
Hello, Alice!
```

(3) 默认参数是定义函数时为参数指定的默认值，调用函数时可以不传递该参数。

```python
def greet(name="World", message="Hello"):
    print(f"{message}, {name}!")
# 调用函数
>>>greet()                # 使用默认参数
>>>greet("Alice")         # 传递 name 参数
>>>greet(message="Hi")    # 传递 message 参数
```

输出结果：

```
Hello, World!
Hello, Alice!
Hi, World!
```

(4) 可变参数允许函数接受任意数量的参数。

*args用于接收任意数量的位置参数，参数以元组形式传递。

```python
def sum_all(*args):
    return sum(args)
# 调用函数
>>>result = sum_all(1, 2, 3, 4, 5)
>>>print(result)
```

输出结果：

```
15
```

**kwargs用于接收任意数量的关键字参数，参数以字典形式传递。

```python
def print_info(**kwargs):
    for key, value in kwargs.items():
        print(f"{key}: {value}")
# 调用函数
>>>print_info(name="Alice", age=25, city="New York")
```

输出结果：

```
name: Alice
age: 25
city: New York
```

2) 参数的传递方式

(1) 值传递，对于不可变类型(如整数、字符串、元组)，参数传递的是值的副本。

```python
def modify_value(x):
    x = 10
    print("Inside function:", x)
# 调用函数
>>>x = 5
>>>modify_value(x)
>>>print("Outside function:", x)
```

输出结果：

```
Inside function: 10
Outside function: 5
```

(2) 引用传递，对于可变类型(如列表、字典)，参数传递的是对象的引用。

```python
def modify_list(lst):
    lst.append(4)
    print("Inside function:", lst)
# 调用函数
>>>lst = [1, 2, 3]
>>>modify_list(lst)
>>>print("Outside function:", lst)
```

输出结果：

```
Inside function: [1, 2, 3, 4]
Outside function: [1, 2, 3, 4]
```

4. 函数的作用域

函数的作用域决定了变量的可见性和生命周期。Python 中有以下几种作用域。

(1) 局部作用域是指在函数内部定义的变量。这些变量只能在函数内部访问，函数执行结束后会被销毁。

```python
def my_function():
    x = 10  # 局部变量
    print("Inside function:", x)
# 调用函数
>>>my_function()
# 尝试访问局部变量（会报错）
# print("Outside function:", x)  # NameError: name 'x' is not defined
```

输出结果：

```
Inside function: 10
```

(2) 嵌套作用域是指嵌套函数中，外层函数的作用域。内层函数可以访问外层函数的变量，但外层函数不能访问内层函数的变量。

```python
def outer_function():
    x = 10  # 外层函数的局部变量
    def inner_function():
        print("Inside inner function:", x)  # 访问外层函数的变量
    inner_function()
# 调用外层函数
>>>outer_function()
```

输出结果：

```
Inside inner function: 10
```

(3) 全局作用域是指在函数外部定义的变量。整个程序中都可以访问这些变量。

```python
x = 10  # 全局变量
def my_function():
    print("Inside function:", x)  # 访问全局变量
# 调用函数
>>>my_function()
>>>print("Outside function:", x)
```

输出结果：

```
Inside function: 10
Outside function: 10
```

(4) 内置作用域是指 Python 内置的函数和变量，如 print()、len() 等。任何地方都可以访问这些函数和变量。

```
# 使用内置函数
>>>print(len("Hello"))
```

输出结果：

```
5
```

global 关键字用于在函数内部修改全局变量。

```
x = 10   # 全局变量
def my_function():
    global x
    x = 20   # 修改全局变量
    print("Inside function:", x)
# 调用函数
>>>my_function()
>>>print("Outside function:", x)
```

输出结果：

```
Inside function: 20
Outside function: 20
```

nonlocal 关键字用于在嵌套函数中修改外层函数的变量。

```
def outer_function():
    x = 10   # 外层函数的局部变量
    def inner_function():
        nonlocal x
        x = 20   # 修改外层函数的变量
        print("Inside inner function:", x)
    inner_function()
    print("Inside outer function:", x)
# 调用外层函数
>>>outer_function()
```

输出结果：

```
Inside inner function: 20
Inside outer function: 20
```

5. 匿名函数

匿名函数是一种没有名称的函数，通常用于简单的功能。匿名函数使用 lambda 关键字定义，因此也称为 lambda 函数。

(1) 语法如下：

```
lambda arguments: expression
```

75

(2) 特点如下。

- 简洁：lambda 函数通常用于定义简单的功能，代码简洁。
- 匿名：lambda 函数没有名称，通常用于一次性使用的场景。
- 返回值：lambda 函数会自动返回表达式的结果，不需要 return 语句。

(3) 应用场景如下。

场景1：lambda 函数常作为其他函数的参数，如 map()、filter()、sorted() 等。

```
# 使用 map() 和 lambda 函数得到列表中每个元素的平方值
numbers = [1, 2, 3, 4, 5]
squared = list(map(lambda x: x ** 2, numbers))
print(squared)
```

输出结果：

```
[1, 4, 9, 16, 25]
```

场景2：lambda 函数可以用于自定义排序规则。

```
# 使用 sorted() 和 lambda 函数按字符串长度排序
words = ["apple", "banana", "cherry", "date"]
sorted_words = sorted(words, key=lambda x: len(x))
print(sorted_words)
```

输出结果：

```
['date', 'apple', 'banana', 'cherry']
```

场景3：lambda 函数可以用于过滤数据。

```
# 使用 filter() 和 lambda 函数过滤偶数
numbers = [1, 2, 3, 4, 5, 6]
even_numbers = list(filter(lambda x: x % 2 == 0, numbers))
print(even_numbers)
```

输出结果：

```
[2, 4, 6]
```

(4) 匿名函数的限制。

- 功能简单：lambda 函数只能包含一个表达式，不能包含复杂的逻辑或多行代码。
- 可读性差：如果lambda 函数过于复杂，会降低代码的可读性。

(5) 普通函数与lambda函数的对比。

普通函数：

```
def add(x, y):
    return x + y
result = add(3, 5)
print(result)
```

输出结果：

```
8
```

lambda 函数：

```
add = lambda x, y: x + y
result = add(3, 5)
print(result)
```

输出结果：

8

2.6.2　实操练习：成绩管理系统

【需求分析】

- 定义一个函数，用于录入学生的成绩。
- 定义一个函数，用于计算学生的平均成绩。
- 定义一个函数，用于查找成绩最高的学生。
- 使用装饰器记录函数的执行时间。

【代码实现】

```
import time
# 装饰器：记录函数执行时间
def timer(func):
    def wrapper(*args, **kwargs):
        start_time = time.time()
        result = func(*args, **kwargs)
        end_time = time.time()
        print(f"{func.__name__} 执行时间：{end_time - start_time:.4f} 秒")
        return result
    return wrapper
# 录入学生成绩
def input_scores():
    students = {}
    while True:
        name = input("请输入学生姓名（或输入 'exit' 结束）：")
        if name == 'exit':
            break
        score = float(input(f"请输入 {name} 的成绩："))
        students[name] = score
    return students
# 计算平均成绩
@timer  # 使用装饰器记录执行时间
def calculate_average(scores):
    total = sum(scores.values())
    average = total / len(scores)
    return average
# 查找成绩最高的学生
@timer  # 使用装饰器记录执行时间
def find_top_student(scores):
    top_student = max(scores, key=scores.get)
    return top_student, scores[top_student]
# 主函数
def main():
    # 录入成绩
    students = input_scores()
```

77

```
    print("录入的学生成绩: ", students)
    # 计算平均成绩
    average_score = calculate_average(students)
    print(f"平均成绩: {average_score:.2f}")
    # 查找成绩最高的学生
    top_student, top_score = find_top_student(students)
    print(f"成绩最高的学生是 {top_student}，成绩为 {top_score}")
# 运行程序
if __name__ == "__main__":
    main()
```

【运行结果】

请输入学生姓名 (或输入 'exit' 结束): Alice
请输入 Alice 的成绩: 85
请输入学生姓名 (或输入 'exit' 结束): Bob
请输入 Bob 的成绩: 92
请输入学生姓名 (或输入 'exit' 结束): Charlie
请输入 Charlie 的成绩: 78
请输入学生姓名 (或输入 'exit' 结束): exit
录入的学生成绩: {'Alice': 85.0, 'Bob': 92.0, 'Charlie': 78.0}
calculate_average 执行时间: 0.0000 秒
平均成绩: 85.00
find_top_student 执行时间: 0.0000 秒
成绩最高的学生是 Bob，成绩为 92.0

【代码解析】

(1) 装饰器 timer：

- 装饰器是一个高阶函数，用于在不修改原函数代码的情况下增强原函数的功能。

- 这里的 timer 装饰器用于记录函数的执行时间。

- wrapper 函数是装饰器的核心，它调用原函数并计算执行时间。

(2) 录入学生成绩 input_scores：

- 使用 while 循环不断录入学生姓名和成绩，直到用户输入 exit。

- 将学生姓名作为键，成绩作为值，存储在字典 students 中。

(3) 计算平均成绩 calculate_average：

- 使用 sum() 函数计算所有成绩的总和。

- 使用 len() 函数获取学生人数。

- 返回平均成绩。

(4) 查找成绩最高的学生 find_top_student：

- 使用 max() 函数和 key 参数找到成绩最高的学生。

- 返回该学生的姓名和成绩。

(5) 主函数 main：

- 调用 input_scores 录入成绩。

- 调用 calculate_average 计算平均成绩。

- 调用 find_top_student 查找成绩最高的学生。

(6) 运行程序：

- 使用 if __name__ == "__main__": 确保程序在直接运行时才执行 main() 函数。

(7) 总结，通过这个练习，实践了以下内容。

- 函数的定义与调用：将功能模块化，提高代码复用性。
- 函数参数与返回值：通过参数传递数据，通过返回值返回结果。
- 装饰器：增强函数功能，如记录执行时间。
- 字典的使用：存储和操作键值对数据。

这个案例展示了如何将函数应用于实际问题中，也体现了 Python 的灵活性和强大功能。

2.6.3　模块

脚本是用Python解释器运行的，如果从Python解释器中退出再进入，那么脚本中定义的所有的方法和变量就都消失了。为此 Python 提供了一个解决办法，把这些定义存放在文件中，供一些脚本或者交互式的解释器实例使用，这个文件被称为模块。模块是一个包含所有定义的函数和变量的文件，其后缀名是.py。模块可以被其他程序引用，以调用该模块中的函数等，这也是使用Python标准库的方法。

1. import语句

如果要使用Python源文件，只需要在另一个源文件里执行import语句，import语句的语法如下：

```
>>>import math
>>>result=math.sqrt(16)
>>>print(result)
```

输出结果：

```
4.0
```

2. from ... import语句

Python的from ... import语句用于将模块中指定的部分导入当前命名空间中，语法如下：

```
from math import sqrt,pi
result=sqrt(25)
print(result)
print(pi)
```

输出结果：

```
5.0
3.141592653589793
```

3. from ... import *语句

把一个模块的所有内容全部导入当前的命名空间也是可行的，只需要使用如下声明，然而这种声明不应该被过多地使用。

```
from math import *
result=sqrt(36)
print(result)
print(pi)
```

输出结果：

```
6.0
3.141592653589793
```

2.6.4　实操练习：学生管理系统

模块是 Python 中组织代码的基本单位。通过将代码拆分为多个模块，可以提高代码的可读性、可维护性和复用性。以下练习将展示如何创建模块、导入模块，以及使用模块中的函数和类。

【需求分析】

- 创建一个模块 student_management.py，用于管理学生信息。
- 在模块中定义函数和类，实现学生信息的添加、查询和显示功能。
- 在主程序 main.py 中导入并使用该模块。

【创建模块】student_management.py

```
# student_management.py
# 定义一个全局列表，用于存储学生信息
students = []
# 添加学生信息
def add_student(name, age, grade):
    student = {"name": name, "age": age, "grade": grade}
    students.append(student)
    print(f" 学生 {name} 已添加。")
# 查询学生信息
def find_student(name):
    for student in students:
        if student["name"] == name:
            return student
    return None
# 显示所有学生信息
def show_all_students():
    if not students:
        print(" 没有学生信息。")
    else:
        print(" 所有学生信息: ")
        for student in students:
            print(f" 姓名：{student['name']}, 年龄：{student['age']}, 成绩：
{student['grade']}")
```

```
# 定义一个学生类
class Student:
    def __init__(self, name, age, grade):
        self.name = name
        self.age = age
        self.grade = grade
    def __str__(self):
       return f"姓名：{self.name}, 年龄：{self.age}, 成绩：{self.grade}"
```

【创建主程序】main.py

```
# main.py
# 导入 student_management 模块
import student_management as sm
# 添加学生信息
sm.add_student("Alice", 20, 85)
sm.add_student("Bob", 21, 90)
sm.add_student("Charlie", 19, 78)
# 查询学生信息
student = sm.find_student("Bob")
if student:
    print(f"找到学生：{student}")
else:
    print("未找到该学生。")
# 显示所有学生信息
sm.show_all_students()
# 使用 Student 类
student_obj = sm.Student("David", 22, 88)
print(student_obj)
```

【运行程序】

```
学生 Alice 已添加。
学生 Bob 已添加。
学生 Charlie 已添加。
找到学生：{'name': 'Bob', 'age': 21, 'grade': 90}
所有学生信息：
姓名：Alice, 年龄：20, 成绩：85
姓名：Bob, 年龄：21, 成绩：90
姓名：Charlie, 年龄：19, 成绩：78
姓名：David, 年龄：22, 成绩：88
```

【代码解析】

(1) 模块 student_management.py。

● 全局变量 students：存储所有学生的信息。

● 函数 add_student：添加学生信息到 students 列表中。

● 函数 find_student：根据学生姓名查找学生信息。

● 函数 show_all_students：显示所有学生的信息。

● 类 Student：定义一个学生类，包含姓名、年龄和成绩属性，并重写 __str__ 方法
以便输出学生信息。

(2) 主程序 main.py。

● 导入模块：使用 import student_management as sm 导入模块，并为其起别名 sm。

81

- 调用模块中的函数：通过 sm.add_student、sm.find_student 和 sm.show_all_students 调用模块中的函数。
- 使用模块中的类：通过 sm.Student 创建学生对象，并输出对象信息。

(3) 模块的优势。

- 代码复用：将学生管理的功能封装在模块中，可以在多个程序中复用。
- 代码组织：通过模块将代码按功能拆分，提高代码的可读性和可维护性。
- 命名空间管理：模块中的变量、函数和类都有自己的命名空间，避免命名冲突。

2.7 常用的库

Python的库分为标准库和第三方库。Python标准库是Python语言内置的模块集合，无须额外安装即可使用。Python 第三方库是由 Python 社区或组织开发的，不属于 Python 标准库的模块或工具包。第三方库极大地扩展了 Python 的功能，使其能够应用于各种领域，如数据分析、机器学习、Web 开发、自动化等。Python 的第三方库生态非常丰富，几乎可以满足任何开发需求，使用 Python 的包管理工具 pip 可以轻松安装第三方库。合理使用第三方库，可以大大提高开发效率和代码质量。

本节主要介绍常用的标准库和第三方库。

2.7.1 随机数random库

random 是 Python 的标准库之一，用于生成伪随机数。它提供了多种函数，可以生成随机整数、随机浮点数、随机选择元素等。

(1) 生成一个 [0.0, 1.0) 范围内的随机浮点数。

```
import random
print(random.random())
```

输出结果：

```
0.02504232106926907
```

(2) 生成一个 [a, b] 范围内的随机浮点数。

```
import random
print(random.uniform(1.5,3.5))
```

输出结果：

```
3.06788187070621
```

(3) 生成一个 [a, b] 范围内的随机整数。

```
import random
print(random.randint(50,100))
```

输出结果：

```
98
```

(4) 从 range(start, stop, step) 中随机选择一个数。

```
import random
print(random.randrange(1,100,8))
```

输出结果：

```
89
```

(5) 从序列 seq 中随机选择一个元素。

```
import random
fruits=["apple","banana","cherry"]
print(random.choice(fruits))
```

输出结果：

```
apple
```

2.7.2　绘图工具turtle库

turtle 是 Python 的标准库之一，它基于 Logo 语言的设计思想，通过控制一个"海龟"在屏幕上移动来绘制图形。turtle 库非常适合初学者学习编程和绘图，也支持复杂图形的绘制。

(1) 绘制一个正方形。

```
import turtle
screen = turtle.Screen()   # 创建画布
pen = turtle.Turtle()      # 创建海龟
for _ in range(4):
    pen.forward(100)   # 向前移动 100 像素
pen.right(90)      # 向右旋转 90 度
turtle.done()
```

输出结果(见图2-11)：

图2-11　正方形

(2) 绘制五角星。

```
import turtle
pen = turtle.Turtle()
pen.color("red", "yellow")   # 设置画笔颜色和填充颜色
```

```
pen.begin_fill()
for _ in range(5):
    pen.forward(100)
    pen.right(144)
pen.end_fill()
turtle.done()
```

输出结果(见图2-12):

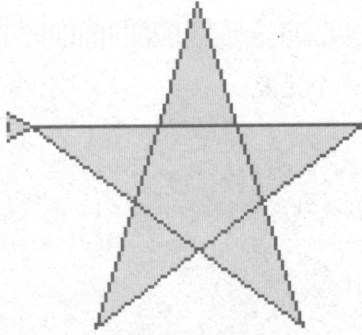

图2-12 五角形

(3) 绘制彩色螺旋线。

```
import turtle
screen = turtle.Screen()    # 创建画布
pen = turtle.Turtle()
pen.speed(10)
colors = ["red", "purple", "blue", "green", "orange", "yellow"]
for i in range(200):
    pen.pencolor(colors[i % 6])    # 循环使用颜色列表
    pen.width(i // 100 + 1)         # 逐渐增加画笔的宽度
    pen.forward(i)
    pen.left(59)
turtle.done()
```

输出结果(见图2-13):

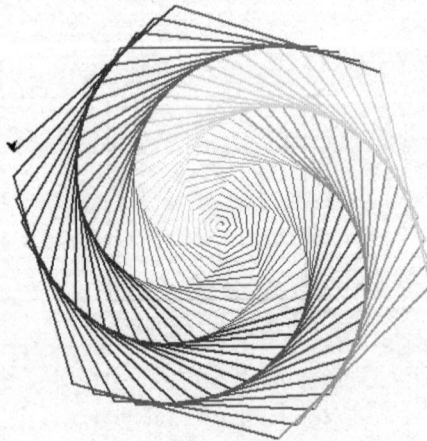

图2-13 彩色螺旋线

2.7.3 中文分词jieba库

jieba 是Python的第三方库之一，是一个流行的中文分词库，专门用于将中文文本切分成词语。它支持三种分词模式(精确模式、全模式、搜索引擎模式)，并且具有高效、易用的特点。

jieba库的安装如图2-14所示。

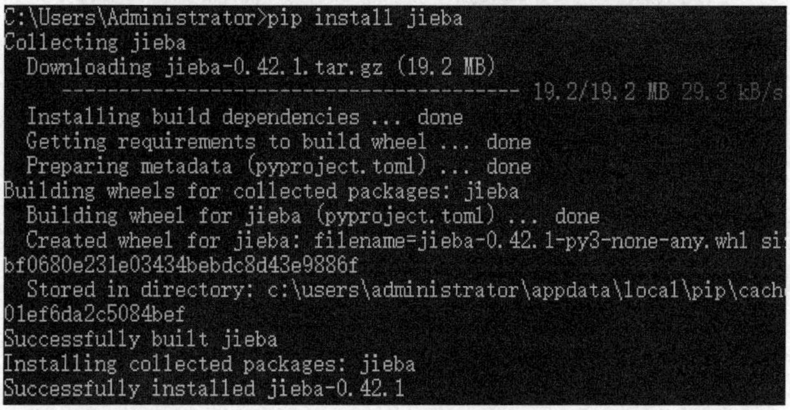

图2-14　jieba库的安装

分词和关键词提取示例如下：

```python
import jieba
import jieba.analyse
# 示例文本
text = "自然语言处理是人工智能的重要方向之一，深度学习在其中扮演了重要角色。"
# 精确分词
words = jieba.lcut(text)
print("分词结果:", words)
# 关键词提取
keywords = jieba.analyse.extract_tags(text, topK=5)
print("关键词:", keywords)
```

输出结果：

分词结果：['自然语言', '处理', '是', '人工智能', '的', '重要', '方向', '之一', '，', '深度', '学习', '在', '其中', '扮演', '了', '重要', '角色', '。']
关键词：['自然语言', '人工智能', '重要', '扮演', '角色']

2.7.4 词云工具wordcloud库

wordcloud 是一个用于生成词云的 Python 第三方库。词云是一种可视化工具，通过将文本中出现频率较高的词语以较大的字体显示，形成一种在视觉上吸引人注意力的图形。wordcloud 库支持自定义字体、颜色、形状等，适用于文本数据的可视化分析。wordcloud 库的安装如图2-15所示。

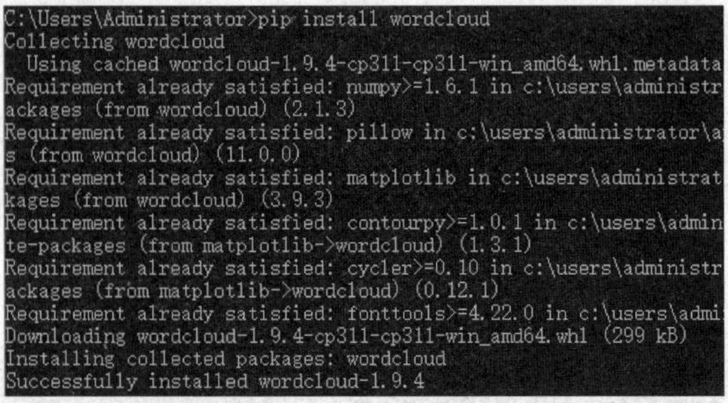

图2-15　wordcloud库的安装

生成简单词云的方法有两种：使用 WordCloud 类生成词云、使用 generate() 方法从文本中生成词云。

```python
from wordcloud import WordCloud
import matplotlib.pyplot as plt
# 示例文本
text = "Python 是一种非常流行的编程语言，Python 适合数据分析、机器学习、Web 开发
等领域。"
# 生成词云
wordcloud = WordCloud(font_path="simhei.ttf", width=800, height=400,
background_color="white").generate(text)
# 显示词云
plt.figure(figsize=(10, 5))
plt.imshow(wordcloud, interpolation="bilinear")
plt.axis("off")  # 关闭坐标轴
plt.show()
```

输出结果(见图2-16)：

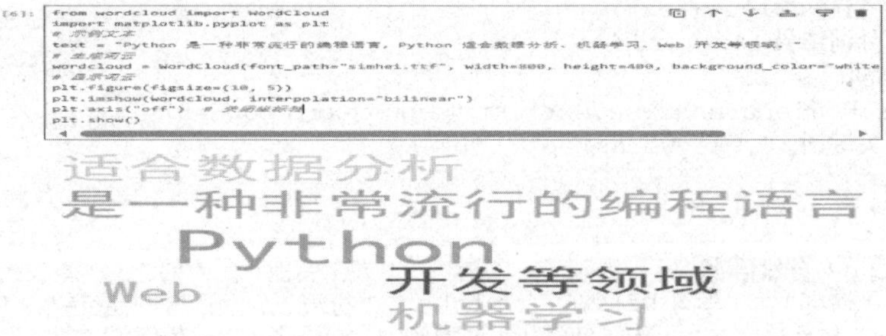

图2-16　词云生成结果

本章小结

本章全面介绍了Python编程的基础知识，包括Python的起源、发展、语法规则、数据类型及流程控制等内容，可以帮助读者掌握Python的基本语法，包括变量定义、数据类

型、运算符、条件语句和循环结构等内容。本章深入探讨了Python的组合数据类型，如列表、元组、字典和集合，以及它们的应用场景和操作方法。此外，本章还详细介绍了函数和模块的概念，帮助读者理解代码的封装和重用。通过本章的学习，读者将能够使用Python进行简单编程，为后续深入学习打下坚实基础。

习题

1. 简答题

(1) 简要说明Python中的标识符命名规则。

(2) Python的缩进规则是什么？为什么缩进规则在Python中如此重要？

(3) 简要说明Python中的数据类型，列举至少5种常见的数据类型。

(4) Python的变量作用域是什么？局部变量和全局变量的区别是什么？

2. 编程题

(1) 编写一个Python程序，要求用户输入两个数字，并输出它们的和、差、积、商。

(2) 编写一个Python程序，判断用户输入的年份是否为闰年。

(3) 编写一个Python程序，计算并输出1到100范围内所有奇数的和。

(4) 编写一个Python程序，要求用户输入一个字符串，并输出该字符串的长度和反转后的字符串。

3. 应用题

(1) 解释Python中列表和元组的区别，并举例说明它们的应用场景。

(2) 编写一个Python程序，使用字典存储学生的姓名和成绩，并输出成绩最高的学生。

(3) 编写一个Python程序，使用集合去除列表中的重复元素。

(4) 编写一个Python程序，使用列表推导式生成1到10的平方数列表。

4. 调试题

(1) 以下代码有什么错误？应如何修正？

```
x = 10
if x = 10:
    print("x is 10")
```

(2) 以下代码的输出是什么？请解释原因。

```
a = [1, 2, 3]
b = a
b.append(4)
print(a)
```

第3章
Python 操作实践

灵魂三问

一问：这项技术解决了什么问题？

Python操作实践技术解决了多个关键问题。

1. 文件处理自动化：使用Python，用户可以自动读取、写入、修改文件，包括文本文件和二进制文件，大大提高了文件处理效率。

2. 数据文档操作：Python提供了丰富的库(如python-docx、PyPDF2等)，使得用户可以方便地操作Word、PDF等文档，实现文档的生成、修改、批量处理等功能。

3. 数据分析与可视化：结合Pandas、NumPy、Matplotlib和Seaborn等库，Python能够进行复杂的数据分析、清洗、转换及可视化，帮助用户从数据中提取有价值的信息。

4. 办公自动化：Python能够自动完成日常办公任务，如邮件发送、日历管理、任务调度等，提升工作效率。

二问：不用它会怎样？

如果不采用Python进行上述操作实践，可能会面临以下困境。

1. 效率低下：手动处理大量文件或数据文档将耗费大量时间和精力，且容易出错。

2. 功能受限：许多高级的数据分析和文档处理功能无法通过手动方式实现，使得功能受限。

3. 难以复现：手动处理过程难以记录和复现，不利于团队协作和知识传承。

4. 错失自动化机会：无法利用Python的自动化能力，错失提高工作效率和减少人为错误的机会。

三问：它的局限性在哪里？

尽管Python在操作实践方面表现出色，但它也存在一些局限性。

1. 性能瓶颈：处理大规模数据或执行复杂计算时，Python的性能可能不如一些编译型语言(如C、C++)。

2. 学习曲线：虽然Python相对容易上手，但要熟练掌握其丰富的库和工具，并进行高效的操作实践，仍需要一定的学习时间和经验积累。

3. 环境依赖：Python的某些库和工具可能依赖于特定的操作系统或环境配置，这给在不同平台上的部署和迁移带来一定的挑战。

4. 安全性问题：处理敏感数据或执行自动化任务时，Python脚本的安全性和稳定性需要特别关注，以避免潜在的安全风险。

3.1 文件和目录操作

文件是保存数据的方式，因具有方便、可重复、可修改、可共享及存储介质广泛等特性而被广泛使用。

3.1.1 基本概念

文件是保存在存储介质上的包含任何数据内容的数据序列。文件分为文本文件和二进制文件。

(1) 文本文件是由特定编码的字符构成(如ANSI、UTF-8等)，可以通过文本编辑器创建、修改和保存的长字符串。

(2) 二进制文件由0和1构成，没有统一编码，其数据格式与文件用途相关，如BMP图像文件、MPEG视频文件等。

文本文件和二进制文件的主要区别在于有无统一字符编码，文本文件被视为字符串，而二进制文件被视为字节流。

3.1.2 文件的打开与关闭

可以通过open( )函数打开一个文件，语法格式如下：

文件句柄 =open (文件名，[打开方式])

文件的打开方式如表3-1所示。

表3-1　文件的打开方式

模式	含义
'r'	只读模式，默认模式
'w'	覆写模式，否则新建文件
'x'	创建写模式
'a'	追加模式
'b'	二进制模式

(续表)

模式	含义
't'	文本模式
'+'	读写模式，混合使用

可以通过close( )函数关闭已打开的文件，语法格式如下：

文件句柄 .open( )

文件打开并且操作完成以后，应该及时关闭，否则程序的运行可能会出现问题。

3.1.3 文件的读写

假设已经创建了一个名为 f 的文件对象。

1. f.read()

调用 f.read(size)将读取一定长度的数据，然后作为字符串或字节对象返回。size 是一个可选的数字类型的参数。如果 size 被忽略了或者值为负，那么该文件的所有内容都将被读取并且返回。

2. f.readline()

调用f.readline()将从文件中读取单独的一行，换行符为 '\n'，如果返回一个空字符串，说明已经读取到最后一行。

例如，文本文件123.txt中保存的内容为"人生苦短，我用Python！"打开文件读取内容并输出：

```
f=open("123.txt","rt")
print(f.readline())
f.close()
```

输出结果：

人生苦短，我用 Python !

3. f.readlines()

调用f.readlines() 将返回该文件中包含的所有行。如果设置可选参数 sizehint，则读取指定长度的字节，并且将这些字节按行分割。

多行文本的打开与读写方式有下面三种：

```
# 方式一
f=open(fname,"r")
print(f.read())
f.close()
# 方式二
f=open(fname,"r")
```

```
for line in f.readlines():
print(line)
f.close()
# 方式三
f=open(fname,"r")
while True:
    line=f.readline()
    if not line:
        break
print(line)
f.close()
```

输出结果:

人生苦短,
我用 Python!

3.1.4 文件和目录的管理

在Python中,文件和目录的管理可以通过内置的os、shutil和pathlib模块来实现。这些模块提供了丰富的功能,可以实现文件和目录的创建、删除、移动、复制等。

1. os 模块

os 模块提供了与操作系统交互的功能,可以完成文件和目录的简单操作。

```
import os
# 获取当前工作目录
current_directory = os.getcwd()
print(" 当前工作目录 :", current_directory)
# 改变当前工作目录
os.chdir('/path/to/directory')
# 列出目录内容
contents = os.listdir('.')
print(" 目录内容 :", contents)
# 创建目录
os.mkdir('new_directory')
# 递归创建目录 ( 创建多级目录 )
os.makedirs('new_directory/sub_directory')
# 删除目录
os.rmdir('new_directory')
# 递归删除目录
os.removedirs('new_directory/sub_directory')
# 删除文件
os.remove('file.txt')
# 重命名文件或目录
os.rename('old_name.txt', 'new_name.txt')
# 检查路径是否存在
if os.path.exists('file.txt'):
    print(" 文件存在 ")
# 检查是不是文件
if os.path.isfile('file.txt'):
    print(" 这是一个文件 ")
# 检查是不是目录
if os.path.isdir('directory'):
```

```
    print(" 这是一个目录 ")
```

2. shutil 模块

shutil 模块可以完成更高级的文件和目录操作，如复制、移动等。

```
import shutil
# 复制文件
shutil.copy('source.txt', 'destination.txt')
# 复制目录
shutil.copytree('source_directory', 'destination_directory')
# 移动文件或目录
shutil.move('source.txt', 'new_location/source.txt')
# 删除目录及其内容
shutil.rmtree('directory_to_remove')
```

3. pathlib 模块

pathlib 模块提供了面向对象的路径操作方式，使得路径操作更加直观和易读。

```
from pathlib import Path
# 创建 Path 对象
path = Path('file.txt')
# 获取当前工作目录
current_directory = Path.cwd()
print(" 当前工作目录 :", current_directory)
# 创建目录
path.mkdir(exist_ok=True)
# 递归创建目录
path.mkdir(parents=True, exist_ok=True)
# 删除目录
path.rmdir()
# 删除文件
path.unlink()
# 重命名文件或目录
path.rename('new_name.txt')
# 检查路径是否存在
if path.exists():
    print(" 路径存在 ")
# 检查是否是文件
if path.is_file():
    print(" 这是一个文件 ")
# 检查是否是目录
if path.is_dir():
    print(" 这是一个目录 ")
# 遍历目录
for file in path.iterdir():
    print(file)
```

3.1.5　实操练习：文件和目录管理

以下是一个综合案例，展示了如何使用os、shutil和pathlib模块来管理文件和目录。
【代码实现】

```
import os
```

```
import shutil
from pathlib import Path
# 创建目录
os.makedirs('project/data', exist_ok=True)
# 创建文件
with open('project/data/file1.txt', 'w') as f:
    f.write('Hello, World!')
# 复制文件
shutil.copy('project/data/file1.txt', 'project/data/file2.txt')
# 移动文件
shutil.move('project/data/file2.txt', 'project/file2.txt')
# 列出目录内容
for item in Path('project').iterdir():
    print(item)
# 删除目录及其内容
shutil.rmtree('project')
```

【代码解析】

- os 模块实现了基本的文件和目录操作。
- shutil 模块实现了更高级的文件和目录操作，如复制和移动等。
- pathlib 模块提供了面向对象的路径操作方式，使得路径操作更加直观。

3.2　Word文档处理

3.2.1　安装 python-docx 库

```
pip install python-docx
```

3.2.2　创建新文档

```
from docx import Document
from docx.shared import Pt, RGBColor
from docx.enum.text import WD_PARAGRAPH_ALIGNMENT
# 创建文档对象
doc = Document()
# 添加标题
title = doc.add_heading("项目计划书", level=0)
title.alignment = WD_PARAGRAPH_ALIGNMENT.CENTER
# 添加段落
para = doc.add_paragraph("本计划书详细描述了 2024 年 Q1 目标。")
para.add_run("（机密）").bold = True   # 追加加粗文本
# 添加列表
items = ["需求分析", "开发实施", "测试验收"]
for item in items:
    doc.add_paragraph(item, style="List Bullet")   # 无序列表
# 插入表格
table = doc.add_table(rows=3, cols=3)
table.style = "Light Shading Accent 1"
```

```python
table.cell(0, 0).text = "任务"
table.cell(0, 1).text = "负责人"
table.cell(0, 2).text = "截止日期"
# 保存文档
doc.save("project_plan.docx")
```

3.2.3 修改现有文档

```python
from docx import Document
doc = Document("existing.docx")
# 遍历段落
for para in doc.paragraphs:
    if "关键词" in para.text:
        para.text = "替换后的内容"
# 遍历表格
for table in doc.tables:
    for row in table.rows:
        for cell in row.cells:
            if cell.text == "旧数据":
                cell.text = "新数据"
doc.save("modified.docx")
```

3.2.4 高级功能与扩展功能

1. 使用模板引擎(jinja2)

```python
from jinja2 import Template
from docx import Document
# 定义模板
template = Template("""
项目名称：{{ project_name }}
负责人：{{ manager }}
截止日期：{{ deadline }}
""")
# 渲染内容
content = template.render(
    project_name="AI平台开发",
    manager="张三",
    deadline="2024-03-31"
)
# 写入Word
doc = Document()
doc.add_paragraph(content)
doc.save("project_template.docx")
```

2. 批量处理文档

```python
import os
from docx import Document
folder = "reports"
for filename in os.listdir(folder):
    if filename.endswith(".docx"):
        doc = Document(os.path.join(folder, filename))
        # 统一修改页脚
```

```
section = doc.sections[0]
footer = section.footer
footer.paragraphs[0].text = "机密文件 - 严禁外传"
doc.save(f"modified_{filename}")
```

3. 邮件自动发送文档

```python
import smtplib
from email.mime.multipart import MIMEMultipart
from email.mime.text import MIMEText
from email.mime.base import MIMEBase
from email import encoders
# 创建邮件
msg = MIMEMultipart()
msg["From"] = "sender@example.com"
msg["To"] = "receiver@example.com"
msg["Subject"] = "本周销售报告"
# 添加正文
body = MIMEText("附件为本周销售报告，请查收。", "plain")
msg.attach(body)

# 添加附件
with open("weekly_report.pdf", "rb") as f:
    part = MIMEBase("application", "octet-stream")
    part.set_payload(f.read())
    encoders.encode_base64(part)
    part.add_header(
        "Content-Disposition",
        f"attachment; filename=weekly_report.pdf",
    )
    msg.attach(part)
# 发送邮件
server = smtplib.SMTP("smtp.example.com", 587)
server.starttls()
server.login("user", "password")
server.send_message(msg)
server.quit()
```

涉及Word文档操作的第三方库如表3-2所示。

表3-2　涉及Word文档操作的第三方库

第三方库	用途	说明
python-docx	操作Word文档	支持样式、表格、图片等
docx2pdf	Word 转 PDF	依赖系统安装的Word软件
PyPDF2	PDF 基础操作	合并、拆分、加密、解密
pdfplumber	PDF 内容提取	精准提取文本和表格
Jinja2	模板引擎	动态生成复杂文档

3.2.5 实操练习：Word文档处理

本小节介绍了一个使用 python-docx 库处理 Word 文档的综合案例，实现文档生成、内容修改、批量处理、模板应用等功能。

【案例目标】

为某公司自动生成周报文档，要求包含以下内容：

- 带格式的标题和日期。
- 插入表格展示销售数据。
- 添加带项目符号的任务列表。
- 批量替换模板中的占位符。
- 合并多个文档并导出为PDF文件。

【代码实现】

```python
from docx import Document
from docx.shared import Pt, RGBColor, Inches
from docx.enum.text import WD_PARAGRAPH_ALIGNMENT, WD_BREAK
from docx.oxml.ns import qn
from docx2pdf import convert
import pandas as pd
import os
# ------------------------ 场景1：生成新周报 ------------------------
def generate_weekly_report():
    doc = Document()

    # 1. 设置全局字体（中文字体需要特殊处理）
    doc.styles["Normal"].font.name = "微软雅黑"
    doc.styles["Normal"]._element.rPr.rFonts.set(qn("w:eastAsia"), "微软
雅黑")

    # 2. 添加标题（居中+加粗+颜色）
    title = doc.add_heading("", level=0)
    title_run = title.add_run("销售周报（2024年第25周）")
    title_run.font.color.rgb = RGBColor(0, 0, 255)  # 蓝色
    title.alignment = WD_PARAGRAPH_ALIGNMENT.CENTER

    # 3. 添加日期段落
    date_para = doc.add_paragraph()
    date_para.add_run("生成日期：2024年6月20日 \n").italic = True

    # 4. 插入表格（从Pandas DataFrame中读取数据）
    data = {
        "产品": ["手机", "笔记本", "平板"],
        "销量": [1200, 450, 800],
        "销售额（万元）": [600, 900, 400]
    }
    df = pd.DataFrame(data)

    table = doc.add_table(df.shape[0]+1, df.shape[1])
    table.style = "Light Shading Accent 1"

    # 添加表头
    for j, col in enumerate(df.columns):
        table.cell(0, j).text = col
        table.cell(0, j).paragraphs[0].runs[0].bold = True

    # 填充数据
    for i in range(df.shape[0]):
```

```
        for j in range(df.shape[1]):
            table.cell(i+1, j).text = str(df.iat[i, j])

    # 5. 添加任务列表
    doc.add_heading("下周计划", level=2)
    tasks = [
        "完成新客户签约3家",
        "优化库存管理系统",
        "组织销售培训会议"
    ]
    for task in tasks:
        doc.add_paragraph(task, style="List Bullet")

    # 保存文档
    doc.save("周报_2024第25周.docx")
    print("周报生成完成")
# -------------------------- 场景2：模板替换 --------------------------
def fill_contract_template():
    doc = Document("合同模板.docx")

    # 定义替换规则
    replacements = {
        "{{client_name}}": "北京云科技有限公司",
        "{{amount}}": "¥1,200,000",
        "{{date}}": "2024年6月30日"
    }

    # 遍历所有段落和表格
    for paragraph in doc.paragraphs:
        for key, value in replacements.items():
            if key in paragraph.text:
                paragraph.text = paragraph.text.replace(key, value)

    for table in doc.tables:
        for row in table.rows:
            for cell in row.cells:
                for key, value in replacements.items():
                    if key in cell.text:
                        cell.text = cell.text.replace(key, value)

    doc.save("填充后的合同.docx")
    print("合同填充完成")


# -------------------------- 场景3：批量合并文档 --------------------------
def merge_documents():
    merged_doc = Document()
    files = ["周报_2024第25周.docx", "填充后的合同.docx"]

    for file in files:
        doc = Document(file)
        # 添加分页符（除第一个文档外）
        if file != files[0]:
            merged_doc.add_page_break()

        # 复制所有元素
        for element in doc.element.body:
            merged_doc.element.body.append(element)
```

97

```
    merged_doc.save(" 合并文档 .docx")
    print(" 文档合并完成 ")

# ------------------------- 场景 4：转换为 PDF -------------------------
def convert_to_pdf():
    convert(" 合并文档 .docx", " 合并文档 .pdf")
    print("PDF 转换完成 ")

# ------------------------- 执行所有步骤 -------------------------
if __name__ == "__main__":
    generate_weekly_report()
    fill_contract_template()
    merge_documents()
    convert_to_pdf()
```

【功能解析】

(1) 格式控制技巧。

- 中文字体支持：通过 qn("w:eastAsia") 设置中文字体。

- 颜色设置：使用 RGBColor(0, 0, 255) 定义颜色。

- 表格样式：使用内置样式 Light Shading Accent 1可以快速美化表格。

- 分页控制：add_page_break()可以实现文档合并时的分页。

(2) 数据集成。

- 从 Pandas DataFrame中动态读取表格数据。

- 使用字典实现模板内容的批量替换。

(3) 文件操作。

- 批量合并多个Word文档。

- 通过 docx2pdf库转换为PDF格式。

【依赖安装】

```
pip install python-docx pandas docx2pdf
```

【周报效果】

```
销售周报 (2024 年第 25 周 )              # 蓝色居中标题
生成日期：2024 年 6 月 20 日              # 斜体日期


+---------+------+---------------+
| 产品    | 销量 | 销售额（万元）|
+---------+------+---------------+
| 手机    | 1200 | 600          |
| 笔记本  | 450  | 900          |
| 平板    | 800  | 400          |
+---------+------+---------------+
```

【下周计划】

- 完成新客户签约3家。

- 优化库存管理系统。

- 组织销售培训会议。

【扩展应用】
- 邮件自动发送：结合 smtplib 自动发送生成的文档。
- 数据库集成：从 MySQL、PostgreSQL中动态获取报表数据。
- 定时任务：使用 schedule 库每周自动生成报告。
- 复杂模板：结合 jinja2 模板引擎处理嵌套逻辑。

【注意事项】
- 版本兼容性：确保 Office 版本支持使用的样式。
- 字体缺失：需要确认服务器是否安装中文字体。
- 性能优化：处理超大型文档时，建议分块处理。
- 错误处理：添加 try-except 块捕获文件操作异常。

3.3　PDF文件处理

3.3.1　安装 PyPDF2 和 pdfplumber

```
pip install PyPDF2 pdfplumber
```

3.3.2　内容提取

```
import pdfplumber
with pdfplumber.open("report.pdf") as pdf:
    # 提取第一页文本
    first_page = pdf.pages[0]
    text = first_page.extract_text()
    print(text)
    # 提取表格数据
    table = first_page.extract_table()
    for row in table:
        print(row)
```

3.3.3　合并与拆分

```
from PyPDF2 import PdfMerger, PdfReader, PdfWriter
# 合并多个 PDF
merger = PdfMerger()
merger.append("file1.pdf")
merger.append("file2.pdf")
merger.write("combined.pdf")
# 拆分 PDF
reader = PdfReader("large_file.pdf")
writer = PdfWriter()
for page in reader.pages[:5]:   # 提取前 5 页
```

```
        writer.add_page(page)
with open("split_part.pdf", "wb") as f:
    writer.write(f)
```

3.3.4 加密与解密

```
from PyPDF2 import PdfReader, PdfWriter
# 加密
reader = PdfReader("document.pdf")
writer = PdfWriter()
for page in reader.pages:
    writer.add_page(page)
writer.encrypt(user_pwd="123", owner_pwd="admin")
with open("encrypted.pdf", "wb") as f:
    writer.write(f)
# 解密（需要密码）
reader = PdfReader("encrypted.pdf")
reader.decrypt(password="123")
text = reader.pages[0].extract_text()
```

3.3.5 实操练习：自动生成报告

从数据库中提取数据，生成 Word 周报并转换为 PDF 文件。

```
import sqlite3
from docx import Document
from docx2pdf import convert

# 1. 从数据库中提取数据
conn = sqlite3.connect("sales.db")
cursor = conn.cursor()
cursor.execute("SELECT product, SUM(amount) FROM sales GROUP BY
product")
data = cursor.fetchall()

# 2. 生成 Word 周报
doc = Document()
doc.add_heading(" 销售周报 ", level=0)

# 添加表格
table = doc.add_table(rows=1, cols=2)
table.style = "Light Shading Accent 1"
hdr_cells = table.rows[0].cells
hdr_cells[0].text = " 产品 "
hdr_cells[1].text = " 销售额（万元）"

for product, amount in data:
    row_cells = table.add_row().cells
    row_cells[0].text = product
    row_cells[1].text = str(amount)

# 3. 保存并转换为 PDF
doc.save("weekly_report.docx")
convert("weekly_report.docx", "weekly_report.pdf")
```

3.4　Excel电子表格处理

3.4.1　安装依赖库

```
pip install openpyxl pandas xlrd xlwt
```

3.4.2　读取Excel中的数据

```python
import pandas as pd
# 读取整个工作表
df = pd.read_excel("sales.xlsx", sheet_name="2023")
# 读取特定范围 (A1 到 C10)
df_range = pd.read_excel("sales.xlsx", usecols="A:C", nrows=10)
# 显示前 3 行
print(df.head(3))
```

3.4.3　数据清洗与处理

```python
# 删除空值
df_clean = df.dropna()
# 添加计算列
df["Total"] = df["Price"] * df["Quantity"]
# 条件筛选
high_sales = df[df["Total"] > 10000]
# 分组聚合
sales_by_region = df.groupby("Region")["Total"].sum()
```

3.4.4　将数据写入Excel

```python
# 保存到新文件 (保留原格式需要使用 openpyxl)
with pd.ExcelWriter("report.xlsx", engine="openpyxl") as writer:
    df.to_excel(writer, sheet_name="Summary", index=False)
    sales_by_region.to_excel(writer, sheet_name="ByRegion")
```

3.4.5　高级操作

```python
from openpyxl import load_workbook
from openpyxl.styles import Font, Alignment
# 打开已有文件
wb = load_workbook("report.xlsx")
ws = wb["Summary"]
# 设置标题格式
ws["A1"].font = Font(bold=True, size=14)
ws["A1"].alignment = Alignment(horizontal="center")
# 冻结首行
ws.freeze_panes = "A2"
# 保存修改
wb.save("report_formatted.xlsx")
```

3.4.6 实操练习：自动生成销售数据分析报告

本小节主要介绍一个自动生成销售数据分析报告的综合案例。

```python
import pandas as pd
from openpyxl.styles import numbers
# 1. 数据准备
df = pd.read_excel("raw_sales.xlsx")
report = df.groupby(["Region", "Product"]).agg(
    Total_Sales=("Amount", "sum"),
    Avg_Price=("Price", "mean")
).reset_index()
# 2. 格式处理
report["Avg_Price"] = report["Avg_Price"].round(2)
# 3. 生成 Excel
with pd.ExcelWriter("Q3_Report.xlsx", engine="openpyxl") as writer:
    report.to_excel(writer, index=False)

    # 获取工作表对象
    ws = writer.sheets["Sheet1"]

    # 设置货币格式
     for row in ws.iter_rows(min_row=2, max_col=3, max_
    row=len(report)+1):
        row[2].number_format = numbers.FORMAT_CURRENCY_USD
# 4. 邮件自动发送 (需要配置 SMTP)
import smtplib
from email.mime.multipart import MIMEMultipart
from email.mime.base import MIMEBase
from email import encoders

msg = MIMEMultipart()
msg["Subject"] = "Q3 销售报告 "
msg.attach(MIMEBase("application", "octet-stream").set_payload(open("Q3_
Report.xlsx", "rb").read()))
encoders.encode_base64(attachment)

server = smtplib.SMTP("smtp.example.com", 587)
server.login("user@example.com", "password")
server.sendmail("user@example.com", "manager@example.com", msg.as_
string())
server.quit()
```

3.5 PPT演示文稿处理

本节主要结合Python 编程基础知识介绍如何利用 Python 自动生成PPT演示文稿。

3.5.1 安装 python-pptx 库

```
pip install python-pptx
```

3.5.2 创建基础PPT

```python
from pptx import Presentation

# 创建空白演示文稿
prs = Presentation()

# 添加标题页
slide_layout = prs.slide_layouts[0]   # 标题布局
slide = prs.slides.add_slide(slide_layout)
title = slide.shapes.title
subtitle = slide.placeholders[1]
title.text = "Python 数据分析报告 "
subtitle.text = "2023 年第三季度 "

# 添加内容页（标题 + 正文）
slide_layout = prs.slide_layouts[1]
slide = prs.slides.add_slide(slide_layout)
title = slide.shapes.title
body = slide.placeholders[1]
title.text = " 核心发现 "
body.text = "- 销售额同比增长 20%\n- 用户活跃度提升 15%"

# 保存文件
prs.save("report.pptx")
```

输出结果如图3-1所示。

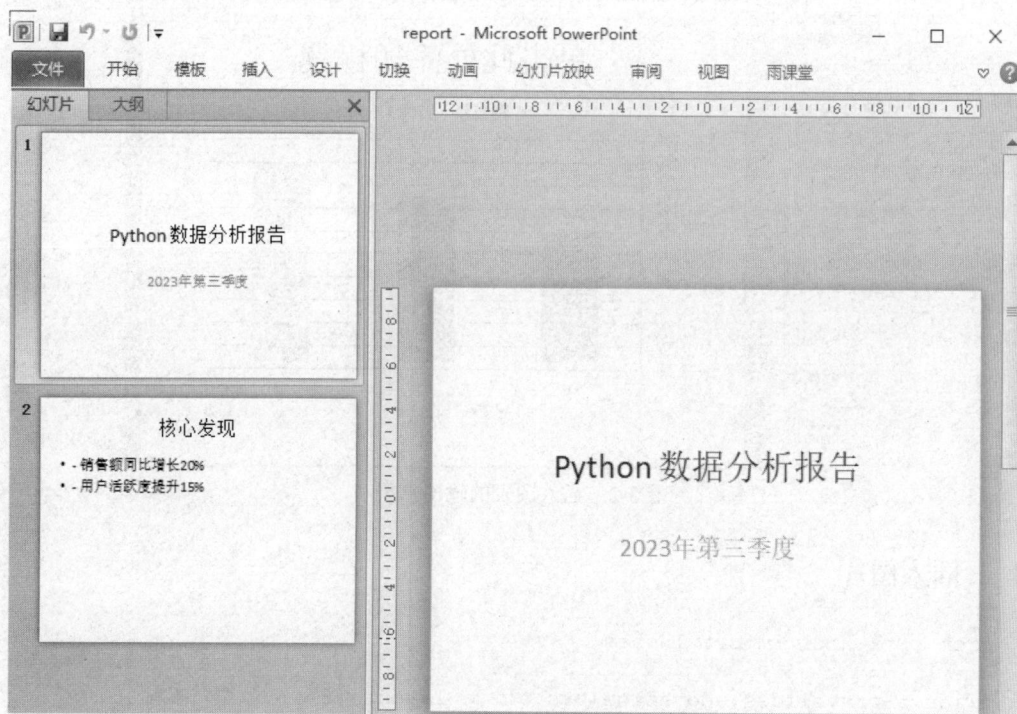

图3-1 创建基础PPT的输出结果

3.5.3　高级功能

1. 插入图表

```python
from pptx.chart.data import CategoryChartData
from pptx.enum.chart import XL_CHART_TYPE
from pptx.util import Inches
# 创建图表数据
chart_data = CategoryChartData()
chart_data.categories = ['Q1', 'Q2', 'Q3']
chart_data.add_series('销售额（万元）', (120, 150, 180))

# 添加图表页
slide = prs.slides.add_slide(prs.slide_layouts[5])
chart = slide.shapes.add_chart(
    XL_CHART_TYPE.COLUMN_CLUSTERED,      # 柱状图
    x=Inches(1), y=Inches(1.5),          # 位置
    cx=Inches(8), cy=Inches(5),          # 尺寸
    chart_data=chart_data
).chart
```

输出结果如图3-2所示。

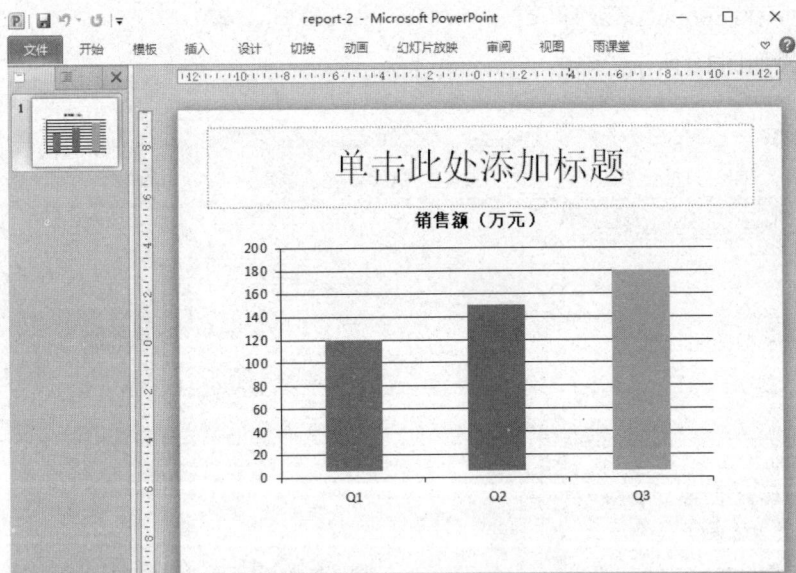

图3-2　插入图表的输出结果

2. 插入图片

```python
from pptx.util import Inches

slide = prs.slides.add_slide(prs.slide_layouts[6])    # 空白布局
img_path = "chart.png"
left = Inches(1)
top = Inches(1)
slide.shapes.add_picture(img_path, left, top, width=Inches(6))
```

输出结果如图3-3所示。

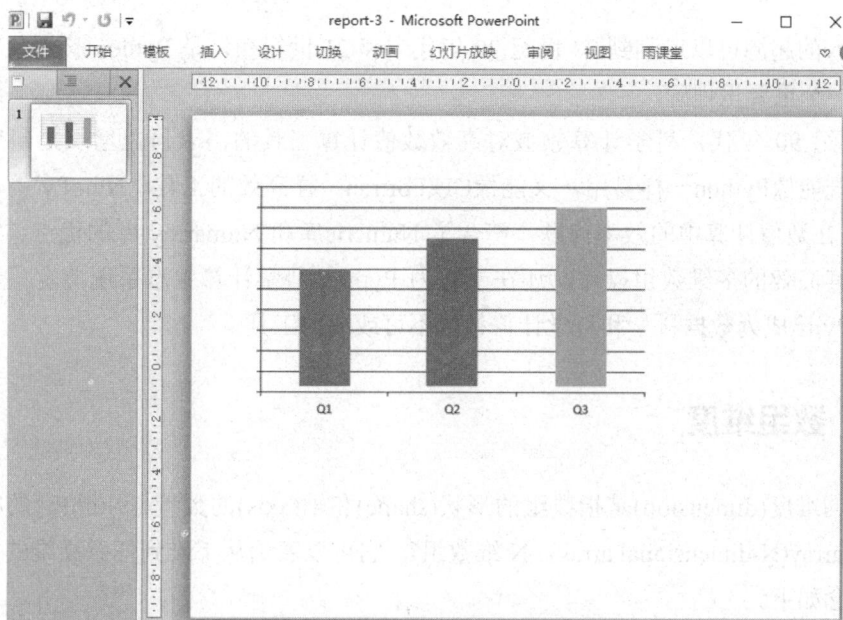

图3-3　插入图片的输出结果

3.6　NumPy 科学计算库

NumPy(numerical Python)是 Python 中用于科学计算的核心库之一，提供了高效的多维数组对象 ndarray 以及大量操作这些数组的函数。它是许多其他科学计算库(如 SciPy、Pandas、Matplotlib 等)的基础。NumPy库的安装如图3-4所示。

```
C:\Users\Administrator>pip install numpy
Collecting numpy
  Using cached numpy-2.1.3-cp311-cp311-win_amd64.whl.metadata (60 kB)
```

图3-4　NumPy库的安装

NumPy库的主要特点如下。

(1) 多维数组对象：支持高效的数值计算，支持广播机制，允许不同形状的数组进行算术运算。

(2) 广泛的数学函数：包括线性代数、傅里叶变换、随机数生成等。

(3) 高效的内存管理：基于C语言实现，操作速度快，内存占用低。

(4) 与其他语言的接口：支持与 C/C++、Fortran 等语言的集成。

3.6.1 NumPy库概述

NumPy的起源可以追溯到20世纪90年代末和21世纪初，是Python科学计算生态系统发展的一个重要里程碑。

20世纪90年代，科学计算领域对高效数值计算工具的需求日益增长，研究人员希望有一种既能像Python一样易用，又能像C或Fortran一样高效的工具。NumPy的诞生解决了Python在数值计算中的效率问题，整合了Numeric库和Numarray库的优点。它的成功不仅在于其高效的多维数组操作，还在于它为Python科学计算生态系统奠定了基础。如今，NumPy已成为数据科学和科学计算领域不可或缺的工具。

3.6.2 数组维度

数组的维度(dimension)是指数组的形状(shape)和轴(axis)的数量。NumPy的核心数据结构是ndarray(N-dimensional array，N维数组)，它可以表示从1维到任意高维的数据。相关基本概念如下。

(1) 数组的维度是指数组中轴的数量。例如，1维数组有1个轴，2维数组有2个轴，3维数组有3个轴，以此类推。

(2) 形状是一个元组，表示数组在每个维度上的大小。例如，形状为(3, 4)的数组是一个2维数组，第1维有3个元素，第2维有4个元素。

(3) 轴是数组的维度索引。例如，在2维数组中，axis=0表示行，axis=1表示列；3维数组中，axis=0表示深度，axis=1表示行，axis=2表示列。

3.6.3 数组对象ndarray

数组对象ndarray提供了高效的内存管理操作和丰富的操作函数，是科学计算和数据分析的基础。ndarray的优点和属性如表3-3和表3-4所示。

表3-3　ndarray的优点

优点	描述
高效存储	存储的是同类型数据(通常是数值类型)，因此内存连续，访问速度快；支持大规模数据的快速计算
多维支持	可以表示1维、2维、3维甚至更高维的数组
丰富的操作	支持数学运算、逻辑运算、索引、切片、广播等操作
与其他库的兼容性	与SciPy、Pandas、Matplotlib等库无缝集成

表3-4 ndarray的属性

属性	描述
ndarray.shape	数组的形状，返回一个元组，例如(2, 3)表示 2 行 3 列的数组
ndarray.ndim	数组的维度数
ndarray.size	数组的元素总数
ndarray.dtype	数组元素的数据类型，如 int32、float64 等
ndarray.itemsize	每个元素占用的字节数。
ndarray.data	数组的实际数据缓冲区，通常不需要直接访问

示例：

```python
import numpy as np
arr = np.array([[1, 2, 3], [4, 5, 6]])
print(arr.shape)        # 输出 (2, 3)
print(arr.ndim)         # 输出 2
print(arr.size)         # 输出 6
print(arr.dtype)        # 输出 int64(默认数据类型)
print(arr.itemsize)     # 输出 8(每个元素占 8 字节)
```

输出结果：

```
(2, 3)
2
6
int64
8
```

ndarray 支持多种数据类型，可以通过 dtype 参数指定，如表3-5所示。

表3-5 ndarray支持的数据类型

数据类型	描述
int8, int16, int32, int64	有符号整数类型
uint8, uint16, uint32, uint64	无符号整数类型
float16, float32, float64	浮点数类型
complex64, complex128	复数类型
bool	布尔类型(True/False)

示例：

```python
import numpy as np
arr = np.array([1, 2, 3], dtype=np.float32)
print(arr.dtype)
```

输出结果：

```
float32
```

3.6.4　数组操作

1. 创建方法

方法1：从列表或元组创建。

```
arr = np.array([1, 2, 3])            # 1 维数组
arr_2d = np.array([[1, 2], [3, 4]])  # 2 维数组
print(arr)
print(arr_2d)
```

输出结果：

```
[1 2 3]
[[1 2]
 [3 4]]
```

方法2：使用内置函数创建。

np.zeros(): 创建全零数组。

np.ones(): 创建全1数组。

np.empty(): 创建未初始化的数组。

np.arange(): 创建等差数组。

np.linspace(): 创建等间隔数组。

np.random.rand(): 创建随机数组。

示例：

```
zeros_arr = np.zeros((2, 3))         # 2 行 3 列的全零数组
ones_arr = np.ones((2, 2))           # 2 行 2 列的全 1 数组
rand_arr = np.random.rand(2, 3)      # 2 行 3 列的随机数组
print(zeros_arr)
print(ones_arr)
print(rand_arr)
```

输出结果：

```
[[0. 0. 0.]
 [0. 0. 0.]]
[[1. 1.]
 [1. 1.]]
[[0.45554457 0.57967103 0.83834511]
 [0.00922219 0.94563252 0.43538649]]
```

方法3：从文件中加载数据。

使用 np.loadtxt() 或 np.genfromtxt() 从文本文件加载数据。

使用 np.load() 加载 .npy 或 .npz 文件。

2. 随机数

在 NumPy 中，生成随机数是常见的操作之一。NumPy 提供了丰富的随机数生成函

数，可以生成各种分布的随机数。这些函数位于 numpy.random 模块中。

(1) 均匀分布随机数：np.random.rand()生成 [0, 1)范围内均匀分布的随机数，可以指定形状。例如：

```
import numpy as np
arr = np.random.rand(2, 3)    # 生成 2 行 3 列的随机数组
print(arr)
```

输出结果：

```
[[0.8062183  0.87094955 0.652581  ]
 [0.13515565 0.61416836 0.43773591]]
```

np.random.uniform()生成指定范围内均匀分布的随机数。例如：

```
arr = np.random.uniform(1, 10, size=(2, 3))    # 生成 1 到 10 范围内的随机数
print(arr)
```

输出结果：

```
[[7.64580624 7.32018413 8.43078121]
 [4.16723852 6.12764481 2.07231976]]
```

(2) 生成标准正态分布随机数：np.random.randn()生成标准正态分布(均值为 0，标准差为 1)的随机数，可以指定形状。例如：

```
arr = np.random.randn(2, 3)    # 生成 2 行 3 列的标准正态分布随机数
print(arr)
```

输出结果：

```
[[ 2.3589134  -0.53831427 -0.56473042]
 [-0.69913294 -0.81348687  1.95710236]]
```

np.random.normal()生成指定均值和标准差的正态分布随机数，例如：

```
arr = np.random.normal(5, 2, size=(2, 3))    # 均值为 5,标准差为 2
print(arr)
```

输出结果：

```
[[3.81363974 4.95498646 4.10301348]
 [6.83252241 4.06263165 2.31632666]]
```

(3) 生成随机整数：np.random.randint()生成指定范围内的随机整数。

```
arr = np.random.randint(1, 10, size=(2, 3))  # 生成 1 到 9 之间的随机整数
print(arr)
```

输出结果：

```
[[1 8 7]
 [8 9 5]]
```

(4) 生成其他分布的随机数：np.random.binomial()生成二项分布的随机数。

```
arr = np.random.binomial(10, 0.5, size=(2, 3))   # n=10, p=0.5
print(arr)
```

输出结果：

```
[[5 5 3]
 [5 4 3]]
```

np.random.poisson()生成泊松分布的随机数。

```
arr = np.random.poisson(5, size=(2, 3))          # λ=5
print(arr)
```

输出结果：

```
[[5 7 8]
 [5 3 6]]
```

np.random.exponential()生成指数分布的随机数。

```
arr = np.random.exponential(1, size=(2, 3))      # 参数 λ=1
print(arr)
```

输出结果：

```
[[1.17636868 1.0795338  1.10474003]
 [5.71781307 2.01810526 0.31723523]]
```

为了保证随机数的可重复性，可以使用np.random.seed()设置随机种子。设置随机种子后，每次生成的随机数序列将相同。

```
np.random.seed(42)              # 设置随机种子为 42
arr1 = np.random.rand(2, 3)
np.random.seed(42)              # 再次设置相同的随机种子
arr2 = np.random.rand(2, 3)
print(arr1 == arr2)
```

输出结果：

```
[[ True  True  True]
 [ True  True  True]]
```

3. 切片索引

与 Python 列表类似，ndarray 支持索引和切片操作，例如：

```
arr = np.array([[1, 2, 3], [4, 5, 6]])
print(arr[0, 1])         # 输出 2( 第 0 行第 1 列 )
print(arr[:, 1])         # 输出 [2, 5]( 第 1 列的所有行 )
```

输出结果：

```
2
[2 5]
```

4. 数组形状

可以使用 reshape() 改变数组形状，也可以使用 flatten() 或 ravel() 展平数组。

```python
arr = np.arange(6).reshape(2, 3)        # 2 行 3 列的数组
print(arr.flatten())                    # 输出 [0 1 2 3 4 5]
```

输出结果：

```
[[0 1 2]
 [3 4 5]]
[0 1 2 3 4 5]
```

5. 数组组合

在 NumPy 中，数组的组合是指将多个数组按照一定的规则拼接在一起。NumPy 提供了多种函数来实现数组的组合操作，包括水平组合、垂直组合、深度组合等。

(1) np.concatenate()沿指定轴连接数组。

沿行方向连接：

```python
import numpy as np
a = np.array([[1, 2], [3, 4]])
b = np.array([[5, 6]])
result = np.concatenate((a, b), axis=0)
print(result)
```

输出结果：

```
[[1 2]
 [3 4]
 [5 6]]
```

沿列方向连接：

```python
import numpy as np
a = np.array([[1, 2], [3, 4]])
b = np.array([[5, 6]])
result = np.concatenate((a, b.T), axis=1)
print(result)
```

输出结果：

```
[[1 2 5]
 [3 4 6]]
```

(2) np.hstack()水平堆叠数组(沿列方向拼接)。

```python
a = np.array([1, 2])
b = np.array([3, 4])
result = np.hstack((a, b))
print(result)
```

输出结果：

```
[1 2 3 4]
```

又如：

111

```
a = np.array([[1], [2]])
b = np.array([[3], [4]])
result = np.hstack((a, b))
print(result)
```

输出结果:

```
[[1 3]
 [2 4]]
```

(3) np.vstack()垂直堆叠数组(沿行方向拼接)。

```
a = np.array([1, 2])
b = np.array([3, 4])
result = np.vstack((a, b))
print(result)
```

输出结果:

```
[[1 2]
 [3 4]]
```

又如:

```
a = np.array([[1], [2]])
b = np.array([[3], [4]])
result = np.vstack((a, b))
print(result)
```

输出结果:

```
[[1]
 [2]
 [3]
 [4]]
```

(4) np.dstack()深度堆叠数组(沿第 3 轴拼接)。

```
a = np.array([[1, 2], [3, 4]])
b = np.array([[5, 6], [7, 8]])
result = np.dstack((a, b))
print(result)
```

输出结果:

```
[[[1 5]
  [2 6]]
 [[3 7]
  [4 8]]]
```

(5) np.column_stack()按列堆叠 1 维数组或将 2 维数组按列拼接。

```
a = np.array([1, 2])
b = np.array([3, 4])
result = np.column_stack((a, b))
print(result)
```

输出结果:

```
[[1 3]
```

```
 [2 4]]
```

(6) np.row_stack()按行堆叠 1 维数组或将 2 维数组按行拼接。

```
a = np.array([1, 2])
b = np.array([3, 4])
result = np.vstack((a, b))
print(result)
```

输出结果：

```
[[1 2]
 [3 4]]
```

6. 数组分割

在 NumPy 中，数组的分割是指将一个数组拆分为多个子数组。NumPy 提供了多种函数来实现数组的分割操作，包括沿指定轴分割、水平分割、垂直分割、深度分割等。

(1) np.split()沿指定轴将数组拆分为多个子数组，要求拆分的部分大小必须相等。

```
import numpy as np
arr = np.arange(9).reshape(3, 3)
print(arr)
```

输出结果：

```
[[0 1 2]
 [3 4 5]
 [6 7 8]]
```

沿行方向拆分为 3 个子数组：

```
result = np.split(arr, 3, axis=0)
for sub_arr in result:
    print(sub_arr)
```

输出结果：

```
[[0 1 2]]
[[3 4 5]]
[[6 7 8]]
```

沿列方向拆分为 3 个子数组：

```
result = np.split(arr, 3, axis=1)
for sub_arr in result:
    print(sub_arr)
```

输出结果：

```
[[0]
 [3]
 [6]]
[[1]
 [4]
 [7]]
[[2]
 [5]
 [8]]
```

(2) np.hsplit()水平分割数组(沿列方向拆分)，适用于 2 维数组。

```
arr = np.arange(9).reshape(3, 3)
print(arr)
```

输出结果：

```
[[0 1 2]
 [3 4 5]
 [6 7 8]]
```

水平拆分为 3 个子数组：

```
result = np.hsplit(arr, 3)
for sub_arr in result:
    print(sub_arr)
```

输出结果：

```
[[0]
 [3]
 [6]]
[[1]
 [4]
 [7]]
[[2]
 [5]
 [8]]
```

114

(3) np.vsplit()垂直分割数组(沿行方向拆分)，适用于 2 维数组。

```
arr = np.arange(9).reshape(3, 3)
print(arr)
```

输出结果：

```
[[0 1 2]
 [3 4 5]
 [6 7 8]]
```

垂直拆分为 3 个子数组：

```
result = np.vsplit(arr, 3)
for sub_arr in result:
    print(sub_arr)
```

输出结果：

```
[[0 1 2]]
[[3 4 5]]
[[6 7 8]]
```

(4) np.dsplit()深度分割数组(沿第 3 轴拆分)，适用于 3 维数组。

```
arr = np.arange(8).reshape(2, 2, 2)
print(arr)
```

输出结果：

```
[[[0 1]
  [2 3]]

 [[4 5]
  [6 7]]]
```

深度拆分为 2 个子数组：

```
result = np.dsplit(arr, 2)
for sub_arr in result:
    print(sub_arr)
```

输出结果：

```
[[[0]
  [2]]
 [[4]
  [6]]]
[[[1]
  [3]]
 [[5]
  [7]]]
```

(5) np.array_split()类似于 np.split()，但允许不均匀拆分，当无法均匀拆分时，最后一个子数组会比较小。

```
arr = np.arange(10)
print(arr)
```

输出结果：

```
[0 1 2 3 4 5 6 7 8 9]
```

不均匀拆分：

```
result = np.array_split(arr, 3)
for sub_arr in result:
    print(sub_arr)
```

输出结果：

```
[0 1 2 3]
[4 5 6]
[7 8 9]
```

3.6.5　数组运算

NumPy 提供了丰富的数组运算功能，包括数学运算、广播运算、统计运算、逻辑运算、线性代数运算、形状操作、随机数生成等。

1. 数学运算

NumPy 支持逐元素的数学运算，包括加法、减法、乘法、除法、幂运算等。

```
import numpy as np
a = np.array([1, 2, 3])
b = np.array([4, 5, 6])
```

(1) 加法:

```
print(a + b)
```

输出结果:

```
[5 7 9]
```

(2) 减法:

```
print(a - b)
```

输出结果:

```
[-3 -3 -3]
```

(3) 乘法(逐元素相乘):

```
print(a * b)
```

输出结果:

```
[ 4 10 18]
```

(4) 除法(逐元素相除):

```
print(a / b)
```

输出结果:

```
[0.25 0.4  0.5 ]
```

(5) 幂运算:

```
print(a ** 2)
```

输出结果:

```
[1 4 9]
```

2. 广播运算

广播机制允许不同形状的数组进行逐元素运算,规则如下:

(1) 如果两个数组的维度数不同,小维度数组的形状会在左侧补 1;

(2) 如果两个数组的形状在某个维度上不匹配,但其中一个数组在该维度上的大小为1,则可以广播;

(3) 如果两个数组的形状完全不匹配,则抛出错误。

```
a = np.array([[1, 2, 3]])
b = np.array([[4], [5]])
print(a + b)
```

输出结果:

```
[[5 6 7]
 [6 7 8]]
```

3. 统计运算

NumPy 提供了多种统计函数，用于数组的统计，如求和、均值、标准差、最大值、最小值等。

```
a = np.array([[1, 2], [3, 4]])
print(a)
```

输出结果：

```
[[1 2]
 [3 4]]
```

(1) 求和：

```
print(np.sum(a))
```

输出结果：

```
10
```

(2) 按行求和：

```
print(np.sum(a, axis=0))
```

输出结果：

```
[4 6]
```

(3) 按列求和：

```
print(np.sum(a, axis=1))
```

输出结果：

```
[3 7]
```

(4) 均值：

```
print(np.mean(a))
```

输出结果：

```
2.5
```

(5) 标准差：

```
print(np.std(a))
```

输出结果：

```
1.118033988749895
```

(6) 最大值：

```
print(np.max(a))
```

输出结果：

```
4
```

(7) 最小值：

```
print(np.min(a))
```

输出结果：

```
1
```

4. 逻辑运算

NumPy支持逐元素的逻辑运算，如比较、逻辑与、逻辑或等。

```
a = np.array([1, 2, 3])
b = np.array([2, 2, 2])
```

(1) 比较：

```
print(a == b)
```

输出结果：

```
[False  True  False]
```

(2) 逻辑与：

```
print((a > 1) & (b < 3))
```

输出结果：

```
[False  True  True]
```

(3) 逻辑或：

```
print((a > 1) | (b < 3))
```

输出结果：

```
[ True  True  True]
```

5. 线性代数运算

NumPy 提供了丰富的线性代数函数，如矩阵乘法、转置、行列式、逆矩阵等。

```
a = np.array([[1, 2], [3, 4]])
b = np.array([[5, 6], [7, 8]])
```

(1) 矩阵乘法：

```
print(np.dot(a, b))  # 或使用 a @ b
```

输出结果：

```
[[19 22]
 [43 50]]
```

(2) 转置：

```
print(a.T)
```

输出结果：

```
[[1 3]
 [2 4]]
```

(3) 行列式：

```
print(np.linalg.det(a))
```

输出结果：

```
-2.0000000000000004
```

(4) 逆矩阵：

```
print(np.linalg.inv(a))
```

输出结果：

```
[[-2.   1. ]
 [ 1.5 -0.5]]
```

6. 形状操作

NumPy 提供了多种形状操作函数，如重塑、展平、转置等。

```
a = np.arange(6).reshape(2, 3)
print(a)
```

输出结果：

```
[[0 1 2]
 [3 4 5]]
```

(1) 重塑形状：

```
print(a.reshape(3, 2))
```

输出结果：

```
[[0 1]
 [2 3]
 [4 5]]
```

(2) 展平数组：

```
print(a.flatten())
```

输出结果：

```
[0 1 2 3 4 5]
```

(3) 转置：

```
print(a.T)
```

输出结果：

```
[[0 3]
 [1 4]
 [2 5]]
```

7. 随机数生成

NumPy 提供了多种随机数生成函数，如均匀分布随机数、正态分布随机数、随机整数等。

(1) 生成均匀分布随机数：

```
print(np.random.rand(2, 3))
```

输出结果：

```
[[0.88256406 0.2374174  0.5627946 ]
 [0.20746211 0.25051568 0.42337111]]
```

(2) 生成正态分布随机数：

```
print(np.random.randn(2, 3))
```

输出结果：

```
[[ 1.17090058  0.99404473 -1.43902354]
 [-3.32122639  1.03616078  0.37069175]]
```

(3) 生成随机整数：

```
print(np.random.randint(1, 10, size=(2, 3)))
```

输出结果：

```
[[8 8 7]
 [8 6 7]]
```

3.6.6　数据处理

NumPy 是 Python 中用于科学计算的核心库之一，特别适合处理数值数据。它提供了高效的多维数组对象 ndarray 以及丰富的函数库，可以进行数据的加载、存储、清洗、转换、分析、可视化，以及数组排序、元素检索等。

1. 数据的加载与存储

(1) 从文件中加载数据。NumPy 提供了多种函数从文件中加载数据，np.loadtxt()用于从文本文件中加载数据；np.genfromtxt()用于从文本文件中加载数据，支持缺失值处理；np.load()用于加载 .npy 或 .npz 文件。

```
import numpy as np
# 从文本文件中加载数据
data = np.loadtxt("data.txt", delimiter=",")
print(data)
```

(2) 存储数据到文件。np.savetxt()用于将数组保存到文本文件，np.save()用于将数组保存为 .npy 文件，np.savez()用于将多个数组保存为 .npz 文件。

```
# 将数组保存到文本文件
np.savetxt("output.txt", data, delimiter=",")
```

```
# 将数组保存为 .npy 文件
np.save("output.npy", data)
```

2. 数据清洗

(1) 处理缺失值。np.isnan()用于检测缺失值(NaN)，np.nan_to_num() 用于将缺失值替换为指定值。

```
# 创建包含缺失值的数组
data = np.array([1, 2, np.nan, 4, np.nan])
# 检测缺失值
print(np.isnan(data))  # 输出 [False False  True False  True]
# 将缺失值替换为 0
cleaned_data = np.nan_to_num(data, nan=0)
print(cleaned_data)  # 输出 [1. 2. 0. 4. 0.]
```

(2) 去除重复值。np.unique()用于去除数组中的重复值。

```
data = np.array([1, 2, 2, 3, 4, 4])
unique_data = np.unique(data)
print(unique_data)  # 输出 [1 2 3 4]
```

3. 数据转换

(1) 数据类型转换。astype()用于转换数组的数据类型。

```
data = np.array([1.5, 2.3, 3.7])
int_data = data.astype(int)
print(int_data)  # 输出 [1 2 3]
```

(2) 数组形状转换。reshape()用于改变数组形状，flatten() 和 ravel()用于展平数组。

```
data = np.arange(6).reshape(2, 3)
print(data)
# 输出:
# [[0 1 2]
#  [3 4 5]]
flattened_data = data.flatten()
print(flattened_data)  # 输出 [0 1 2 3 4 5]
```

4. 数据分析

(1) 统计计算。np.sum()、np.mean()、np.std() 等函数用于计算统计量。

```
data = np.array([1, 2, 3, 4, 5])
# 计算总和
print(np.sum(data))  # 输出 15
# 计算均值
print(np.mean(data))  # 输出 3.0
# 计算标准差
print(np.std(data))  # 输出 1.4142135623730951
```

(2) 条件筛选。布尔索引用于筛选满足条件的元素。

```
data = np.array([1, 2, 3, 4, 5])
# 筛选大于 3 的元素
filtered_data = data[data > 3]
```

```
print(filtered_data)   # 输出 [4 5]
```

5. 数据可视化

虽然 NumPy 本身不提供可视化功能，但可以与 Matplotlib 结合使用，绘制数据的图表。

```python
import matplotlib.pyplot as plt
# 生成数据
x = np.linspace(0, 10, 100)
y = np.sin(x)
# 绘制曲线
plt.plot(x, y)
plt.xlabel("x")
plt.ylabel("sin(x)")
plt.title("Sine Wave")
plt.grid(True)
plt.show()
```

6. 数组排序

在 NumPy 中，数组排序是一个常见的操作。NumPy 提供了多种排序函数，可以对数组进行排序、查找排序索引等操作。

(1) np.sort()返回数组的排序副本，不修改原数组，可以指定排序的轴。

```python
import numpy as np
a = np.array([3, 1, 2])
sorted_arr = np.sort(a)
print(sorted_arr)   # 输出 [1 2 3]
print(a)   # 原数组不变，输出 [3 1 2]
# 对 2 维数组按行排序
b = np.array([[3, 1], [2, 4]])
sorted_b = np.sort(b, axis=1)
print(sorted_b)
```

输出结果：

```
[1 2 3]
[3 1 2]
[[1 3]
 [2 4]]
```

(2) ndarray.sort()对数组进行原地排序，需要修改原数组。

```python
a = np.array([3, 1, 2])
a.sort()
print(a)
```

输出结果：

```
[1 2 3]
```

(3) np.argsort()返回数组排序后的索引，而不是排序后的值，可以用于根据排序索引重新排列其他数组。

排序后的索引：

```
a = np.array([3, 1, 2])
indices = np.argsort(a)
print(indices)
```

输出结果：

```
[1 2 0]
```

根据索引重新排列数组：

```
sorted_arr = a[indices]
print(sorted_arr)
```

输出结果：

```
[1 2 3]
```

(4) np.lexsort()对多个键进行间接排序(类似于 Excel 中的多列排序)，返回排序后的索引。

```
# 对多个键排序
first_names = np.array(['Alice', 'Bob', 'Charlie'])
last_names = np.array(['Smith', 'Jones', 'Johnson'])
# 先按姓氏排序，再按名字排序
indices = np.lexsort((first_names, last_names))
print(indices)
```

输出结果：

```
[2 1 0]
```

根据索引重新排列数组：

```
sorted_first_names = first_names[indices]
sorted_last_names = last_names[indices]
print(sorted_first_names)
print(sorted_last_names)
```

输出结果：

```
['Charlie' 'Bob' 'Alice']
['Johnson' 'Jones' 'Smith']
```

(5) np.partition()对数组进行分区排序，使得第 k 小的元素位于正确的位置，左侧元素小于或等于它，右侧元素大于或等于它，不保证完全排序。

```
a = np.array([3, 1, 2, 4, 5])
partitioned_arr = np.partition(a, 2)  # 第 2 小的元素 (索引从 0 开始)
print(partitioned_arr)
```

输出结果：

```
[1 2 3 4 5]
```

(6) np.argpartition()返回分区排序后的索引，而不是排序后的值。

```
a = np.array([3, 1, 2, 4, 5])
indices = np.argpartition(a, 2)   # 第 2 小的元素 (索引从 0 开始)
print(indices)
```

输出结果：

```
[1 2 0 3 4]
```

根据索引重新排列数组：

```
partitioned_arr = a[indices]
print(partitioned_arr)
```

输出结果：

```
[1 2 3 4 5]
```

(7) 对于多维数组，可以指定 axis 参数来沿特定轴排序。

```
a = np.array([[3, 1], [2, 4]])
```

按行排序：

```
sorted_a = np.sort(a, axis=1)
print(sorted_a)
```

输出结果：

```
[[1 3]
 [2 4]]
```

按列排序：

```
sorted_a = np.sort(a, axis=0)
print(sorted_a)
```

输出结果：

```
[[2 1]
 [3 4]]
```

7. 元素检索

在NumPy 中，元素检索是指从数组中查找满足特定条件的元素或索引。NumPy提供了多种方法来实现元素检索，包括条件检索、布尔索引、索引检索等。

(1) 条件检索：通过条件表达式检索数组中满足条件的元素。

```
import numpy as np
a = np.array([1, 2, 3, 4, 5])
print(a)      # 输出 [1 2 3 4 5]
```

查找大于 3 的元素：

```
result = a[a > 3]
print(result)  # 输出 [4 5]
```

(2) 用布尔数组(True/False)作为索引来检索元素。

```
a = np.array([1, 2, 3, 4, 5])
```

```
# 创建布尔数组
mask = a > 3
print(mask)  # 输出 [False  False  False  True  True]
# 使用布尔数组检索元素
result = a[mask]
print(result)  # 输出 [4 5]
```

(3) 索引检索：通过索引值检索数组中的元素。

```
a = np.array([1, 2, 3, 4, 5])
# 通过索引检索元素
print(a[0])   # 输出 1
print(a[-1])  # 输出 5
# 检索多个元素
print(a[[0, 2, 4]])  # 输出 [1 3 5]
```

np.where()返回满足条件的元素的索引，返回满足条件的元素的索引。

```
a = np.array([1, 2, 3, 4, 5])
# 查找满足条件的索引
indices = np.where(a > 3)
print(indices)  # 输出 (array([3, 4]),)
# 替换满足条件的元素
result = np.where(a > 3, a, -1)
print(result)  # 输出 [-1  -1  -1   4   5]
```

np.nonzero()返回数组中非零元素的索引。

```
a = np.array([0, 1, 0, 2, 3])
# 查找非零元素的索引
indices = np.nonzero(a)
print(indices)  # 输出 (array([1, 3, 4]),)
# 输出元素值
print(a[indices])  # 输出 [1 2 3]
```

np.argmax() 和np.argmin()返回数组中最大值或最小值的索引。

```
a = np.array([1, 2, 3, 4, 5])
# 查找最大值和最小值的索引
max_index = np.argmax(a)
min_index = np.argmin(a)
print(max_index)  # 输出 4
print(min_index)  # 输出 0
```

np.extract()根据条件从数组中提取元素。

```
a = np.array([1, 2, 3, 4, 5])
# 提取满足条件的元素
result = np.extract(a > 3, a)
print(result)  # 输出 [4 5]
```

对于多维数组，可以使用多维索引或布尔索引进行检索。

```
a = np.array([[1, 2, 3], [4, 5, 6]])
print(a)
# 输出
# [[1 2 3]
#  [4 5 6]]
```

125

```
# 通过索引检索元素
print(a[0, 1])   # 输出 2

# 通过布尔索引检索元素
mask = a > 3
print(mask)
# 输出
#[[False False False]
# [ True   True   True]]

result = a[mask]
print(result)  # 输出 [4 5 6]
```

3.6.7　实操练习：酒鬼漫步

酒鬼漫步(Drunkard's Walk)是一个经典的随机游走问题。假设一个酒鬼在一条直线上随机向左或向右移动一步，每次移动的概率相等，则可以使用 NumPy 来模拟这个过程，并分析酒鬼的位置变化。

【问题描述】

(1) 酒鬼从原点(位置 0)开始。

(2) 移动时，酒鬼有 50% 的概率向左移动一步，有50% 的概率向右移动一步。

(3) 模拟酒鬼的移动过程，并绘制其位置随时间的变化曲线。

【实现步骤】

(1) 初始化参数：定义总步数 n_steps，定义每一步的移动距离 step_size。

(2) 生成随机步数：使用 np.random.choice() 生成随机步数(-1 或 1)。

(3) 计算位置：使用 np.cumsum() 计算酒鬼的累计位置。

(4) 可视化结果：使用 Matplotlib 绘制酒鬼的位置随时间的变化。

【代码实现】

```python
import numpy as np
import matplotlib.pyplot as plt
import matplotlib
matplotlib.rcParams['font.sans-serif']='Microsoft YaHei'

# 参数设置
n_steps = 1000   # 总步数
step_size = 1    # 每一步的移动距离
# 生成随机步数 (-1 或 1)
steps = np.random.choice([-step_size, step_size], size=n_steps)
# 计算累计位置
positions = np.cumsum(steps)
# 可视化结果
plt.figure(figsize=(10, 6))
plt.plot(positions, label=" 酒鬼位置 ")
plt.axhline(0, color='red', linestyle='--', label=" 原点 ")
plt.xlabel(" 步数 ")
plt.ylabel(" 位置 ")
plt.title(" 酒鬼漫步模拟 ")
plt.legend()
```

```
plt.grid(True)
plt.show()
```

【代码解析】

(1) 生成随机步数：np.random.choice([-step_size, step_size], size=n_steps) 生成一个长度为 n_steps 的数组，每个元素为 -1 或 1，表示酒鬼每一步的移动方向。

(2) 计算累计位置：np.cumsum(steps) 计算酒鬼的累计位置。例如，如果步数为 [1, -1, 1, 1, -1]，则累计位置为 [1, 0, 1, 2, 1]。

(3) 可视化结果：使用 Matplotlib 绘制酒鬼的位置随时间的变化曲线，用红色虚线表示原点。

【示例输出】

运行上述代码后，会生成一张图，显示酒鬼的位置随时间的变化，如图3-5所示。由于步数是随机的，程序每次运行的结果都不同。

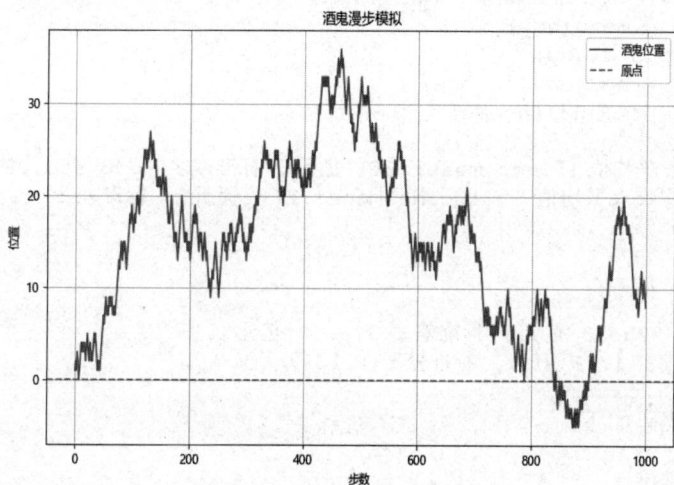

图3-5　酒鬼位置变化曲线

3.6.8　实操练习：地区经济发展分析

【背景内容】

通过分析不同地区的经济发展数据(如 GDP、人均收入等)，帮助理解地区间经济发展的差异。

【实现步骤】

(1) 数据准备：

- 假设有一组地区的经济发展数据，包括 GDP、人均收入等。
- 使用 NumPy 创建模拟数据。

(2) 数据分析：

- 计算各地区 GDP 和人均收入的平均值、标准差等统计量。

● 分析地区间经济发展的差异。

(3) 数据可视化：使用 Matplotlib 绘制各地区 GDP 和人均收入的分布图。

(4) 思政结合：结合数据分析结果，讨论实现共同富裕的路径和政策建议。

【代码实现】

数据准备和数据分析代码如下。

```python
import numpy as np
import matplotlib.pyplot as plt

# 1. 数据准备
# 假设有 5 个地区，每个地区有 GDP（亿元）和人均收入（万元）数据
regions = np.array(["A", "B", "C", "D", "E"])
gdp = np.array([500, 800, 1200, 600, 1500])  # 单位：亿元
income = np.array([3.5, 4.2, 5.8, 3.8, 6.5])  # 单位：万元

# 2. 数据分析
# 计算 GDP 和人均收入的平均值、标准差
gdp_mean = np.mean(gdp)
gdp_std = np.std(gdp)
income_mean = np.mean(income)
income_std = np.std(income)

print(f"GDP 平均值：{gdp_mean:.2f} 亿元，标准差：{gdp_std:.2f} 亿元")
print(f"人均收入平均值：{income_mean:.2f} 万元，标准差：{income_std:.2f} 万元")
```

输出结果：

```
GDP 平均值：920.00 亿元，标准差：376.30 亿元
人均收入平均值：4.76 万元，标准差：1.18 万元
```

数据可视化代码如下。

```python
# 3. 数据可视化
# 绘制 GDP 和人均收入的柱状图
plt.figure(figsize=(12, 6))
import matplotlib
matplotlib.rcParams['font.sans-serif']='Microsoft YaHei'
# 各地区 GDP 柱状图
plt.subplot(1, 2, 1)
plt.bar(regions, gdp, color='skyblue')
plt.title(" 各地区 GDP")
plt.xlabel(" 地区 ")
plt.ylabel("GDP（亿元）")
# 各地区人均收入柱状图
plt.subplot(1, 2, 2)
plt.bar(regions, income, color='lightgreen')
plt.title(" 各地区人均收入 ")
plt.xlabel(" 地区 ")
plt.ylabel(" 人均收入（万元）")
plt.tight_layout()
plt.show()
```

输出结果如图3-6所示。

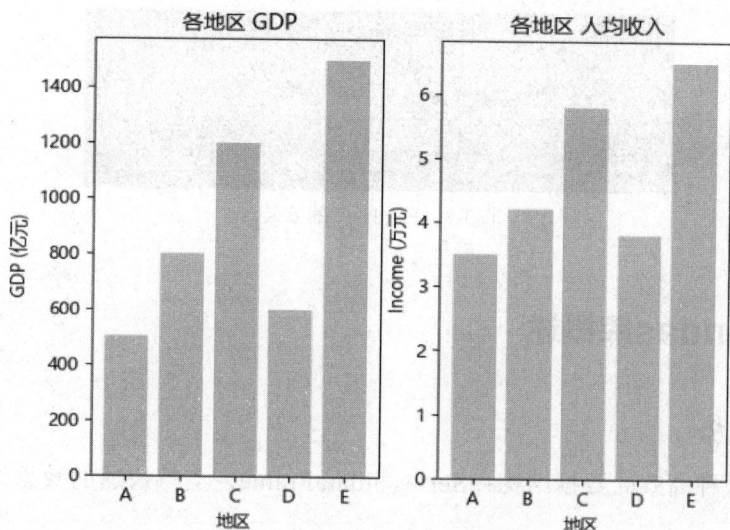

图3-6 各地区GDP柱状图和各地区人均收入柱状图

思政结合代码如下。

```
# 4. 思政结合
# 结合数据分析结果，讨论共同富裕的实现路径
print("\n思政结合：")
print("1. 地区间经济发展存在显著差异，GDP 和人均收入的标准差较大。")
print("2. 实现共同富裕需要缩小地区间差距，推动区域协调发展。")
print("3. 政策建议：加大对欠发达地区的支持力度，促进产业转移和升级。")
```

输出结果如图3-7所示。

图3-7 思政结合内容的输出结果

【案例总结】

通过 NumPy 对地区经济发展数据的分析，可以直观地看到地区间经济发展的差异，并结合思政课程中的"共同富裕"理论，深入理解实现共同富裕的挑战和路径。这种数据分析与思政课程相结合的方式，既能提高学生的数据分析能力，又能增强学生对思政理论的理解和应用能力。

3.7 Pandas 数据处理与分析库

Pandas 是 Python 中用于数据处理和分析的核心库之一，特别适合处理结构化数据(如表格数据)，广泛应用于数据科学、机器学习、金融分析等领域。Pandas 库的安装如图3-8所示。

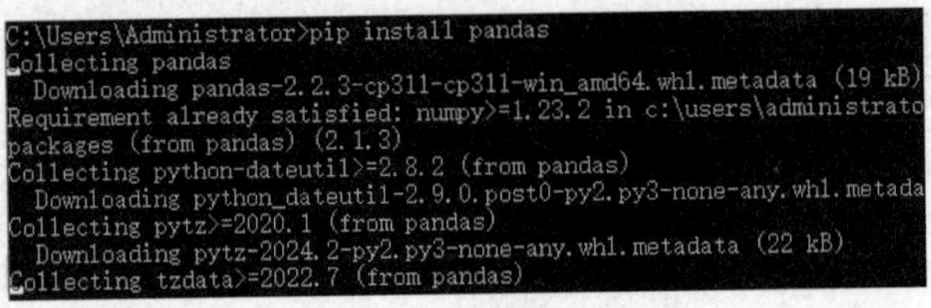

图3-8 Pandas库的安装

3.7.1 Pandas库概述

1. 库的优势

(1) 拥有两种高效的数据结构：Series和dataFrame，支持快速的数据访问、操作和分析。

(2) 提供强大的数据加载和存储功能，支持CSV、Excel、JSON、SQL 数据库、HTML表格等多种格式的文件。

(3) 提供灵活的数据清洗与处理功能，用于处理缺失值、重复值、数据类型转换等。

(4) 提供类似于SQL的强大的数据筛选与查询功能。

(5) 由groupby实现高效的数据分组与聚合操作。

(6) 提供丰富的数据可视化功能，由Matplotlib绘制数据的图表。

(7) 与 NumPy、Scikit-learn、Matplotlib、Seaborn 等库无缝集成，形成完整的数据分析和机器学习工作流。

(8) 提供了强大的时间序列处理功能，支持日期范围生成、重采样、滑动窗口等操作。

(9) 底层基于 NumPy，使用 C 语言优化，能够高效处理大规模数据。

(10) 拥有完善的官方文档和活跃的社区，用户可以轻松找到学习资源并得到技术支持。

2. 库的导入

```
import pandas as pd
```

3.7.2 数据读取与写入

Pandas 提供了丰富的函数来读取和写入各种格式的数据文件，包括 CSV、Excel、JSON、SQL 数据库等文件，以下是详细介绍和示例。

1. 读写CSV文件

● 读取数据，pd.read_csv()：

```
import pandas as pd
```

```
# 从 CSV 文件中读取数据
df = pd.read_csv('data.csv', sep=',', header=0, index_col=0)
print(df)
```

- 写入数据，df.to_csv():

```
# 将数据写入 CSV 文件
df.to_csv('output.csv', index=False, sep=',')
```

2. 读写Excel文件

- 读取数据，pd.read_excel():

```
# 从 Excel 文件中读取数据
df = pd.read_excel('data.xlsx', sheet_name='Sheet1', header=0, index_col=0)
print(df)
```

- 写入数据，df.to_excel():

```
# 将数据写入 Excel 文件
df.to_excel('output.xlsx', sheet_name='Sheet1', index=False)
```

3. 读写JSON数据文件

- 读取数据，pd.read_json():

```
# 从 JSON 文件中读取数据
df = pd.read_json('data.json', orient='records')
print(df)
```

- 写入数据，df.to_json():

```
# 将数据写入 JSON 文件
df.to_json('output.json', orient='records')
```

4. 读写SQL数据库

- 读取数据，pd.read_sql():

```
from sqlalchemy import create_engine
# 创建数据库连接
engine = create_engine('sqlite:///example.db')
# 从 SQL 数据库中读取数据
df = pd.read_sql('SELECT * FROM my_table', con=engine)
print(df)
```

- 写入数据，df.to_sql():

```
from sqlalchemy import create_engine
# 创建数据库连接
engine = create_engine('sqlite:///example.db')
# 将数据写入 SQL 数据库
df.to_sql('my_table', con=engine, if_exists='replace', index=False)
```

5. 读写其他格式的文件

- 读取HTML表格数据，pd.read_html():

131

```
# 从 HTML 表格中读取数据
tables = pd.read_html('https://example.com/table.html')
df = tables[0]  # 获取第一个表格
print(df)
```

- 写入 parquet 文件，df.to_parquet()：

```
# 将数据写入 parquet 文件
df.to_parquet('output.parquet', engine='pyarrow')
```

3.7.3 数据对象DataFrame与Series

Pandas 提供了两种核心数据结构：Series 和 DataFrame。它们是 Pandas 进行数据处理和分析的基础。

1. Series数据结构

Series 是一种一维数组结构，类似于带标签的数组，由数据值和索引两部分组成。

- 数据值：可以是任意数据类型，如整数、浮点数、字符串等。
- 索引：用于标识数据值的标签，默认是从 0 开始的整数索引。

(1) Series数据结构的创建，可以通过列表、字典或 NumPy 数组创建。

```
import pandas as pd
```

通过列表创建 Series：

```
s1 = pd.Series([1, 2, 3, 4])
print(s1)
```

输出结果：

```
0    1
1    2
2    3
3    4
```

通过字典创建 Series：

```
s2 = pd.Series({'a': 10, 'b': 20, 'c': 30})
print(s2)
```

输出结果：

```
a    10
b    20
c    30
```

(2) Series数据结构的属性。

- values：返回数据值(NumPy 数组)。
- index：返回索引。
- dtype：返回数据类型。

```
print(s1.values)
```

```
print(s1.index)
print(s1.dtype)
```

输出结果：

```
[1 2 3 4]
RangeIndex(start=0, stop=4, step=1)
int64
```

(3) Series数据结构的操作。

索引访问：通过索引标签访问数据。

```
print(s2['a'])
```

输出结果：

```
10
```

切片操作：类似于 Python 列表的切片。

```
print(s1[1:3])
```

输出结果：

```
1    2
2    3
```

数学运算：支持逐元素运算。

```
print(s1 * 2)
```

输出结果：

```
0    2
1    4
2    6
3    8
```

2. DataFrame数据结构

DataFrame 是一种二维表格结构，类似于 Excel 或 SQL 表，由行索引、列索引和数据值三部分组成。

- 行索引：标识每一行的标签。
- 列索引：标识每一列的标签。
- 数据值：可以是多种数据类型，每列都可以有不同的数据类型。

(1) DataFrame数据结构的创建，可以通过字典、列表、NumPy 数组或其他 DataFrame 创建 DataFrame。

```
# 通过字典创建 DataFrame
data = {
    'Name': ['Alice', 'Bob', 'Charlie'],
    'Age': [25, 30, 35],
    'City': ['New York', 'Los Angeles', 'Chicago']
}
df = pd.DataFrame(data)
print(df)
```

133

输出结果:

```
        Name     Age          City
0      Alice     25       New York
1        Bob     30    Los Angeles
2    Charlie     35        Chicago
```

(2) DataFrame数据结构的属性。

● columns：返回列索引。

● index：返回行索引。

● values：返回数据值(NumPy 数组)。

● shape：返回 DataFrame 的形状(行数、列数)。

```
print(df.columns)  # 输出 Index(['Name', 'Age', 'City'], dtype='object')
print(df.index)    # 输出 RangeIndex(start=0, stop=3, step=1)
print(df.values)   # 输出 [['Alice' 25 'New York'] ['Bob' 30 'Los
                   # Angeles'] ['Charlie' 35 'Chicago']]
print(df.shape)    # 输出 (3, 3)
```

输出结果:

```
Index(['Name', 'Age', 'City'], dtype='object')
RangeIndex(start=0, stop=3, step=1)
[['Alice' 25 'New York']
 ['Bob' 30 'Los Angeles']
 ['Charlie' 35 'Chicago']]
(3, 3)
```

(3) DataFrame数据结构的操作。

列访问：通过列名访问数据。

```
print(df['Name'])
```

输出结果:

```
0 Alice
1 Bob
2 Charlie
```

行访问：通过行索引访问数据。

```
print(df.iloc[1])  # 使用位置索引
```

输出结果:

```
Name           Bob
Age             30
City   Los Angeles
```

条件筛选：基于条件筛选数据。

```
print(df[df['Age'] > 30])
```

输出结果:

```
        Name     Age       City
2    Charlie     35    Chicago
```

数学运算：支持逐列或逐元素运算。

```
df['Age'] = df['Age'] + 1
print(df)
```

输出结果：

```
        Name    Age         City
0      Alice     26     New York
1        Bob     31  Los Angeles
2    Charlie     36      Chicago
```

(4) 两则关系，DataFrame 可以看作由多个 Series 组成的字典，其中每个 Series 是 DataFrame 的一列。Series 是 DataFrame 的基本组成单元。

```
# 将 DataFrame 的列提取为 Series
age_series = df['Age']
print(age_series)
```

输出结果：

```
0    26
1    31
2    36
```

3. Pandas数据查询

数据查询是指从 DataFrame 或 Series 中提取满足特定条件的数据。Pandas 提供了多种灵活的方式来实现数据查询，包括布尔索引、位置索引、标签索引等。

(1) 布尔索引是通过布尔条件筛选数据的方式。返回一个布尔数组(True/False)，用于选择满足条件的行或列。

```
import pandas as pd
# 创建 DataFrame
data = {
    'Name': ['Alice', 'Bob', 'Charlie', 'David'],
    'Age': [25, 30, 35, 40],
    'City': ['New York', 'Los Angeles', 'Chicago', 'Houston']
}
df = pd.DataFrame(data)
# 查询年龄大于 30 的行
filtered_df = df[df['Age'] > 30]
print(filtered_df)
```

输出结果：

```
        Name    Age       City
2    Charlie     35    Chicago
3      David     40    Houston
```

(2) 位置索引是通过行号或列号访问数据的方式，使用 iloc 方法。

查询第 2 行(索引从 0 开始)：

```
row = df.iloc[1]
print(row)
```

输出结果：

```
Name   Bob
Age    30
City   Los Angeles
```

查询第 2 到第 3 行：

```
rows = df.iloc[1:3]
print(rows)
```

输出结果：

```
      Name    Age          City
1      Bob     30    Los Angeles
2  Charlie     35        Chicago
```

查询第 2 列：

```
col = df.iloc[:, 1]
print(col)
```

输出结果：

```
0    25
1    30
2    35
3    40
```

查询第 1 列：

```
col = df.iloc[:, 0]
print(col)
```

输出结果：

```
0  Alice
1  Bob
2  Charlie
3  David
```

(3) 标签索引是通过行标签或列标签访问数据的方式，使用 loc 方法。

```
# 设置 Name 列为索引
df.set_index('Name', inplace=True)
# 查询 Bob 的行
row = df.loc['Bob']
print(row)
```

输出结果：

```
Age          30
City         Los Angeles
```

查询Bob和Charlie的行：

```
rows = df.loc[['Bob', 'Charlie']]
print(rows)
```

输出结果：

```
   Name     Age            City
    Bob      30     Los Angeles
Charlie      35         Chicag
```

(4) 多条件查询可以使用逻辑运算符(如 &、|)组合。

```
# 查询年龄大于 30 且城市为 Chicago 的行
filtered_df = df[(df['Age'] > 30) & (df['City'] == 'Chicago')]
print(filtered_df)
```

输出结果：

```
   Name     Age          City
Charlie      35       Chicago
```

(5) query() 方法允许使用字符串表达式进行查询，语法更简洁。

```
# 使用 query() 方法查询年龄大于 30 的行
filtered_df = df.query('Age > 30')
print(filtered_df)
```

输出结果：

```
   Name     Age          City
Charlie      35       Chicago
  David      40       Houston
```

(6) isin() 方法用于查询某一列的值是否在指定列表中。

```
# 查询城市为 New York 或 Chicago 的行
filtered_df = df[df['City'].isin(['New York', 'Chicago'])]
print(filtered_df)
```

输出结果：

```
   Name     Age          City
  Alice      25      New York
Charlie      35       Chicago
```

(7) 字符串方法，可以用于查询包含特定字符串的行。

```
# 查询城市名称中包含 York 的行
filtered_df = df[df['City'].str.contains('York')]
print(filtered_df)
```

输出结果：

```
  Name     Age          City
 Alice      25      New York
```

(8) between() 方法用于查询某一列的值是否在指定范围内。

```
# 查询年龄在 30 到 40 范围内的行
filtered_df = df[df['Age'].between(30, 40)]
print(filtered_df)
```

输出结果：

```
   Name     Age         City
    Bob      30   Los Angeles
Charlie      35       Chicago
  David      40       Houston
```

(9) at 和 iat 方法，at通过行标签和列标签访问单个值，iat通过行号和列号访问单个值。

使用 at 查询 Bob的年龄：

```
age = df.at['Bob', 'Age']
print(age)
```

输出结果：

```
30
```

使用 iat 查询第 2 行第 2 列的值：

```
value = df.iat[1, 1]
print(value)
```

输出结果：

```
Los Angeles
```

查询数据：

```
df
```

输出结果：

```
      Name  Age         City
0    Alice   26     New York
1      Bob   31  Los Angeles
2  Charlie   36      Chicago
```

4. Pandas数据操作

Pandas 提供了丰富的数据操作功能，包括数据筛选、数据排序、数据分组、数据合并、数据透视、数据清洗、数据转换、数据统计等。

(1) 数据筛选。

方法1：通过布尔条件筛选数据。

```
import pandas as pd
# 创建 DataFrame
data = {
    'Name': ['Alice', 'Bob', 'Charlie', 'David'],
    'Age': [25, 30, 35, 40],
    'City': ['New York', 'Los Angeles', 'Chicago', 'Houston']
}
df = pd.DataFrame(data)
df
```

输出结果：

```
      Name   Age        City
0    Alice   25    New York
1      Bob   30  Los Angeles
2  Charlie   35     Chicago
3    David   40     Houston
```

筛选年龄大于 30 的行：

```
filtered_df = df[df['Age'] > 30]
print(filtered_df)
```

输出结果：

```
      Name   Age      City
2  Charlie   35   Chicago
3    David   40   Houston
```

方法2：query() 方法，使用字符串表达式筛选数据。

```
# 使用 query() 方法筛选年龄大于 30 的行
filtered_df = df.query('Age > 30')
print(filtered_df)
```

输出结果：

```
      Name   Age      City
2  Charlie   35   Chicago
3    David   40   Houston
```

(2) 数据排序。

方法1：按列排序，使用 sort_values() 方法按某一列或多列排序。

按年龄升序排序：

```
sorted_df = df.sort_values(by='Age')
print(sorted_df)
```

输出结果：

```
      Name   Age        City
0    Alice   25    New York
1      Bob   30  Los Angeles
2  Charlie   35     Chicago
3    David   40     Houston
```

按年龄降序排序：

```
sorted_df = df.sort_values(by='Age', ascending=False)
print(sorted_df)
```

输出结果：

```
      Name   Age        City
3    David   40     Houston
2  Charlie   35     Chicago
1      Bob   30  Los Angeles
0    Alice   25    New York
```

139

方法2：按索引排序，使用 sort_index() 方法按索引排序。

按索引降序排序：

```
sorted_df = df.sort_index(ascending=False)
print(sorted_df)
```

输出结果：

```
     Name    Age        City
3    David    40      Houston
2  Charlie    35      Chicago
1      Bob    30  Los Angeles
0    Alice    25     New York
```

按索引升序排序：

```
sorted_df = df.sort_index(ascending=True)
print(sorted_df)
```

输出结果：

```
     Name    Age        City
0    Alice    25     New York
1      Bob    30  Los Angeles
2  Charlie    35      Chicago
3    David    40      Houston
```

(3) 数据分组。

方法1：groupby()方法，按某一列或多列分组，并进行聚合操作。

```
# 按城市分组，计算平均年龄
grouped_df = df.groupby('City')['Age'].mean()
print(grouped_df)
```

输出结果：

```
City            Age
Chicago        35.0
Houston        40.0
Los Angeles    30.0
New York       25.0
```

方法2：多重分组，按多列分组。

```
# 按城市和年龄分组，计算每组的行数
grouped_df = df.groupby(['City', 'Age']).size()
print(grouped_df)
```

输出结果：

```
City         Age
Chicago      35    1
Houston      40    1
Los Angeles  30    1
New York     25    1
```

(4) 数据合并。

方法1：concat() 方法，沿指定轴拼接多个 DataFrame。

```
# 创建另一个 DataFrame
```

```
df2 = pd.DataFrame({
    'Name': ['Eva', 'Frank'],
    'Age': [28, 33],
    'City': ['Miami', 'Seattle']
})
df2
```

输出结果：

```
    Name  Age     City
0    Eva   28    Miami
1  Frank   33  Seattle
```

按照索引号进行横向拼接，如下：

```
# 沿行方向拼接
combined_df = pd.concat([df, df2], axis=0)
print(combined_df)
```

输出结果：

```
      Name   Age         City
0    Alice    25     New York
1      Bob    30  Los Angeles
2  Charlie    35      Chicago
3    David    40      Houston
0      Eva    28        Miami
1    Frank    33      Seattle
```

方法2：merge() 方法，根据键值合并两个 DataFrame，类似于 SQL 的 JOIN 操作。

创建另一个 DataFrame：

```
df3 = pd.DataFrame({
    'City': ['New York', 'Los Angeles', 'Chicago', 'Houston'],
    'Population': [8419000, 3971000, 2716000, 2325500]
})
df3
```

输出结果：

```
          City  Population
0     New York     8419000
1  Los Angeles     3971000
2      Chicago     2716000
3      Houston     2325500
```

查询df：

```
df
```

输出结果：

```
      Name  Age         City
0    Alice   25     New York
1      Bob   30  Los Angeles
2  Charlie   35      Chicago
3    David   40      Houston
```

按城市合并：

```
merged_df = pd.merge(df, df3, on='City')
```

```
print(merged_df)
```

输出结果：

```
      Name   Age          City   Population
0    Alice   25      New York      8419000
1      Bob   30   Los Angeles      3971000
2  Charlie   35       Chicago      2716000
3    David   40       Houston      2325500
```

(5) 数据透视。

方法：pivot_table() 方法，创建数据透视表，支持分组和聚合操作。

```
# 创建数据透视表，按城市分组，计算平均年龄
pivot_df = df.pivot_table(values='Age', index='City', aggfunc='mean')
print(pivot_df)
```

输出结果：

```
          City   Age
       Chicago   35.0
       Houston   40.0
   Los Angeles   30.0
      New York   25.0
```

(6) 数据清洗。

方法1：处理缺失值，使用 fillna() 填充缺失值，或使用 dropna() 删除缺失值。

```
# 填充缺失值为 0
df_filled = df.fillna(0)
# 删除包含缺失值的行
df_dropped = df.dropna()
```

方法2：处理重复值，使用 drop_duplicates() 删除重复值。

```
# 删除重复行
df_unique = df.drop_duplicates()
```

(7) 数据转换。

方法1：数据类型转换，使用 astype() 转换数据类型。

```
# 将年龄列转换为浮点数
df['Age'] = df['Age'].astype(float)
df
```

输出结果：

```
      Name   Age          City
0    Alice   25.0      New York
1      Bob   30.0   Los Angeles
2  Charlie   35.0       Chicago
3    David   40.0       Houston
```

方法2：应用函数，使用 apply() 对某一列或行应用函数。

```
# 对年龄列应用平方函数
df['Age_squared'] = df['Age'].apply(lambda x: x ** 2)
df
```

输出结果:

```
        Name     Age          City   Age_squared
0      Alice    25.0      New York         625.0
1        Bob    30.0   Los Angeles         900.0
2    Charlie    35.0       Chicago        1225.0
3      David    40.0       Houston        1600.0
```

(8) 数据统计。

方法1: 描述性统计，使用 describe() 计算描述性统计量。

```
# 计算描述性统计量
stats = df.describe()
print(stats)
```

输出结果:

```
             Age   Age_squared
count   4.000000      4.000000
mean   32.500000   1087.500000
std     6.454972    420.565096
min    25.000000    625.000000
25%    28.750000    831.250000
50%    32.500000   1062.500000
75%    36.250000   1318.750000
max    40.000000   1600.000000
```

方法2: 相关性分析，使用 corr() 计算列之间的相关性。

```
import pandas as pd
import numpy as np
# 创建一个示例数据框
data = {
    'A': np.random.rand(100),
    'B': np.random.rand(100),
    'C': np.random.rand(100),
    'D': np.random.rand(100)
}
df = pd.DataFrame(data)
print(df.head())
```

输出结果:

```
          A         B         C         D
0  0.598743  0.227314  0.491345  0.313865
1  0.353479  0.024094  0.998021  0.048505
2  0.106802  0.308667  0.733419  0.263831
3  0.090244  0.150601  0.881688  0.982156
4  0.748694  0.518621  0.120790  0.725319
```

计算相关性矩阵:

```
correlation_matrix = df.corr()
print(correlation_matrix)
```

143

输出结果：

```
            A           B           C           D
A    1.000000    0.114043   -0.007379    0.027284
B    0.114043    1.000000   -0.134763    0.040062
C   -0.007379   -0.134763    1.000000    0.039639
D    0.027284    0.040062    0.039639    1.000000
```

绘制热力图：

```
import seaborn as sns
import matplotlib.pyplot as plt
plt.figure(figsize=(8, 6))
sns.heatmap(correlation_matrix, annot=True, cmap='coolwarm', vmin=-1,
vmax=1)
plt.title('Correlation Matrix')
plt.show()
```

输出结果如图3-9所示。

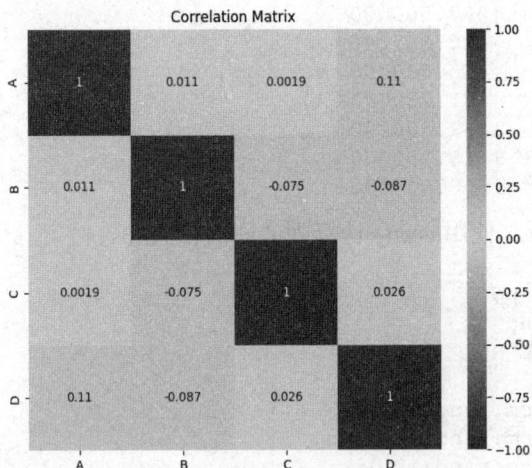

图3-9 热力图

3.7.4 实操练习：将多个DataFrame写入一个Excel的不同 sheet的操作

【操作步骤】

(1) 导入Pandas库。

(2) 创建多个DataFrame示例。

(3) 使用ExcelWriter对象，指定文件名和引擎。

(4) 将每个DataFrame写入不同的sheet。

(5) 保存并关闭文件。

【示例代码】

```
import pandas as pd
```

```
# 创建示例 DataFrame
data1 = {'Name': ['Alice', 'Bob', 'Charlie'], 'Age': [25, 30, 35]}
df1 = pd.DataFrame(data1)

data2 = {'Product': ['Apple', 'Banana', 'Orange'], 'Price': [5, 3, 4]}
df2 = pd.DataFrame(data2)

data3 = {'City': ['Beijing', 'Shanghai', 'Guangzhou'], 'Population':
[2171, 2424, 1404]}
df3 = pd.DataFrame(data3)

# 定义输出文件名
output_file = "multi_sheet_output.xlsx"

# 使用 ExcelWriter 写入多个 sheet
with pd.ExcelWriter(output_file, engine='openpyxl') as writer:
    df1.to_excel(writer, sheet_name='UserInfo', index=False)
    df2.to_excel(writer, sheet_name='ProductInfo', index=False)
    df3.to_excel(writer, sheet_name='CityData', index=False)

print(f"文件已生成: {output_file}")
```

3.7.5 实操练习：北京高考分数线统计分析

本小节主要介绍一个使用 Pandas 对北京高考分数线进行统计分析的案例，将完成数据的加载、清洗、分析及可视化的整个统计分析过程。

【案例背景】

假设有一份北京高考分数线数据，包含以下字段：

- Year：年份。
- Category：考生类别(如文科、理科)。
- Batch：录取批次(如本科一批、本科二批)。
- Score：分数线。

【案例目标】

- 分析不同年份的分数线变化趋势。
- 比较文科和理科的分数线差异。
- 统计各批次的分数线分布。

【数据预处理与分析步骤】

1. 加载数据

首先加载数据并查看基本信息。

```
import pandas as pd
import numpy as np
import matplotlib.pyplot as plt
# 创建模拟数据
data = {
    'Year': [2018, 2018, 2018, 2018, 2019, 2019, 2019, 2019, 2020, 2020,
```

145

```
             2020, 2020],
      'Category': ['文科', '文科', '理科', '理科', '文科', '文科', '理科',
      '理科', '文科', '文科', '理科', '理科'],
      'Batch': ['本科一批', '本科二批', '本科一批', '本科二批', '本科一批',
      '本科二批', '本科一批', '本科二批', '本科一批', '本科二批', '本科一批',
      '本科二批'],
      'Score': [576, 488, 532, 432, 580, 490, 535, 435, 578, 485, 530,
      430]
}
df = pd.DataFrame(data)
# 查看数据基本信息
print(df.info())
print(df.head())
```

输出结果：

```
<class 'pandas.core.frame.DataFrame'>
RangeIndex: 12 entries, 0 to 11
Data columns (total 4 columns):
 #   Column    Non-Null Count  Dtype
---  ------    --------------  -----
 0   Year      12 non-null     int64
 1   Category  12 non-null     object
 2   Batch     12 non-null     object
 3   Score     12 non-null     int64
dtypes: int64(2), object(2)
memory usage: 516.0+ bytes
None
   Year  ategory      Batch    Score
0  2018     文科     本科一批      576
1  2018     文科     本科二批      488
2  2018     理科     本科一批      532
3  2018     理科     本科二批      432
4  2019     文科     本科一批      580
```

2. 数据清洗

检查并处理数据中的问题，如缺失值、重复值等。

检查缺失值：

```
print(df.isna().sum())
```

输出结果：

```
Year        0
Category    0
Batch       0
Score       0
```

检查重复值：

```
print(df.duplicated().sum())
```

输出结果：

```
0
```

3. 数据分析

(1) 分析不同年份的分数线变化趋势。

按年份和类别分组，计算平均分数线并绘制趋势图：

```
trend_df = df.groupby(['Year', 'Category'])['Score'].mean().unstack()
# 绘制趋势图
trend_df.plot(kind='line', marker='o', figsize=(10, 6))
plt.title(' 北京高考分数线变化趋势 (2018-2020)')
plt.xlabel(' 年份 ')
plt.ylabel(' 平均分数线 ')
plt.grid(True)
plt.show()
```

输出结果如图3-10所示。

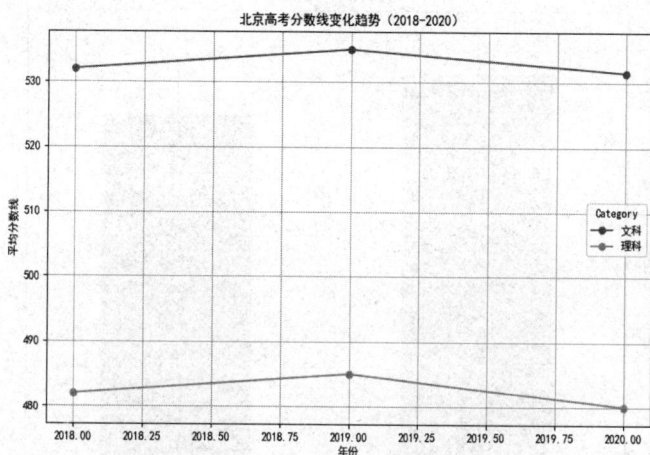

图3-10 趋势图

(2) 比较文科和理科的分数线差异。

按类别分组，统计分数线的均值和标准差：

```
category_stats = df.groupby('Category')['Score'].agg(['mean', 'std'])
print(category_stats)
```

输出结果：

```
Category          mean          std
   文科        532.833333     49.519356
   理科        482.333333     54.818488
```

绘制柱状图：

```
category_stats['mean'].plot(kind='bar', yerr=category_stats['std'],
figsize=(8, 6), capsize=5)
plt.title(' 文科和理科分数线对比 ')
plt.xlabel(' 类别 ')
plt.ylabel(' 平均分数线 ')
plt.grid(True)
plt.show()
```

147

输出结果如图3-11所示。

(3) 统计各批次的分数线分布。

按批次分组，统计分数线的分布并绘制箱线图：

```
df.boxplot(column='Score', by='Batch', figsize=(10, 6))
plt.title(' 各批次分数线分布 ')
plt.suptitle('')  # 去除默认标题
plt.xlabel(' 批次 ')
plt.ylabel(' 分数线 ')
plt.grid(True)
plt.show()
```

输出结果如图3-12所示。

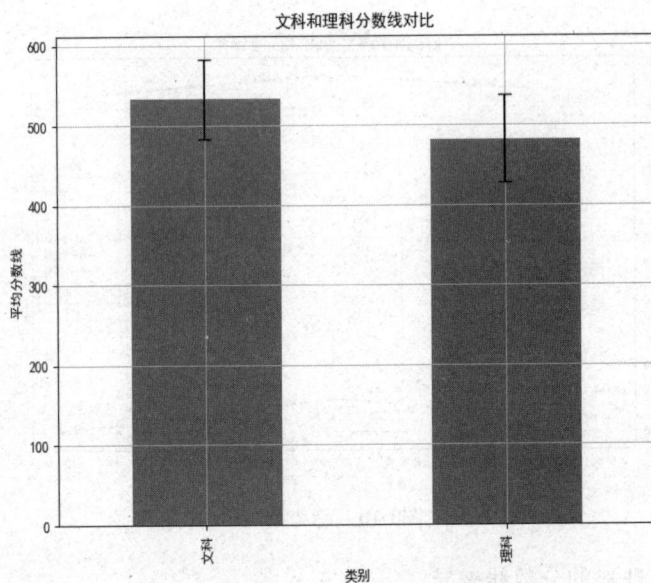

图3-11 柱状图

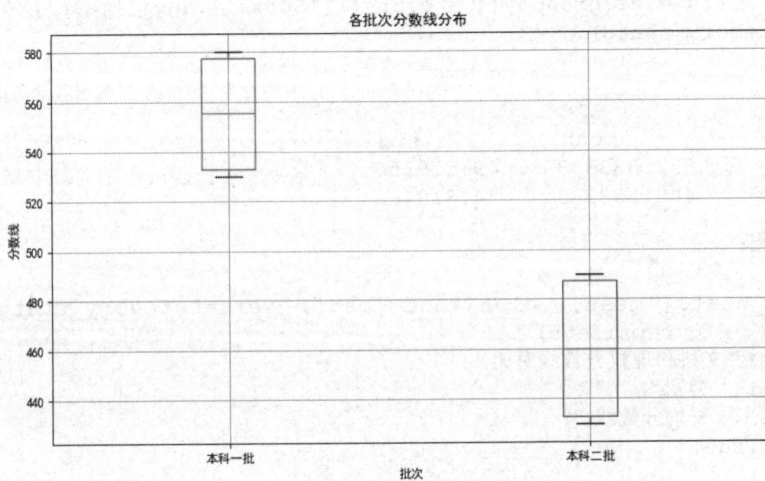

图3-12 箱线图

4. 数据保存

将分析结果保存到新的 CSV 文件中：

```
trend_df.to_csv('c:/beijing_gaokao_trend.csv',encoding='utf_8_sig',
index=False)
category_stats.to_csv('c:/beijing_gaokao_category_stats.
csv',encoding='utf_8_sig', index=False)
```

输出结果如图3-13所示。

	A	B
1	文科	理科
2	532	482
3	535	485
4	531.5	480

	A	B
1	mean	std
2	532.8333	49.51936
3	482.3333	54.81849

beijing_gaokao_trend	2025/1/29 16:12	Microsoft Excel ...	1 KB
beijing_gaokao_category_stats	2025/1/29 16:12	Microsoft Excel ...	1 KB

图3-13　保存分析结果

【分析结果】

(1) 不同年份的分数线变化趋势：

- 文科和理科的分数线在 2018—2020 年整体呈上升趋势。
- 文科分数线普遍高于理科。

(2) 文科和理科的分数线有差异：

- 文科的平均分数线高于理科。
- 文科分数线的波动较小(标准差较小)。

(3) 各批次的分数线规律：

- 本科一批的分数线明显高于本科二批。
- 本科一批的分数线分布较为集中，本科二批的分数线分布较为分散。

【总结】

通过对北京高考分数线数据的统计分析，可以得出以下结论：

- 文科和理科的分数线在 2018—2020 年呈上升趋势。
- 文科分数线普遍高于理科，且波动较小。
- 本科一批的分数线明显高于本科二批，且分布较为集中。

这些分析结果为教育政策制定和学生志愿填报提供了有价值的参考。

3.7.6　数据清洗与预处理(选讲)

数据清洗与预处理是数据分析的关键步骤，目的是将原始数据转换为适合分析的干净、一致的数据。Pandas 提供了丰富的功能来处理缺失值、重复值、异常值，以及完成数据转换、文本数据处理、分类数据处理等任务。

149

1. 缺失值处理

缺失值是数据集中常见的问题，Pandas 提供了多种方法来处理缺失值。

(1) 检测缺失值，使用 isna() 或 isnull() 检测缺失值。

创建包含缺失值的 DataFrame：

```python
import pandas as pd
import numpy as np
data = {
    'Name': ['Alice', 'Bob', 'Charlie', 'David'],
    'Age': [25, np.nan, 35, 40],
    'City': ['New York', 'Los Angeles', np.nan, 'Houston']
}
df = pd.DataFrame(data)
df
```

输出结果：

```
     Name      Age           City
0    Alice     25.0      New York
1    Bob       NaN       Los Angeles
2    Charlie   35.0           NaN
3    David     40.0       Houston
```

检测缺失值：

```python
print(df.isna())
```

输出结果：

```
     Name     Age     City
0    False    False   False
1    False    True    False
2    False    False   True
3    False    False   False
```

(2) 删除缺失值，使用 dropna() 删除包含缺失值的行或列。

```python
# 删除包含缺失值的行
df_dropped = df.dropna()
print(df_dropped)
```

输出结果：

```
     Name    Age         City
0    Alice   25.0    New York
3    David   40.0    Houston
```

(3) 填充缺失值，使用 fillna() 填充缺失值。

```python
# 填充缺失值为 0
df_filled = df.fillna(0)
print(df_filled)
```

输出结果：

```
         Name    Age         City
0        Alice   25.0    New York
```

```
1       Bob    0.0   Los Angeles
2    Charlie   35.0             0
3     David    40.0       Houston
```

2. 重复值处理

重复值会影响数据分析的结果，可以使用 drop_duplicates() 删除重复值。

创建包含重复值的 DataFrame：

```
data = {
    'Name': ['Alice', 'Bob', 'Charlie', 'Bob'],
    'Age': [25, 30, 35, 30],
    'City': ['New York', 'Los Angeles', 'Chicago', 'Los Angeles']
}
df = pd.DataFrame(data)
```

输出结果：

```
      Name   Age        City
0    Alice   25     New York
1      Bob   30  Los Angeles
2  Charlie   35      Chicago
3      Bob   30  Los Angeles
```

删除重复行：

```
df_unique = df.drop_duplicates()
print(df_unique)
```

输出结果：

```
      Name   Age        City
0    Alice   25     New York
1      Bob   30  Los Angeles
2  Charlie   35      Chicago
```

3. 异常值处理

异常值是指明显偏离其他数据的值，可以使用统计方法或可视化方法检测和处理。

创建包含异常值的 DataFrame：

```
data = {
    'Name': ['Alice', 'Bob', 'Charlie', 'David'],
    'Age': [25, 30, 35, 150]   # 150 是异常值
}
df = pd.DataFrame(data)
df
```

输出结果：

```
      Name   Age
0    Alice   25
1      Bob   30
2  Charlie   35
3    David  150
```

使用 Z-Score 检测异常值：

```
from scipy.stats import zscore
df['Z-Score'] = zscore(df['Age'])
df
```

输出结果：

```
        Name   Age     Z-Score
0      Alice    25   -0.672022
1        Bob    30   -0.576018
2    Charlie    35   -0.480015
3      David   150    1.728055
```

删除 Z-Score 绝对值大于 1 的行：

```
df_cleaned = df[df['Z-Score'].abs() <= 1]
print(df_cleaned)
```

输出结果：

```
        Name   Age     Z-Score
0      Alice    25   -0.672022
1        Bob    30   -0.576018
2    Charlie    35   -0.480015
```

4. 数据转换

数据转换是将数据转换为适合分析的格式，包括数据类型转换、标准化、归一化等。

(1) 数据类型转换，使用 astype() 转换数据类型。

将年龄列转换为浮点数：

```
df['Age'] = df['Age'].astype(float)
```

输出结果：

```
        Name    Age     Z-Score
0      Alice   25.0   -0.672022
1        Bob   30.0   -0.576018
2    Charlie   35.0   -0.480015
3      David  150.0    1.728055
```

(2) 标准化与归一化，标准化是将数据转换为均值为 0、标准差为 1 的分布，归一化是将数据缩放到 [0, 1] 范围内。

```
from sklearn.preprocessing import StandardScaler, MinMaxScaler
# 标准化
scaler = StandardScaler()
df['Age_Standardized'] = scaler.fit_transform(df[['Age']])
# 归一化
scaler = MinMaxScaler()
df['Age_Normalized'] = scaler.fit_transform(df[['Age']])
print(df)
```

输出结果：

```
       Name    Age   Z-Score   Age_Standardized   Age_Normalized
0     Alice   25.0  -0.672022         -0.672022             0.00
1       Bob   30.0  -0.576018         -0.576018             0.04
2   Charlie   35.0  -0.480015         -0.480015             0.08
3     David  150.0   1.728055          1.728055             1.00
```

5. 文本数据处理

文本数据通常需要清洗和转换，如去除空格、转换为小写、分词等。

创建包含文本数据的 DataFrame：

```python
data = {
    'Name': ['Alice', 'Bob', 'Charlie', 'David'],
    'City': ['New York', 'Los Angeles ', ' Chicago', 'Houston ']
}
df = pd.DataFrame(data)
df
```

输出结果：

```
      Name            City
0    Alice        New York
1      Bob     Los Angeles
2  Charlie         Chicago
3    David         Houston
```

去除空格：

```python
df['City'] = df['City'].str.strip()
```

输出结果：

```
      Name            City
0    Alice        New York
1      Bob     Los Angeles
2  Charlie         Chicago
3    David         Houston
```

转换为小写：

```python
df['City'] = df['City'].str.lower()
print(df)
```

输出结果：

```
      Name            City
0    Alice        New York
1      Bob     Los Angeles
2  Charlie         Chicago
3    David         Houston
```

6. 分类数据处理

分类数据通常需要转换为数值形式，如独热编码(one-hot encoding)。

创建包含分类数据的 DataFrame：

```
data = {
    'Name': ['Alice', 'Bob', 'Charlie', 'David'],
    'City': ['New York', 'Los Angeles', 'Chicago', 'Houston']
}
df = pd.DataFrame(data)
df
```

输出结果：

```
      Name          City
0    Alice      New York
1      Bob   Los Angeles
2  Charlie       Chicago
3    David       Houston
```

独热编码：

```
df_encoded = pd.get_dummies(df, columns=['City'])
print(df_encoded)
```

输出结果：

```
      Name  City_Chicago  City_Houston  City_Los Angeles  City_New York
0    Alice         False         False             False           True
1      Bob         False         False              True          False
2  Charlie          True         False             False          False
3    David         False          True             False          False
```

3.7.7 实操练习：预处理销售数据(选讲)

本小节主要介绍一个完整的数据预处理案例，使用 Pandas 对一份模拟的销售数据进行清洗和预处理，处理缺失值、重复值、异常值，进行数据类型转换等。

【案例背景】

假设有一份销售数据，包含以下字段。

- OrderID：订单编号。
- CustomerID：客户编号。
- OrderDate：订单日期。
- Product：产品名称。
- Quantity：数量。
- UnitPrice：单价。
- TotalPrice：总价。

数据中存在以下问题：

- 缺失值：部分订单的总价缺失。
- 重复值：部分订单有重复记录。
- 异常值：部分订单的数量或单价异常。
- 数据类型问题：订单日期为字符串格式。
- 数据不一致：产品名称大小写不一致。

【数据预处理步骤】

```
import pandas as pd
import numpy as np
# 创建模拟数据
data = {
    'OrderID': [101, 102, 103, 104, 105, 106, 107, 108, 109, 110],
    'CustomerID': [1, 2, 3, 4, 5, 6, 7, 8, 9, 10],
    'OrderDate': ['2023-01-01', '2023-01-02', '2023-01-03', '2023-01-04',
    '2023-01-05',
                    '2023-01-06', '2023-01-07', '2023-01-08', '2023-01-
    09', '2023-01-10'],
     'Product': ['Laptop', 'Mouse', 'Keyboard', 'Laptop', 'Monitor',
    'Mouse', 'keyboard', 'Laptop', 'Monitor', 'Printer'],
    'Quantity': [1, 2, 1, 1, 1, 2, 1, 1, 1, 1],
    'UnitPrice': [1200, 20, 50, 1200, 300, 20, 50, 1200, 300, 150],
    'TotalPrice': [1200, 40, 50, 1200, 300, 40, 50, np.nan, 300, 150]
}
df = pd.DataFrame(data)
# 查看数据基本信息
print(df.info())
print(df.head())
```

输出结果:

```
<class 'pandas.core.frame.DataFrame'>
RangeIndex: 10 entries, 0 to 9
Data columns (total 7 columns):
 #   Column      Non-Null Count  Dtype
---  ------      --------------  -----
 0   OrderID     10 non-null     int64
 1   CustomerID  10 non-null     int64
 2   OrderDate   10 non-null     object
 3   Product     10 non-null     object
 4   Quantity    10 non-null     int64
 5   UnitPrice   10 non-null     int64
 6   TotalPrice  9 non-null      float64
OrderID CustomerID  OrderDate   Product  Quantity  UnitPrice  TotalPrice
0   101          1 2023-01-01    Laptop         1       1200      1200.0
1   102          2 2023-01-02     Mouse         2         20        40.0
2   103          3 2023-01-03  Keyboard         1         50        50.0
3   104          4 2023-01-04    Laptop         1       1200      1200.0
4   105          5 2023-01-05   Monitor         1        300       300.0
```

第二步,处理缺失值,检查并处理 TotalPrice 列中的缺失值。

```
# 检查缺失值
print(df.isna().sum())
```

输出结果:

```
OrderID       0
CustomerID    0
OrderDate     0
Product       0
Quantity      0
UnitPrice     0
TotalPrice    1
```

```
# 填充缺失值（使用单价和数量计算总价）
df['TotalPrice'] = df['TotalPrice'].fillna(df['Quantity'] *
df['UnitPrice'])
# 检查填充后的数据
print(df)
```

输出结果：

```
   OrderID CustomerID OrderDate    Product Quantity UnitPrice TotalPrice
0      101          1 2023-01-01     Laptop        1      1200     1200.0
1      102          2 2023-01-02      Mouse        2        20       40.0
2      103          3 2023-01-03   Keyboard        1        50       50.0
3      104          4 2023-01-04     Laptop        1      1200     1200.0
4      105          5 2023-01-05    Monitor        1       300      300.0
5      106          6 2023-01-06      Mouse        2        20       40.0
6      107          7 2023-01-07   keyboard        1        50       50.0
7      108          8 2023-01-08     Laptop        1      1200     1200.0
8      109          9 2023-01-09    Monitor        1       300      300.0
9      110         10 2023-01-10    Printer        1       150      150.0
```

第三步，处理重复值，检查并删除重复的订单记录。

```
# 检查重复值
print(df.duplicated().sum())
# 删除重复值
df = df.drop_duplicates()
# 检查删除后的数据
print(df)
```

输出结果：

```
   OrderID CustomerID OrderDate    Product Quantity UnitPrice TotalPrice
0      101          1 2023-01-01     Laptop        1      1200     1200.0
1      102          2 2023-01-02      Mouse        2        20       40.0
2      103          3 2023-01-03   Keyboard        1        50       50.0
3      104          4 2023-01-04     Laptop        1      1200     1200.0
4      105          5 2023-01-05    Monitor        1       300      300.0
5      106          6 2023-01-06      Mouse        2        20       40.0
6      107          7 2023-01-07   keyboard        1        50       50.0
7      108          8 2023-01-08     Laptop        1      1200     1200.0
8      109          9 2023-01-09    Monitor        1       300      300.0
9      110         10 2023-01-10    Printer        1       150      150.0
```

第四步，处理异常值，检查并处理 Quantity 和 UnitPrice 列中的异常值。

```
# 检查异常值（假设数量大于 10 或单价小于 0 为异常值）
print(df[(df['Quantity'] > 10) | (df['UnitPrice'] < 0)])
# 处理异常值（将异常值替换为均值）
mean_quantity = df['Quantity'].mean()
mean_unitprice = df['UnitPrice'].mean()
df['Quantity'] = np.where(df['Quantity'] > 10, mean_quantity,
df['Quantity'])
df['UnitPrice'] = np.where(df['UnitPrice'] < 0, mean_unitprice,
df['UnitPrice'])
# 检查处理后的数据
print(df)
```

输出结果：

```
Empty DataFrame
Columns: [OrderID, CustomerID, OrderDate, Product, Quantity, UnitPrice,
TotalPrice]
Index: []
   OrderID CustomerID    OrderDate    Product Quantity UnitPrice TotalPrice
0      101          1   2023-01-01     Laptop      1.0    1200.0     1200.0
1      102          2   2023-01-02      Mouse      2.0      20.0       40.0
2      103          3   2023-01-03   Keyboard      1.0      50.0       50.0
3      104          4   2023-01-04     Laptop      1.0    1200.0     1200.0
4      105          5   2023-01-05    Monitor      1.0     300.0      300.0
5      106          6   2023-01-06      Mouse      2.0      20.0       40.0
6      107          7   2023-01-07   keyboard      1.0      50.0       50.0
7      108          8   2023-01-08     Laptop      1.0    1200.0     1200.0
8      109          9   2023-01-09    Monitor      1.0     300.0      300.0
9      110         10   2023-01-10    Printer      1.0     150.0      150.0
```

第五步，数据类型转换，将 OrderDate 列从字符串转换为日期类型。

```
# 转换日期格式
df['OrderDate'] = pd.to_datetime(df['OrderDate'])
# 检查转换后的数据
print(df.info())
```

输出结果：

```
 #      Column      Non-Null Count           Dtype
---     ------      --------------           -----
 0      OrderID     10 non-null              int64
 1      CustomerID  10 non-null              int64
 2      OrderDate   10 non-null              datetime64[ns]
 3      Product     10 non-null              object
 4      Quantity    10 non-null              float64
 5      UnitPrice   10 non-null              float64
 6      TotalPrice  10 non-null              float64
```

第六步，数据一致性处理，统一 Product 列的大小写。

```
# 将产品名称统一转换为首字母大写
df['Product'] = df['Product'].str.title()
# 检查处理后的数据
print(df)
```

输出结果：

```
   OrderID CustomerID    OrderDate    Product Quantity UnitPrice TotalPrice
0      101          1   2023-01-01     Laptop      1.0    1200.0     1200.0
1      102          2   2023-01-02      Mouse      2.0      20.0       40.0
2      103          3   2023-01-03   Keyboard      1.0      50.0       50.0
3      104          4   2023-01-04     Laptop      1.0    1200.0     1200.0
4      105          5   2023-01-05    Monitor      1.0     300.0      300.0
5      106          6   2023-01-06      Mouse      2.0      20.0       40.0
6      107          7   2023-01-07   Keyboard      1.0      50.0       50.0
7      108          8   2023-01-08     Laptop      1.0    1200.0     1200.0
8      109          9   2023-01-09    Monitor      1.0     300.0      300.0
9      110         10   2023-01-10    Printer      1.0     150.0      150.0
```

157

第七步，数据标准化，对 Quantity 和 UnitPrice 列进行标准化。

```
from sklearn.preprocessing import StandardScaler
# 标准化
scaler = StandardScaler()
df[['Quantity', 'UnitPrice']] = scaler.fit_transform(df[['Quantity',
'UnitPrice']])
# 检查标准化后的数据
print(df)
```

输出结果：

```
   OrderID CustomerID   OrderDate   Product Quantity UnitPrice TotalPrice
0      101          1  2023-01-01    Laptop     -0.5  1.498322     1200.0
1      102          2  2023-01-02     Mouse      2.0 -0.855899       40.0
2      103          3  2023-01-03  Keyboard     -0.5 -0.796046       50.0
3      104          4  2023-01-04    Laptop     -0.5  1.498322     1200.0
4      105          5  2023-01-05   Monitor     -0.5 -0.297270      300.0
5      106          6  2023-01-06     Mouse      2.0 -0.855899       40.0
6      107          7  2023-01-07  Keyboard     -0.5 -0.796046       50.0
7      108          8  2023-01-08    Laptop     -0.5  1.498322     1200.0
8      109          9  2023-01-09   Monitor     -0.5 -0.297270      300.0
9      110         10  2023-01-10   Printer     -0.5 -0.596536      150.0
```

第八步，数据保存，将清洗后的数据保存到新的 CSV 文件。

```
# 保存清洗后的数据
df.to_csv('cleaned_sales_data.csv', index=False)
```

最终数据，清洗后的数据如下：

```
OrderID CustomerID   OrderDate   Product   Quantity  UnitPrice TotalPrice
    101          1  2023-01-01    Laptop  -0.707107   1.414214     1200.0
    102          2  2023-01-02     Mouse   0.707107  -0.707107       40.0
    103          3  2023-01-03  Keyboard  -0.707107  -0.707107       50.0
    104          4  2023-01-04    Laptop  -0.707107   1.414214     1200.0
    105          5  2023-01-05   Monitor  -0.707107   0.707107      300.0
    106          6  2023-01-06     Mouse   0.707107  -0.707107       40.0
    107          7  2023-01-07  Keyboard  -0.707107  -0.707107       50.0
    108          8  2023-01-08    Laptop  -0.707107   1.414214     1200.0
    109          9  2023-01-09   Monitor  -0.707107   0.707107      300.0
    110         10  2023-01-10   Printer  -0.707107  -0.707107      150.0
```

3.7.8　数据聚合与分组(选讲)

Pandas 提供了强大的数据聚合与分组功能，可以方便地对数据进行分组、聚合和统计分析。

1. Pandas聚合函数

Pandas 提供了多种聚合函数，如表3-6所示，可以对分组后的数据进行统计计算。

表3-6　常用聚合函数

函数	描述
sum()	求和
mean()	计算均值
median()	计算中位数
min()	计算最小值
max()	计算最大值
count()	计算非空值的数量
std()	计算标准差
var()	计算方差
agg()	自定义聚合函数

数据源如下:

```python
import pandas as pd
# 创建示例数据
data = {
'Category': ['A', 'A', 'B', 'B', 'A', 'B'],
'Value': [10, 15, 20, 25, 30, 35]
}
df = pd.DataFrame(data)
df
```

输出结果:

```
  Category   Value
0        A      10
1        A      15
2        B      20
3        B      25
4        A      30
5        B      35
```

(1) 示例 1: 使用内置聚合函数。

```python
# 按 Category 列分组,计算每组的均值
result = df.groupby('Category')['Value'].mean()
print(result)
# 输出:
# Category
# A    18.333333
# B    26.666667
# Name: Value, dtype: float64
```

(2) 示例 2: 使用 agg() 自定义聚合函数。

```python
# 按 Category 列分组,计算每组的均值和总和
result = df.groupby('Category')['Value'].agg(['mean', 'sum'])
print(result)
```

159

```
# 输出:
#                 mean    sum
# Category
# A              18.333333   55
# B              26.666667   80
```

2. Pandas分组模式

groupby() 是 Pandas 中用于分组的核心方法，可以将数据按某一列或多列分组，然后对每组数据进行聚合操作。

(1) 基本用法。

```python
import pandas as pd
# 创建示例数据
data = {
    'Category': ['A', 'A', 'B', 'B', 'A', 'B'],
    'Value': [10, 15, 20, 25, 30, 35]
}
df = pd.DataFrame(data)
df
```

输出结果：

```
  Category   Value
0        A      10
1        A      15
2        B      20
3        B      25
4        A      30
5        B      35
```

按 Category 列分组：

```python
grouped = df.groupby('Category')
# 对每组数据求和
result = grouped.sum()
print(result)
```

输出结果：

```
Category   Value
       A      55
       B      80
```

(2) 多列分组，可以按多列分组，只需要将列名以列表形式传入 groupby()。

```python
# 创建示例数据
data = {
    'Category': ['A', 'A', 'B', 'B', 'A', 'B'],
    'SubCategory': ['X', 'Y', 'X', 'Y', 'X', 'Y'],
    'Value': [10, 15, 20, 25, 30, 35]
}
df = pd.DataFrame(data)
df
```

输出结果：

```
   Category   SubCategory    Value
0      A          X           10
1      A          Y           15
2      B          X           20
3      B          Y           25
4      A          X           30
5      B          Y           35
```

按 Category 和 SubCategory 列分组：

```
grouped = df.groupby(['Category', 'SubCategory'])
# 对每组数据求和
result = grouped.sum()
print(result)
```

输出结果：

```
Category    SubCategory      Value
    A           X             40
                Y             15
    B           X             20
                Y             60
```

(3) 分组后操作。

遍历分组后，可以使用 for 循环遍历分组后的数据。

```
# 遍历分组
for name, group in df.groupby('Category'):
    print(f"Group: {name}")
    print(group)
print()
```

输出结果：

```
Group: A
   Category   SubCategory    Value
0      A          X           10
1      A          Y           15
4      A          X           30

Group: B
   Category   SubCategory    Value
2      B          X           20
3      B          Y           25
5      B          Y           35
```

分组后过滤，可以使用 filter() 方法过滤分组后的数据。

```
# 过滤出均值大于 20 的组
filtered = df.groupby('Category').filter(lambda x: x['Value'].mean() > 20)
print(filtered)
```

输出结果：

```
   Category   SubCategory    Value
2      B          X           20
```

```
3        B              Y          25
5        B              Y          35
```

(4) 分组后应用函数，可以使用 apply() 方法对分组后的数据应用自定义函数。

```
# 定义一个函数，计算每组的最大值与最小值的差
def max_min_diff(x):
    return x.max() - x.min()
# 按 Category 列分组，应用自定义函数
result = df.groupby('Category')['Value'].apply(max_min_diff)
print(result)
```

输出结果：

```
Category     Value
       A        20
       B        15
```

(5) 分组后重置索引，分组后的结果默认以分组列作为索引，可以使用 reset_index() 重置索引。

```
# 按 Category 列分组，计算每组的均值，并重置索引
result = df.groupby('Category')['Value'].mean().reset_index()
print(result)
```

输出结果：

```
    Category       Value
0          A   18.333333
1          B   26.666667
```

(6) 多级索引分组，如果按多列分组，结果会生成多级索引。可以使用 unstack() 将多级索引转换为表格形式。

```
# 按 Category 和 SubCategory 列分组，计算每组的均值
result = df.groupby(['Category', 'SubCategory'])['Value'].mean().
unstack()
print(result)
```

输出结果：

```
SubCategory      X        Y
  Category
         A    20.0     15.0
         B     0.0     30.0
```

3. 数据合并函数concat

pandas.concat() 是 Pandas 中用于数据合并的核心函数之一，主要用于沿指定轴(行或列)拼接多个 DataFrame 或 Series。

1) 基本用法

(1) 沿行方向拼接(默认)：将多个 DataFrame 沿行方向(垂直)拼接。

```
import pandas as pd
# 创建两个 DataFrame
```

```
df1 = pd.DataFrame({'A': ['A0', 'A1'], 'B': ['B0', 'B1']})
df2 = pd.DataFrame({'A': ['A2', 'A3'], 'B': ['B2', 'B3']})
# 沿行方向拼接
result = pd.concat([df1, df2])
print(result)
```

输出结果:

```
    A   B
0  A0  B0
1  A1  B1
0  A2  B2
1  A3  B3
```

(2) 沿列方向拼接:将多个 DataFrame 沿列方向(水平)拼接。

```
# 沿列方向拼接
result = pd.concat([df1, df2], axis=1)
print(result)
```

输出结果:

```
    A   B   A   B
0  A0  B0  A2  B2
1  A1  B1  A3  B3
```

2) 常用参数

(1) ignore_index,重置行索引,避免拼接后索引重复。

```
# 沿行方向拼接,并重置索引
result = pd.concat([df1, df2], ignore_index=True)
print(result)
```

输出结果:

```
    A   B
0  A0  B0
1  A1  B1
2  A2  B2
3  A3  B3
```

(2) keys,为拼接后的数据添加外层索引,用于区分原始数据来源。

```
# 沿行方向拼接,并添加外层索引
result = pd.concat([df1, df2], keys=['df1', 'df2'])
print(result)
```

输出结果:

```
        A   B
df1 0  A0  B0
    1  A1  B1
df2 0  A2  B2
    1  A3  B3
```

(3) join,指定拼接方式:join='outer'(默认)取并集,缺失值用 NaN 填充;join='inner'取交集。

创建两个列不完全相同的 DataFrame:

163

```
df3 = pd.DataFrame({'A': ['A0', 'A1'], 'C': ['C0', 'C1']})
df3
```

输出结果：

```
    A    C
0  A0   C0
1  A1   C1
```

沿行方向拼接，取并集：

```
result_outer = pd.concat([df1, df3], join='outer')
print(result_outer)
```

输出结果：

```
    A    B    C
0  A0   B0  NaN
1  A1   B1  NaN
0  A0  NaN   C0
1  A1  NaN   C1
```

沿行方向拼接，取交集：

```
result_inner = pd.concat([df1, df3], join='inner')
print(result_inner)
```

输出结果：

```
    A
0  A0
1  A1
0  A0
1  A1
```

(4) sort，是否对拼接后的列进行排序。

沿行方向拼接，并对列排序：

```
result = pd.concat([df1, df3], sort=True)
print(result)
```

输出结果：

```
    A    B    C
0  A0   B0  NaN
1  A1   B1  NaN
0  A0  NaN   C0
1  A1  NaN   C1
```

沿行方向拼接，并对列排序：

```
result = pd.concat([df1, df3], sort=False)
print(result)
```

输出结果：

```
    A    B    C
0  A0   B0  NaN
1  A1   B1  NaN
```

```
0  A0  NaN  C0
1  A1  NaN  C1
```

3) 拼接 Series

pandas.concat() 也可以用于拼接 Series。

```
# 创建两个 Series
s1 = pd.Series(['A0', 'A1'])
s2 = pd.Series(['A2', 'A3'])
# 沿行方向拼接
result = pd.concat([s1, s2])
print(result)
```

输出结果:

```
0    A0
1    A1
0    A2
1    A3
```

4) 多级索引拼接

如果拼接的数据具有多级索引，可以使用 keys 参数为拼接后的数据添加外层索引。

```
# 创建两个具有多级索引的 DataFrame
df1 = pd.DataFrame({'A': ['A0', 'A1'], 'B': ['B0', 'B1']}, index=[0, 1])
df2 = pd.DataFrame({'A': ['A2', 'A3'], 'B': ['B2', 'B3']}, index=[2, 3])
# 沿行方向拼接，并添加外层索引
result = pd.concat([df1, df2], keys=['df1', 'df2'])
print(result)
```

输出结果:

```
          A      B
df1  0    A0    B0
     1    A1    B1
df2  2    A2    B2
     3    A3    B3
```

4. 连接合并函数merge

pandas.merge() 是 Pandas 中用于数据连接合并的核心函数之一，类似于 SQL 中的
JOIN 操作，可以根据一个或多个键将两个 DataFrame 进行连接。

1) 基本用法

(1) 内连接(inner): 默认的连接方式，只保留两个 DataFrame 中匹配的行。

```
import pandas as pd
# 创建两个 DataFrame
df1 = pd.DataFrame({'key': ['A', 'B', 'C'], 'value1': [1, 2, 3]})
df2 = pd.DataFrame({'key': ['B', 'C', 'D'], 'value2': [4, 5, 6]})
# 内连接
result = pd.merge(df1, df2, on='key')
print(result)
```

165

输出结果:

```
   key    value1  value2
0   B         2       4
1   C         3       5
```

(2) 左连接(left): 保留左表的所有行, 右表中没有匹配的行用 NaN 填充。

```
result = pd.merge(df1, df2, on='key', how='left')
print(result)
```

输出结果:

```
   key    value1     value2
0   A         1        NaN
1   B         2        4.0
2   C         3        5.0
```

(3) 右连接(right): 保留右表的所有行, 左表中没有匹配的行用 NaN 填充。

```
result = pd.merge(df1, df2, on='key', how='right')
print(result)
```

输出结果:

```
   key    value1  value2
0   B       2.0       4
1   C       3.0       5
2   D       NaN       6
```

(4) 外连接(outer): 保留两个表中的所有行, 没有匹配的行用 NaN 填充。

```
result = pd.merge(df1, df2, on='key', how='outer')
print(result)
```

输出结果:

```
   key    value1     value2
0   A       1.0        NaN
1   B       2.0        4.0
2   C       3.0        5.0
3   D       NaN        6.0
```

2) 常用参数

(1) 参数1: on, 指定连接的键(列名)。如果两个表的键名称不同, 可以使用 left_on 和 right_on。

```
# 创建两个键名称不同的 DataFrame
df1 = pd.DataFrame({'key1': ['A', 'B', 'C'], 'value1': [1, 2, 3]})
df2 = pd.DataFrame({'key2': ['B', 'C', 'D'], 'value2': [4, 5, 6]})
# 使用 left_on 和 right_on 指定连接的键
result = pd.merge(df1, df2, left_on='key1', right_on='key2')
print(result)
```

输出结果:

```
   key1    alue1   key2    value2
0    B        2      B        4
1    C        3      C        5
```

(2) 参数2：suffixes，当两个表中有相同列名时，可以使用 suffixes 参数为列名添加后缀。

```
# 创建两个有相同列名的 DataFrame
df1 = pd.DataFrame({'key': ['A', 'B', 'C'], 'value': [1, 2, 3]})
df2 = pd.DataFrame({'key': ['B', 'C', 'D'], 'value': [4, 5, 6]})
result = pd.merge(df1, df2, on='key', suffixes=('_left', '_right'))
print(result)
```

输出结果：

```
  key   value_left   value_right
0   B            2             4
1   C            3             5
```

(3) 参数3：indicator，添加一列指示每行的数据来源。

```
result = pd.merge(df1, df2, on='key', how='outer', indicator=True)
print(result)
```

输出结果：

```
  key   value_x   value_y      _merge
0   A       1.0       NaN   left_only
1   B       2.0       4.0        both
2   C       3.0       5.0        both
3   D       NaN       6.0  right_only
```

3) 多键连接

```
# 创建两个 DataFrame
df1 = pd.DataFrame({'key1': ['A', 'B', 'C'], 'key2': ['X', 'Y', 'Z'],
'value1': [1, 2, 3]})
df2 = pd.DataFrame({'key1': ['B', 'C', 'D'], 'key2': ['Y', 'Z', 'W'],
'value2': [4, 5, 6]})
result = pd.merge(df1, df2, on=['key1', 'key2'])
print(result)
```

输出结果：

```
  key1   key2   value1   value2
0    B      Y        2        4
1    C      Z        3        5
```

5. 实操练习：数据处理、分析和可视化

以下是一个模拟的销售数据集综合示例，展示如何使用 Pandas 进行数据加载、数据清洗、数据分组与聚合、数据可视化、数据保存。

```
import pandas as pd
import numpy as np
import matplotlib.pyplot as plt
import seaborn as sns
# 1. 创建模拟数据集
data = {
    "Date": pd.date_range(start="2023-01-01", periods=100, freq="D"),
    "Product": np.random.choice(["A", "B", "C"], 100),
```

```
        "Sales": np.random.randint(100, 1000, 100),
        "Region": np.random.choice(["North", "South", "East", "West"], 100),
        "Discount": np.random.choice([0, 5, 10], 100)
}
# 2. 加载数据到 DataFrame
df = pd.DataFrame(data)
print(" 原始数据：")
print(df.head())
# 3. 数据清洗
# 检查缺失值
print("\n 缺失值统计：")
print(df.isnull().sum())
# 检查重复值
print("\n 重复值统计：")
print(df.duplicated().sum())
# 4. 数据分析
# 按产品统计总销售额
product_sales = df.groupby("Product")["Sales"].sum().reset_index()
print("\n 按产品统计总销售额：")
print(product_sales)
# 按地区和产品统计平均销售额
region_product_sales = df.groupby(["Region", "Product"])["Sales"].
mean().reset_index()
print("\n 按地区和产品统计平均销售额：")
print(region_product_sales)
# 5. 数据可视化
# 设置 Seaborn 样式
sns.set(style="whitegrid")
# 绘制产品销售额柱状图
plt.figure(figsize=(8, 5))
sns.barplot(x="Product", y="Sales", data=product_sales,
palette="viridis")
plt.title("Total Sales by Product")
plt.xlabel("Product")
plt.ylabel("Total Sales")
plt.show()
# 绘制各地区销售额箱线图
plt.figure(figsize=(10, 6))
sns.boxplot(x="Region", y="Sales", data=df, palette="Set2")
plt.title("Sales Distribution by Region")
plt.xlabel("Region")
plt.ylabel("Sales")
plt.show()
# 6. 数据保存
# 将处理后的数据保存为 CSV 文件
product_sales.to_csv("product_sales.csv", index=False)
region_product_sales.to_csv("region_product_sales.csv", index=False)
print("\n 数据已保存为 CSV 文件！")
```

输出结果如下。

(1) 原始数据：

```
        Date Product  Sales Region  Discount
0 2023-01-01       B    531   East         5
1 2023-01-02       B    190   West         0
2 2023-01-03       C    642  North         5
3 2023-01-04       B    408   East        10
4 2023-01-05       C    335   East        10
```

(2) 按产品统计总销售额:

```
   Product  Sales
0        A  19544
1        B  14667
2        C  19883
```

(3) 按地区和产品统计平均销售额:

```
    Region Product         Sales
0     East       A    694.636364
1     East       B    512.363636
2     East       C    542.555556
3    North       A    598.000000
4    North       B    483.100000
5    North       C    602.500000
6    South       A    710.000000
7    South       B    332.666667
8    South       C    477.727273
9     West       A    513.900000
10    West       B    355.777778
11    West       C    613.000000
```

(4) 输出的图表如下。

柱状图:展示每个产品的总销售额,如图3-14所示。

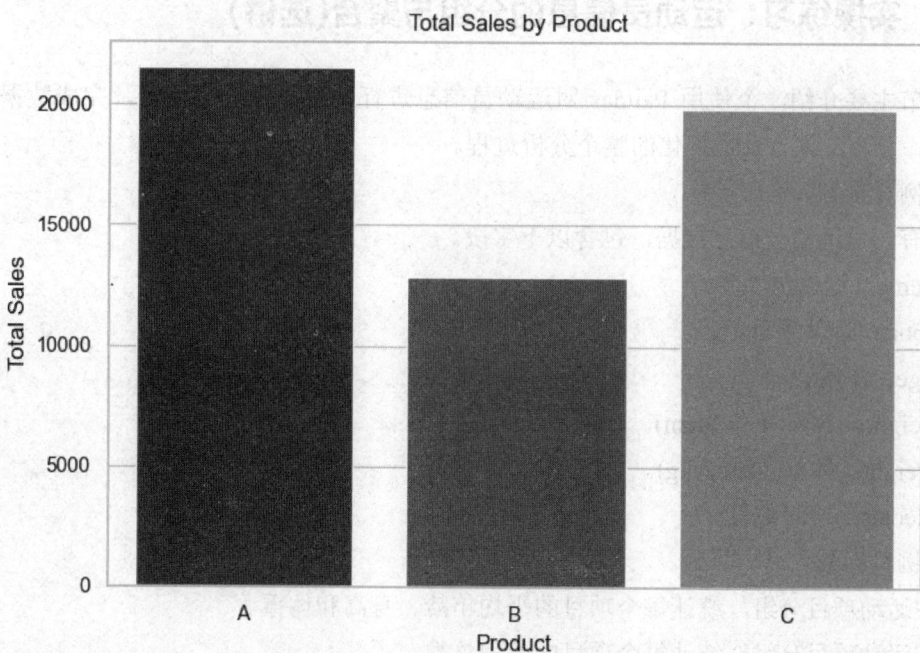

图3-14 柱状图

箱线图:展示每个地区的销售额分布,如图3-15所示。

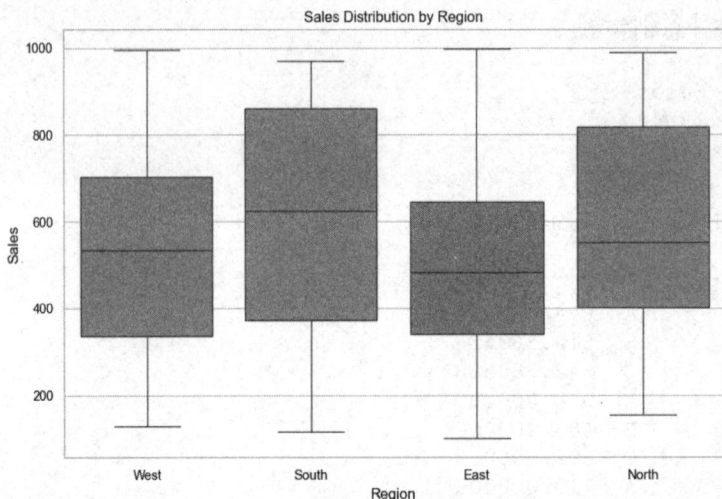

图3-15 箱线图

(5) 保存文件。

product_sales.csv：按产品统计的总销售额。

region_product_sales.csv：按地区和产品统计的平均销售额。

3.7.9 实操练习：运动员信息的分组与聚合(选讲)

本小节主要介绍一个使用 Pandas 对运动员信息进行分组与聚合的案例，完成数据加载、清洗、分组、聚合及可视化的整个分析过程。

【案例背景】

假设有一份运动员信息数据，包含以下字段。

- Name：运动员姓名。
- Sport：运动项目。
- Age：年龄。
- Height：身高(单位为cm)。
- Weight：体重(单位为kg)。
- Medals：奖牌数量。

【案例目标】

- 按运动项目分组，统计每个项目的平均年龄、身高和体重。
- 按运动项目分组，统计每个项目的奖牌总数。
- 按年龄分组，统计每个年龄段的运动员人数。

【数据预处理与分析步骤】

1. 加载数据

首先加载数据并查看基本信息。

```
import pandas as pd
import numpy as np
import matplotlib.pyplot as plt
# 创建模拟数据
data = {
    'Name': ['Alice', 'Bob', 'Charlie', 'David', 'Eva', 'Frank',
    'Grace', 'Hank'],
    'Sport': ['Swimming', 'Swimming', 'Basketball', 'Basketball',
    'Athletics', 'Athletics', 'Swimming', 'Basketball'],
    'Age': [20, 22, 25, 23, 20, 22, 24, 21],
    'Height': [170, 175, 190, 185, 165, 168, 172, 188],
    'Weight': [60, 65, 85, 80, 55, 58, 62, 82],
    'Medals': [3, 5, 2, 4, 1, 3, 6, 2]
}
df = pd.DataFrame(data)
df
```

输出结果：

```
     Name        Sport  Age  Height  Weight  Medals
0   Alice     Swimming   20     170      60       3
1     Bob     Swimming   22     175      65       5
2 Charlie   Basketball   25     190      85       2
3   David   Basketball   23     185      80       4
4     Eva    Athletics   20     165      55       1
5   Frank    Athletics   22     168      58       3
6   Grace     Swimming   24     172      62       6
7    Hank   Basketball   21     188      82       2
```

查看数据基本信息：

```
print(df.info())
print(df.head())
```

输出结果：

```
#   Column   Non-Null    Count       Dtype
---  ------   ---------   -----       -----
0    Name            8  non-null    object
1    Sport           8  non-null    object
2    Age             8  non-null    int64
3    Height          8  non-null    int64
4    Weight          8  non-null    int64
5    Medals          8  non-null    int64

     Name        Sport  Age  Height  Weight  Medals
0   Alice     Swimming   20     170      60       3
1     Bob     Swimming   22     175      65       5
2 Charlie   Basketball   25     190      85       2
3   David   Basketball   23     185      80       4
4     Eva    Athletics   20     165      55       1
```

2. 数据清洗

检查并处理数据中的问题，如缺失值、重复值等。

检查缺失值：

```
print(df.isna().sum())
```

输出结果：

```
Name      0
Sport     0
Age       0
Height    0
Weight    0
Medals    0
```

检查重复值：

```
print(df.duplicated().sum())
```

输出结果：

```
0
```

3. 数据分析

(1) 按运动项目分组，统计平均年龄、身高和体重。

使用 groupby() 和 agg() 方法进行分组和聚合。

```
# 按 Sport 列分组，计算平均年龄、身高和体重
sport_stats = df.groupby('Sport').agg({
    'Age': 'mean',
    'Height': 'mean',
    'Weight': 'mean'
}).reset_index()
print(sport_stats)
```

输出结果：

```
       Sport   Age     Height      Weight
0  Athletics   21.0  166.500000   56.500000
1  Basketball  23.0  187.666667   82.333333
2  Swimming    22.0  172.333333   62.333333
```

(2) 按运动项目分组，统计奖牌总数。

使用 groupby() 和 sum() 方法进行分组和聚合。

```
# 按 Sport 列分组，计算奖牌总数
medal_stats = df.groupby('Sport')['Medals'].sum().reset_index()
print(medal_stats)
```

输出结果：

```
       Sport   Medals
0  Athletics      4
1  Basketball     8
2  Swimming      14
```

(3) 按年龄分组，统计每个年龄段的运动员人数。

使用 groupby() 和 size() 方法进行分组和统计。

```
# 按 Age 列分组，统计每个年龄段的运动员人数
age_stats = df.groupby('Age').size().reset_index(name='Count')
```

```
print(age_stats)
```

输出结果：

```
   Age  Count
0   20      2
1   21      1
2   22      2
3   23      1
4   24      1
5   25      1
```

4. 数据可视化

使用 Matplotlib 绘制统计结果的图表。

(1) 绘制各运动项目的平均身高和体重柱状图。

```python
# 设置图表大小
plt.figure(figsize=(10, 6))
# 绘制柱状图
sport_stats.plot(kind='bar', x='Sport', y=['Height', 'Weight'],
figsize=(10, 6))
plt.title(' 各运动项目的平均身高和体重 ')
plt.xlabel(' 运动项目 ')
plt.ylabel(' 平均值 ')
plt.xticks(rotation=0)
plt.grid(True)
plt.show()
```

输出结果如图3-16所示。

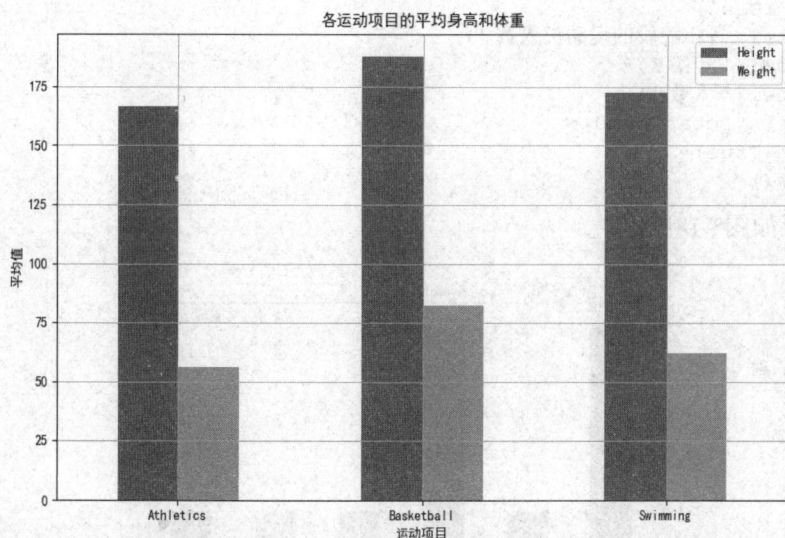

图3-16　各运动项目的平均身高和体重柱状图

(2) 绘制各运动项目的奖牌总数柱状图。

```python
# 绘制柱状图
medal_stats.plot(kind='bar', x='Sport', y='Medals', figsize=(8, 6),
```

```
                color='orange')
plt.title(' 各运动项目的奖牌总数 ')
plt.xlabel(' 运动项目 ')
plt.ylabel(' 奖牌总数 ')
plt.xticks(rotation=0)
plt.grid(True)
plt.show()
```

输出结果如图3-17所示。

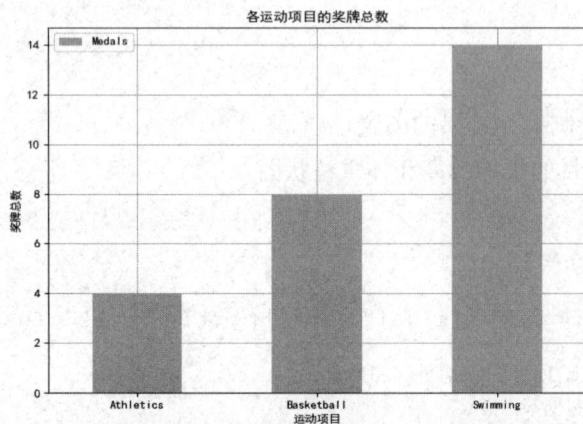

图3-17　各运动项目的奖牌总数柱状图

(3) 绘制各年龄段的运动员人数柱状图。

```
# 绘制柱状图
age_stats.plot(kind='bar', x='Age', y='Count', figsize=(8, 6),
color='green')
plt.title(' 各年龄段的运动员人数 ')
plt.xlabel(' 年龄 ')
plt.ylabel(' 人数 ')
plt.xticks(rotation=0)
plt.grid(True)
plt.show()
```

输出结果如图3-18所示。

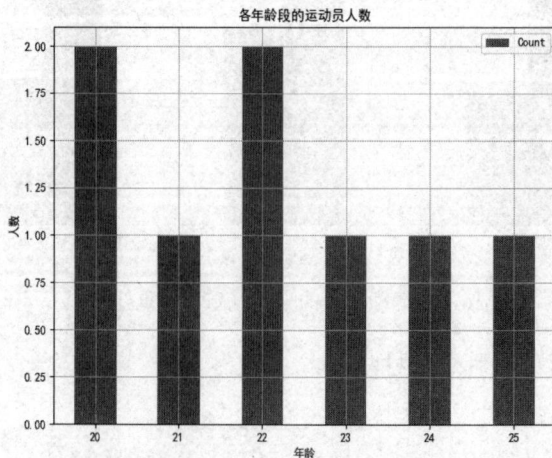

图3-18　各年龄段的运动员人数柱状图

5. 数据保存

将分析结果保存到新的 CSV 文件中，如图3-19所示。

```
# 保存分析结果
sport_stats.to_csv('c:/sport_stats.csv', encoding='utf_8_
sig',index=False)
medal_stats.to_csv('c:/medal_stats.csv', encoding='utf_8_
sig',index=False)
age_stats.to_csv('c:/age_stats.csv', encoding='utf_8_sig', index=False)
```

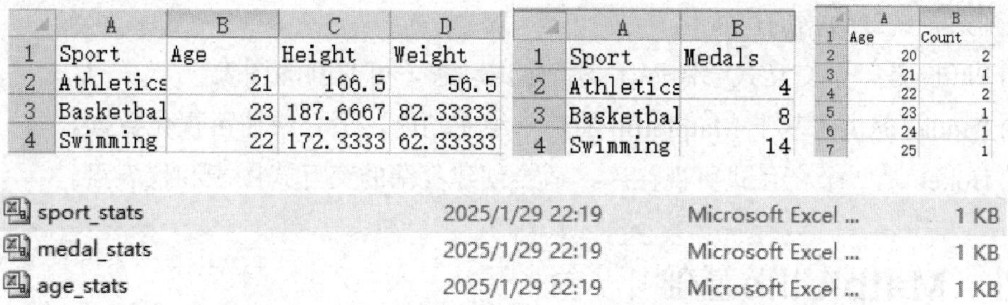

	A	B	C	D
1	Sport	Age	Height	Weight
2	Athletics	21	166.5	56.5
3	Basketbal	23	187.6667	82.33333
4	Swimming	22	172.3333	62.33333

	A	B
1	Sport	Medals
2	Athletics	4
3	Basketbal	8
4	Swimming	14

	A	B
1	Age	Count
2	20	2
3	21	1
4	22	2
5	23	1
6	24	1
7	25	1

sport_stats	2025/1/29 22:19	Microsoft Excel ...	1 KB
medal_stats	2025/1/29 22:19	Microsoft Excel ...	1 KB
age_stats	2025/1/29 22:19	Microsoft Excel ...	1 KB

图3-19　保存分析结果

【分析结果】

(1) 各运动项目的平均身高和体重：

- 篮球运动员的平均身高和体重最高。
- 田径运动员的平均身高和体重最低。

(2) 各运动项目的奖牌总数：

- 游泳项目的奖牌总数最多。
- 篮球项目的奖牌总数次之。
- 田径项目的奖牌总数最少。

(3) 各年龄段的运动员人数：

- 20 岁和 22 岁的运动员人数最多。
- 其他年龄段的运动员人数较少。

【总结】

使用 Pandas 对运动员信息数据进行分组与聚合分析，可以得到以下结论：

- 不同运动项目的运动员在身高和体重上存在显著差异。
- 游泳项目的奖牌总数最多，可能是优势项目。
- 20 岁和 22 岁的运动员人数最多。

这些分析结果为运动员选拔和训练提供了有价值的参考。

175

3.8 数据可视化工具Matplotlib和Seaborn

Python提供了多种强大的库进行数据可视化，常用的库包括 Matplotlib、Seaborn、Plotly、Pandas 和 Bokeh 等。

(1) Matplotlib 是 Python 中最基础、最常用的绘图库，提供了丰富的绘图功能。

(2) Seaborn 是基于 Matplotlib 的高级绘图库，提供了更美观的默认样式和更简单的接口，特别适合统计数据的可视化。

(3) Plotly 是一个交互式绘图库，支持生成动态、可交互的图表。

(4) Pandas 提供了基于 Matplotlib 的简单绘图功能，适合快速可视化数据。

(5) Bokeh 是一个交互式可视化库，适合创建复杂的交互式图表和仪表盘。

3.8.1 Matplotlib基础

Matplotlib 是 Python 中最流行的数据可视化库之一，广泛用于生成各种静态、动态和交互式图表。它提供了类似于 MATLAB 的绘图接口，易于上手且功能强大。

Matplotlib 库的安装如图3-20所示。

```
C:\Users\Administrator>pip install matplotlib
Collecting matplotlib
  Downloading matplotlib-3.9.3-cp311-cp311-win_amd64.whl.metada
Collecting contourpy>=1.0.1 (from matplotlib)
  Downloading contourpy-1.3.1-cp311-cp311-win_amd64.whl.metadat
Collecting cycler>=0.10 (from matplotlib)
  Downloading cycler-0.12.1-py3-none-any.whl.metadata (3.8 kB)
```

图3-20 Matplotlib库的安装

1. Matplotlib 的特点

(1) 丰富的图表类型：支持折线图、柱状图、散点图、饼图、等高线图、3D 图等。

(2) 高度可定制：可以自定义图表的颜色、线型、标记、标签、标题等。

(3) 多种输出格式：支持将图表保存为 PNG、PDF、SVG 等格式。

(4) 与其他库的集成：与 NumPy、Pandas、SciPy 等科学计算库无缝集成。

(5) 跨平台支持：支持 Windows、Linux 和 macOS。

2. 核心组件

(1) Figure：图表的最外层容器，可以包含一个或多个 Axes。

(2) Axes：图表的主要区域，包含坐标轴、刻度、标签、标题等。

(3) Axis：坐标轴，用于设置刻度和范围。

(4) Artist：图表中的所有元素(如线条、文本、矩形等)都是 Artist 对象。

3. plot() 函数的参数(见表3-7)

表3-7　plot() 函数的参数

参数名称	描述
x	x 轴数据，可选，默认为 range(len(y))
y	y 轴数据
linestyle	线型，如 '-'(实线)、'--'(虚线)、':'(点线)、'-.'(点划线)
linewidth	线宽(默认 1.0)
color	颜色，如 'r'(红色)、'g'(绿色)、'b'(蓝色)
marker	数据点标记，如 'o'(圆圈)、's'(方块)、'^'(三角形)
markersize	标记大小(默认 6.0)
label	图例标签

3.8.2　绘制常见图表

Matplotlib 支持多种常见图表类型。

1. 折线图

用于显示数据随时间或有序类别的变化趋势。

```python
import matplotlib.pyplot as plt
# 数据
x = [1, 2, 3, 4, 5]
y = [2, 3, 5, 7, 11]
# 绘制折线图
plt.plot(x, y)
plt.plot(x, y, marker='o', linestyle='--', color='b', label='Line 1')
# 添加标题和标签
plt.title('Simple Line Plot')
plt.xlabel('X-axis')
plt.ylabel('Y-axis')
# 显示图表
plt.show()
```

输出结果如图3-21所示。

2. 柱状图

用于比较不同类别的数据。

```python
import matplotlib.pyplot as plt
# 数据
categories = ['A', 'B', 'C', 'D']
```

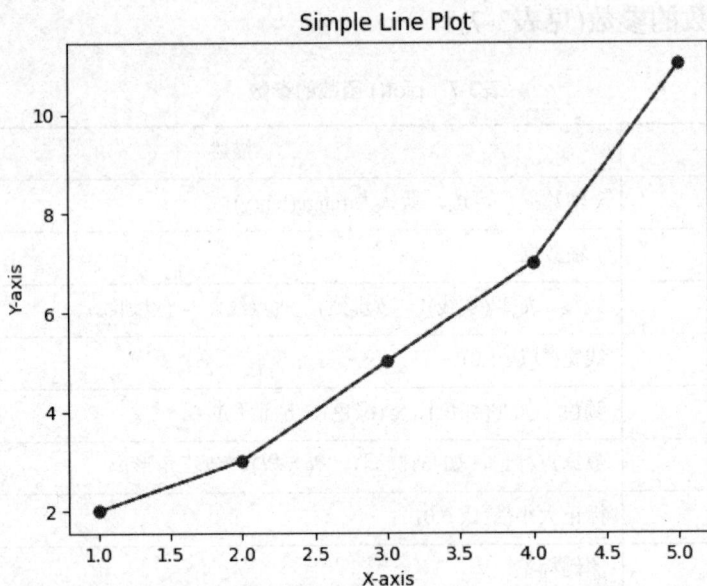

图3-21 折线图

```
values = [10, 20, 15, 25]
# 绘制柱状图
plt.bar(categories, values)
plt.bar(categories, values, color='skyblue', edgecolor='black',
label='Bar 1')
# 添加标题和标签
plt.title('Bar Chart')
plt.xlabel('Categories')
plt.ylabel('Values')
# 显示图表
plt.show()
```

输出结果如图3-22所示。

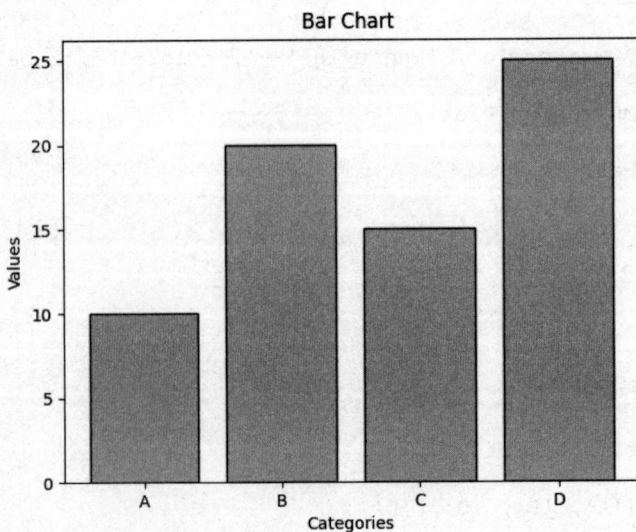

图3-22 柱状图

3. 散点图

用于显示两个变量之间的关系。

```python
# 数据
x = [1, 2, 3, 4, 5]
y = [2, 3, 5, 7, 11]
# 绘制散点图
plt.scatter(x, y)
plt.scatter(x, y, s=100, c='red', marker='^', alpha=0.7, label='Scatter
1')
# 添加标题和标签
plt.title('Scatter Plot')
plt.xlabel('X-axis')
plt.ylabel('Y-axis')
# 显示图表
plt.show()
```

输出结果如图3-23所示。

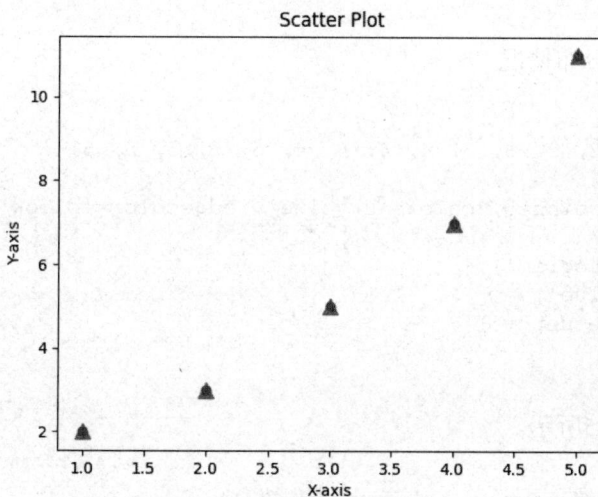

图3-23 散点图

4. 饼图

用于显示各部分占总体的比例。

```python
# 数据
sizes = [15, 30, 45, 10]
labels = ['A', 'B', 'C', 'D']
colors = ['gold', 'yellowgreen', 'lightcoral', 'lightskyblue']
explode = (0, 0.1, 0, 0)  # 突出显示第二个扇区
# 绘制饼图
plt.pie(sizes, labels=labels, colors=colors, explode=explode,
autopct='%1.1f%%', startangle=140)
# 添加标题
plt.title('Pie Chart')
# 显示图表
plt.show()
```

输出结果如图3-24所示。

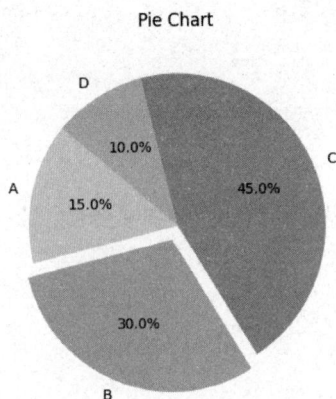

图3-24 饼图

5. 直方图

用于显示数据的分布情况。

```python
# 数据
data = [1, 2, 2, 3, 3, 3, 4, 4, 4, 4, 5, 5, 5, 5, 5]
# 绘制直方图
plt.hist(data, bins=5, color='skyblue', edgecolor='black')
# 添加标题和标签
plt.title('Histogram')
plt.xlabel('Value')
plt.ylabel('Frequency')
# 显示图表
plt.show()
```

输出结果如图3-25所示。

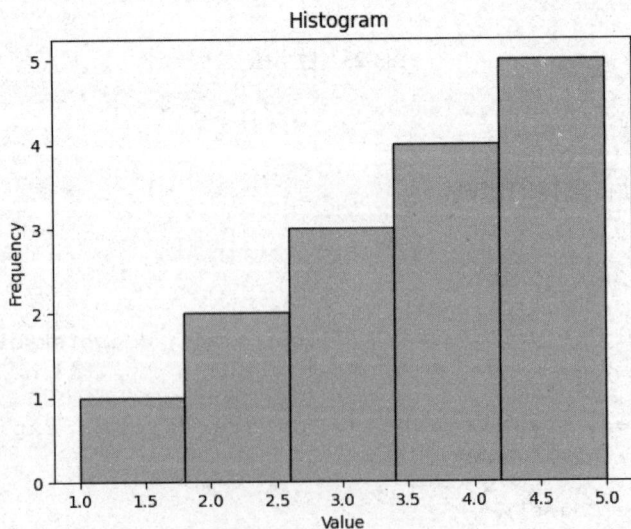

图3-25 直方图

6. 箱线图

用于显示数据的分布和离群值。

```
# 数据
data = [1, 2, 2, 3, 3, 3, 4, 4, 4, 4, 5, 5, 5, 5, 5]
# 绘制箱线图
plt.boxplot(data)
# 添加标题
plt.title('Box Plot')
# 显示图表
plt.show()
```

输出结果如图3-26所示。

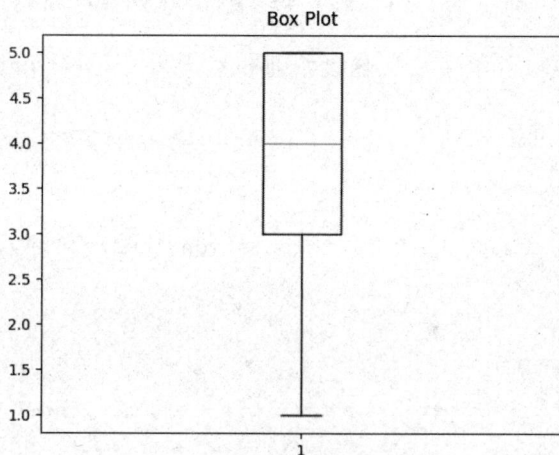

图3-26 箱线图

7. 面积图

用于显示数据随时间或类别的累积变化。

```
# 数据
x = [1, 2, 3, 4, 5]
y = [2, 3, 5, 7, 11]
# 绘制面积图
plt.fill_between(x, y, color='skyblue', alpha=0.4, label='Area 1')
# 添加标题和标签
plt.title('Area Plot')
plt.xlabel('X-axis')
plt.ylabel('Y-axis')
# 添加图例
plt.legend()
# 显示图表
plt.show()
```

输出结果如图3-27所示。

8. 热力图

用于显示矩阵数据的值。

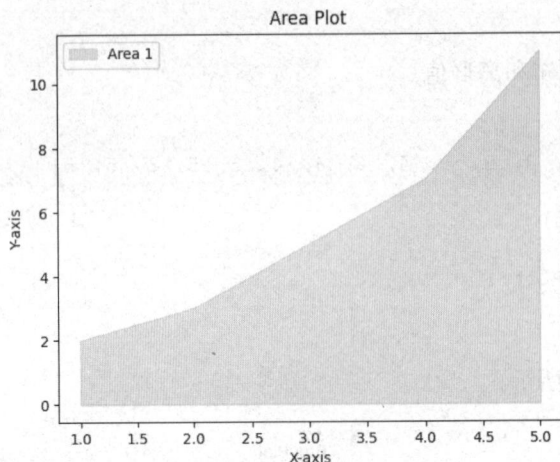

图3-27　面积图

```
import numpy as np
# 数据
data = np.random.rand(5, 5)
# 绘制热力图
plt.imshow(data, cmap='hot', interpolation='nearest')
# 添加颜色条
plt.colorbar()
# 添加标题
plt.title('Heatmap')
# 显示图表
plt.show()
```

输出结果如图3-28所示。

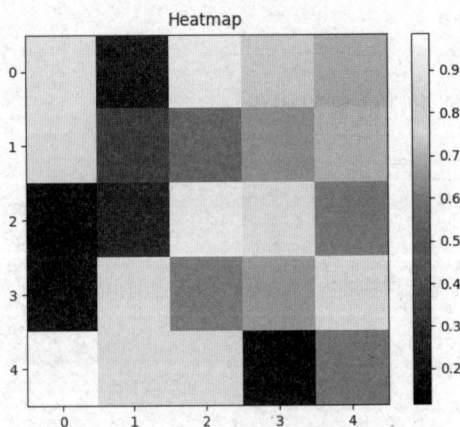

图3-28　热力图

9. 3D散点图

用于显示三维数据。

```
from mpl_toolkits.mplot3d import Axes3D
# 绘制 3D 散点图
fig = plt.figure()
```

```
ax = fig.add_subplot(111, projection='3d')
# 数据
x = [1, 2, 3, 4, 5]
y = [2, 3, 5, 7, 11]
z = [1, 4, 9, 16, 25]
# 绘制 3D 散点图
ax.scatter(x, y, z, c='r', marker='o')
# 添加标题和标签
ax.set_title('3D Scatter Plot')
ax.set_xlabel('X-axis')
ax.set_ylabel('Y-axis')
ax.set_zlabel('Z-axis')
# 显示图表
plt.show()
```

输出结果如图3-29所示。

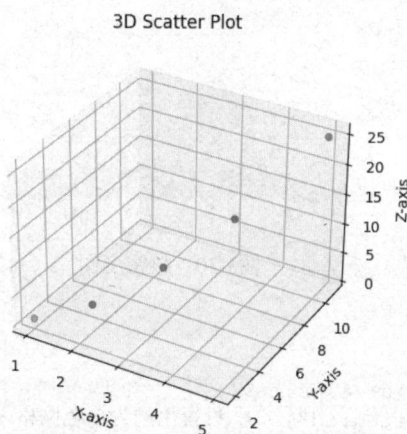

图3-29　3D散点图

3.8.3　Seaborn高级可视化

Seaborn 是一个基于 Matplotlib 的高级数据可视化库，专注于统计图表的绘制，提供了更简洁的 API 和更美观的默认样式，适用于探索性数据分析。

Seaborn库的安装：

```
pip install seaborn
```

Seaborn库的导入：

```
import seaborn as sns
import matplotlib.pyplot as plt
import pandas as pd
```

Seaborn 提供了多种内置主题和样式，可以通过 sns.set() 来设置：

```
sns.set(style="whitegrid")    # 设置主题为白色网格
sns.set_palette("husl")       # 设置颜色主题
```

1. 可视化分布图

(1) 核密度估计图:

```python
import pandas as pd
df = pd.read_csv('c:/tips.csv')
sns.set(style="whitegrid")   # 设置主题为白色网格
sns.set_palette("husl")      # 设置颜色主题
sns.kdeplot(data=df, x="total_bill", hue="time", fill=True)
plt.show()
```

输出结果如图3-30所示。

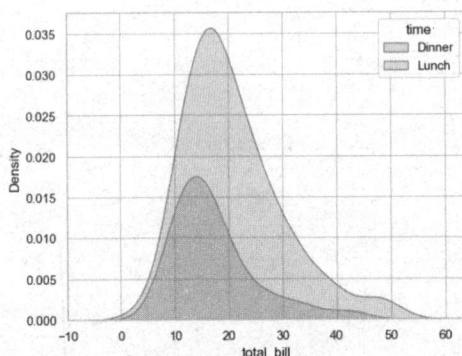

图3-30 核密度图

(2) 联合分布图:

```python
df = pd.read_csv('c:/tips.csv')
sns.set(style="whitegrid")   # 设置主题为白色网格
sns.set_palette("husl")      # 设置颜色主题
sns.jointplot(data=df, x="total_bill", y="tip", kind="hex")
plt.show()
```

输出结果如图3-31所示。

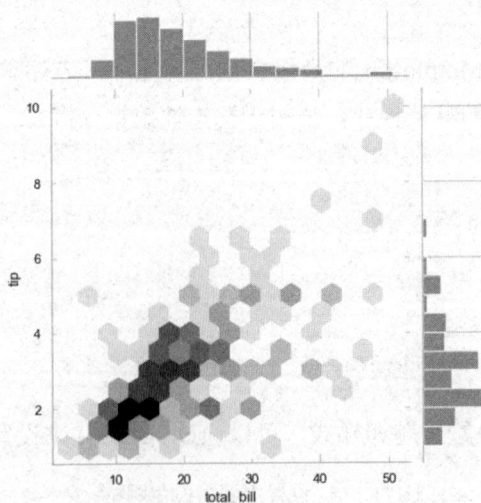

图3-31 联合分布图

(3) 多变量分布图：

```
import seaborn as sns
import matplotlib.pyplot as plt
import pandas as pd
df = pd.read_csv('c:/tips.csv')
sns.set(style="whitegrid")    # 设置主题为白色网格
sns.set_palette("husl")       # 设置颜色主题
sns.pairplot(data=df, hue="smoker")
plt.show()
```

输出结果如图3-32所示。

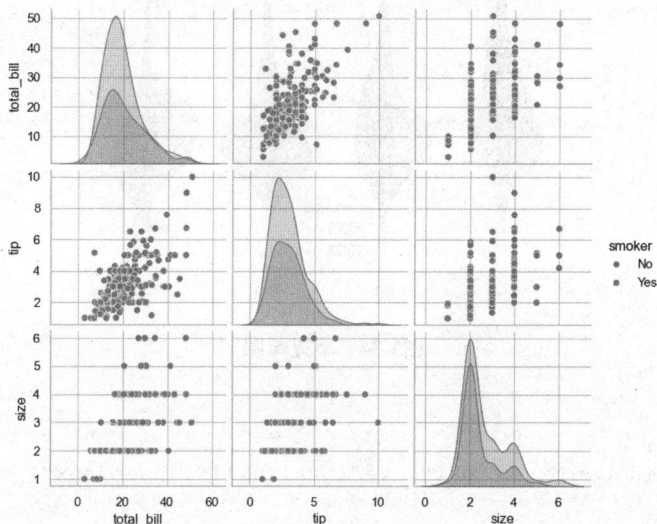

图3-32　多变量分布图

2. 分类图

(1) 箱线图：

```
sns.boxplot(data=df, x="day", y="total_bill", hue="smoker")
plt.show()
```

输出结果如图3-33所示。

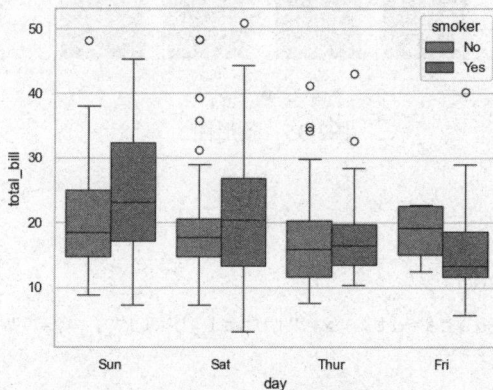

图3-33　箱线图

(2) 小提琴图:

```
sns.violinplot(data=df, x="day", y="total_bill", hue="smoker",
split=True)
plt.show()
```

输出结果如图3-34所示。

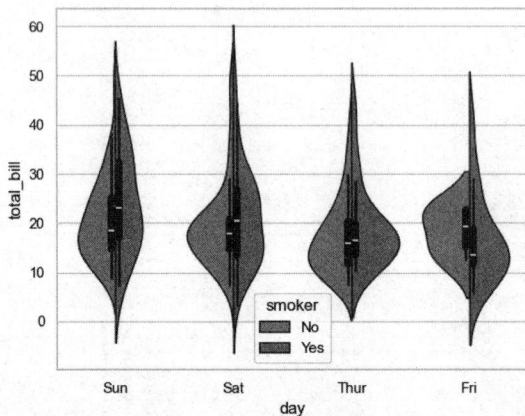

图3-34 小提琴图

(3) 条形图:

```
sns.barplot(data=df, x="day", y="total_bill", hue="sex")
plt.show()
```

输出结果如图3-35所示。

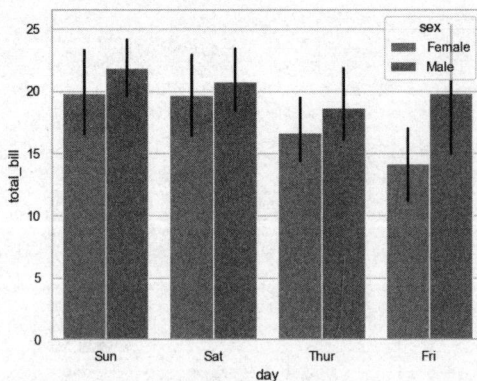

图3-35 条形图

3. 关系图

(1) 散点图:

```
sns.scatterplot(data=df, x="total_bill", y="tip", hue="time",
style="smoker")
plt.show()
```

输出结果如图3-36所示。

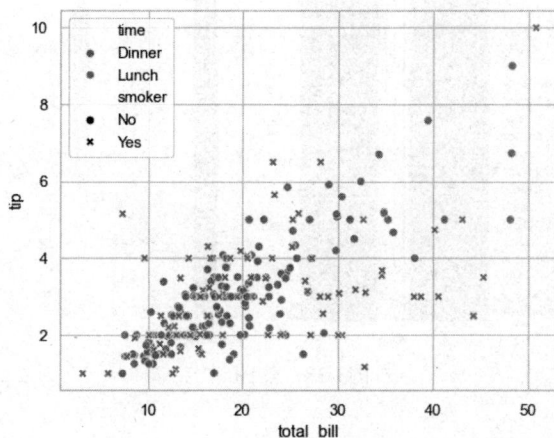

图3-36　散点图

(2) 线图：

```
sns.lineplot(data=df, x="total_bill", y="tip", hue="time",
style="smoker")
    plt.show()
```

输出结果如图3-37所示。

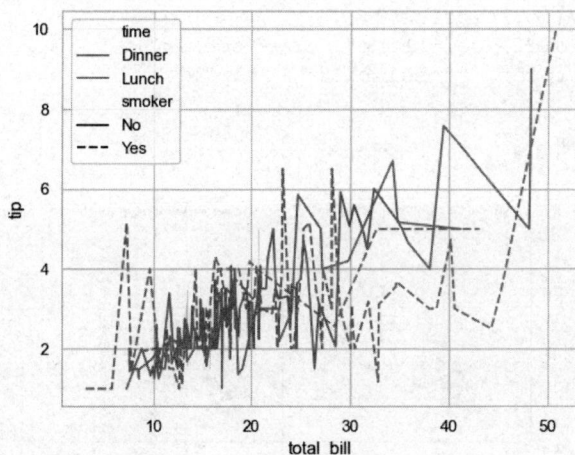

图3-37　线图

(3) 热图：

```
flights = sns.load_dataset("flights")    # 加载示例数据集
flights_pivot = flights.pivot("month", "year", "passengers")
sns.heatmap(flights_pivot, annot=True, fmt="d")
plt.show()
df = pd.read_csv('c:/flights.csv', index_col=["month"])
sns.heatmap(df, annot=True, fmt="d", cmap="YlGnBu")
plt.show()
```

输出结果如图3-38所示。

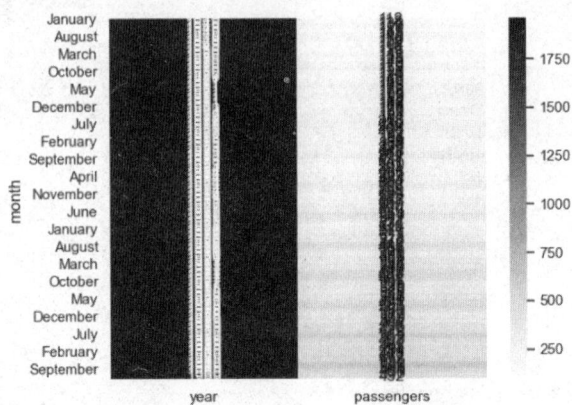

图3-38　热图

4. 矩阵图

聚类热图：

```
sns.clustermap(flights_pivot, standard_scale=1)
plt.show()
```

5. 分面图

(1) 分面散点图：

```
df = pd.read_csv('c:/tips.csv')
g = sns.FacetGrid(df, col="time", row="smoker")
g.map(sns.scatterplot, "total_bill", "tip")
plt.show()
```

输出结果如图3-39所示。

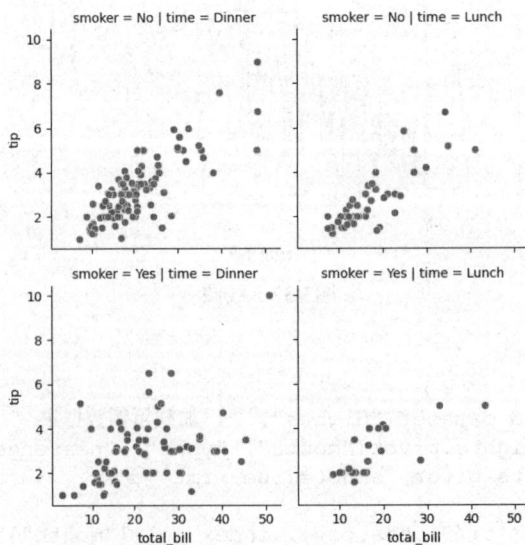

图3-39　分面散点图

(2) 分面直方图：

```
df = pd.read_csv('c:/tips.csv')
g = sns.FacetGrid(df, col="time", row="smoker")
g.map(sns.histplot, "total_bill")
plt.show()
```

输出结果如图3-40所示。

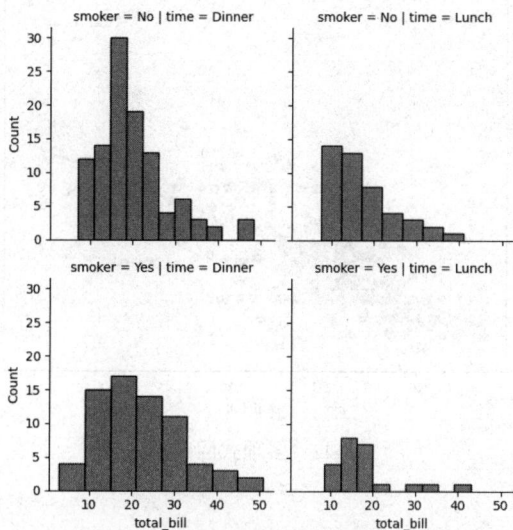

图3-40　分面直方图

6. 回归图

(1) 线性回归图：

```
df = pd.read_csv('c:/tips.csv')
sns.lmplot(data=df, x="total_bill", y="tip", hue="smoker")
plt.show()
```

输出结果如图3-41所示。

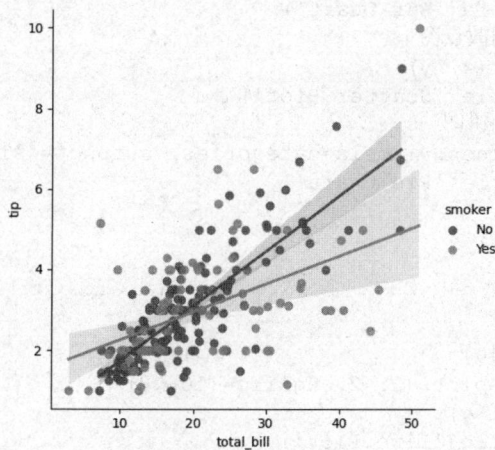

图3-41　线性回归图

(2) 多项式回归图：

```
df = pd.read_csv('c:/tips.csv')
sns.regplot(data=df, x="total_bill", y="tip", order=2)
plt.show()
```

输出结果如图3-42所示。

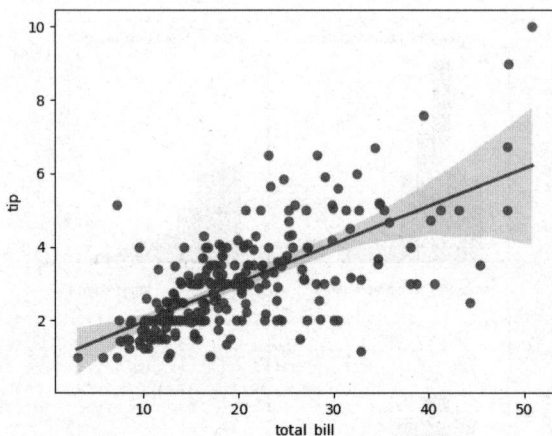

图3-42 多项式回归图

3.8.4 进阶用法

(1) 多子图布局，使用 plt.subplots() 创建多个子图。

```
# 创建 2×2 的子图布局
fig, axs = plt.subplots(2, 2, figsize=(10, 8))
# 在第一个子图中绘制折线图
axs[0, 0].plot(x, y)
axs[0, 0].set_title('Line Plot')
# 在第二个子图中绘制柱状图
axs[0, 1].bar(categories, values)
axs[0, 1].set_title('Bar Chart')
# 在第三个子图中绘制散点图
axs[1, 0].scatter(x, y)
axs[1, 0].set_title('Scatter Plot')
# 在第四个子图中绘制饼图
axs[1, 1].pie(values, labels=categories, autopct='%1.1f%%')
axs[1, 1].set_title('Pie Chart')
# 调整布局
plt.tight_layout()
# 显示图表
plt.show()
x=[1,2,3,4,5]
y=[10,40,100,50,40]
fig, axs = plt.subplots(2, 2, figsize=(10, 8))
axs[0, 0].plot(x, y)
axs[0, 0].set_title('Line Plot')
axs[0, 1].bar(x, y)
```

```
axs[0, 1].set_title('Bar Chart')
axs[1, 0].scatter(x, y)
axs[1, 0].set_title('Scatter Plot')
axs[1, 1].pie(y, labels=x, autopct='%1.1f%%')
axs[1, 1].set_title('Pie Chart')
plt.tight_layout()
plt.show()
```

输出结果如图3-43所示。

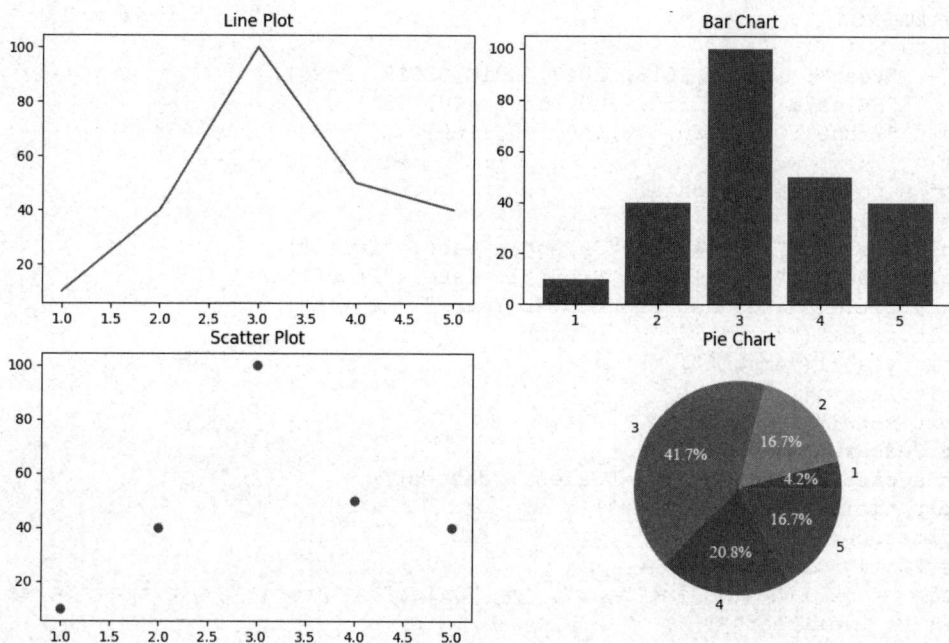

图3-43 多子图

(2) 自定义样式，使用 plt.style 设置图表样式。

```
# 使用 ggplot 样式
plt.style.use('ggplot')
# 绘制折线图
plt.plot(x, y)
plt.title('Line Plot with ggplot Style')
plt.xlabel('X-axis')
plt.ylabel('Y-axis')
# 显示图表
plt.show()
```

(3) 保存图表，使用 plt.savefig() 将图表保存为文件。

```
# 绘制折线图
plt.plot(x, y)
plt.title('Line Plot')
plt.xlabel('X-axis')
plt.ylabel('Y-axis')
# 保存图表为 PNG 文件
plt.savefig('line_plot.png')
```

3.8.5 实操练习：数据可视化

本小节主要介绍一个综合示例，展示如何使用多个库进行数据可视化。

```python
import pandas as pd
import numpy as np
import matplotlib.pyplot as plt
import seaborn as sns
import plotly.express as px
# 创建数据
data = {
    "Year": [2015, 2016, 2017, 2018, 2019, 2020],
    "Sales": [200, 250, 300, 350, 400, 450],
    "Profit": [50, 60, 70, 80, 90, 100]
}
df = pd.DataFrame(data)
# Matplotlib 折线图
plt.plot(df["Year"], df["Sales"], label="Sales")
plt.plot(df["Year"], df["Profit"], label="Profit")
plt.title("Sales and Profit Over Years")
plt.xlabel("Year")
plt.ylabel("Amount")
plt.legend()
plt.show()
# Seaborn 柱状图
sns.barplot(x="Year", y="Sales", data=df)
plt.title("Sales by Year")
plt.show()
# Plotly 交互式折线图
fig = px.line(df, x="Year", y=["Sales", "Profit"], title="Sales and
Profit Over Years")
fig.show()
```

输出结果如图3-44~图3-46所示。

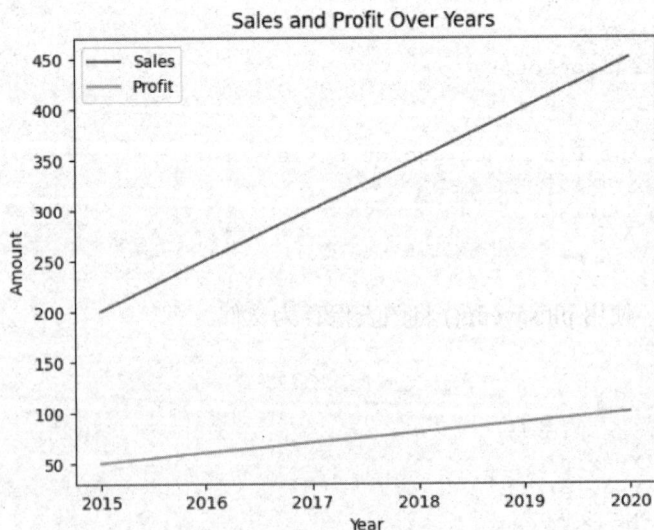

图3-44 折线图

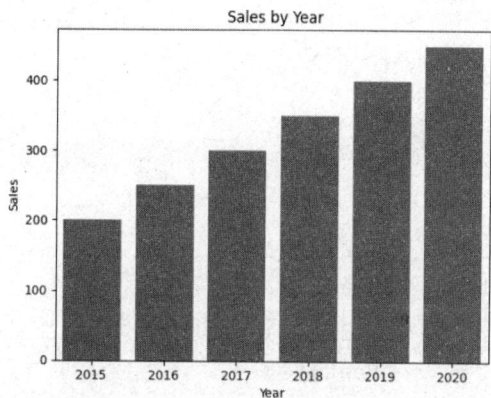

图3-45　柱状图

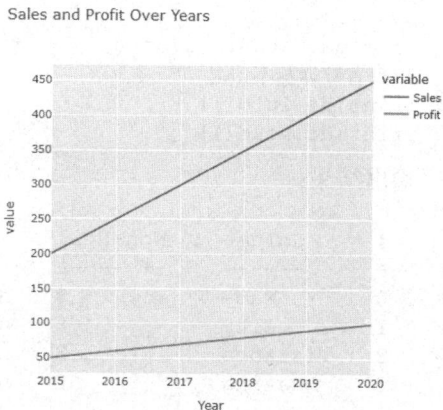

图3-46　交互式折线图

3.8.6　实操练习：图示分析景点数据

本小节主要介绍一个使用 Matplotlib 对景点数据进行图示分析的案例，展示数据加载、清洗、分析及可视化的整个分析过程。

【案例需求】

有一份景点数据，包含以下字段。

(1) Name：景点名称。

(2) City：所在城市。

(3) Visitors：年游客量(万人次)。

(4) Rating：评分(满分 5 分)。

【案例目标】

(1) 分析各城市的景点数量和游客数量。

(2) 比较各城市的景点平均评分。

(3) 绘制各景点的游客量与评分的关系图。

【数据准备】

1. 加载数据

首先加载数据并查看基本信息。

```python
import pandas as pd
import matplotlib.pyplot as plt
# 创建模拟数据
data = {
    'Name': ['景点A', '景点B', '景点C', '景点D', '景点E', '景点F', '景点G',
    '景点H'],
    'City': ['北京', '上海', '北京', '广州', '上海', '北京', '广州',
    '上海'],
    'Visitors': [500, 300, 450, 200, 350, 600, 250, 400],
    'Rating': [4.5, 4.2, 4.7, 4.0, 4.3, 4.6, 4.1, 4.4]
```

193

```
}
df = pd.DataFrame(data)
# 查看数据基本信息
print(df.info())
print(df.head())
```

输出结果：

```
 #      Column    Non-Null     Count      Dtype
---     ------    --------     ------     -----
 0       Name        8        non-null    object
 1       City        8        non-null    object
 2      Visitors     8        non-null    int64
 3      Rating       8        non-null    float64


     Name     City     Visitors    Rating
0    景点A     北京        500        4.5
1    景点B     上海        300        4.2
2    景点C     北京        450        4.7
3    景点D     广州        200        4.0
4    景点E     上海        350        4.3
```

2. 数据清洗

检查并处理数据中的问题，如缺失值、重复值等。

```
# 检查缺失值
print(df.isna().sum())
# 检查重复值
print(df.duplicated().sum())
```

输出结果：

```
    Name       0
    City       0
Visitors       0
  Rating       0
```

【功能实现】

(1) 统计各城市的景点数量和游客量。

按城市分组，统计景点数量和游客量。

```
city_stats = df.groupby('City').agg({
    'Name': 'count',
    'Visitors': 'sum'
}).reset_index()
print(city_stats)
```

输出结果：

```
    City    Name    Visitors
0   上海      3       1050
1   北京      3       1550
2   广州      2        450
```

(2) 统计各城市的景点平均评分。

按城市分组，计算平均评分。

```
rating_stats = df.groupby('City')['Rating'].mean().reset_index()
print(rating_stats)
```

输出结果：

```
    City    Rating
0   上海      4.30
1   北京      4.60
2   广州      4.05
```

(3) 分析各景点的游客量与评分的关系。

绘制散点图，分析游客量与评分的关系。

```
import matplotlib.pyplot as plt
# 绘制散点图
plt.scatter(df['Visitors'], df['Rating'], s=100, c='blue', alpha=0.7)
plt.rcParams['font.sans-serif'] = ['SimHei']  # 设置黑体
# 添加标题和标签
plt.title(' 景点游客量与评分的关系 ')
plt.xlabel(' 游客量 ( 万人次 )')
plt.ylabel(' 评分 ')
# 显示图表
plt.show()
```

输出结果如图3-47所示。

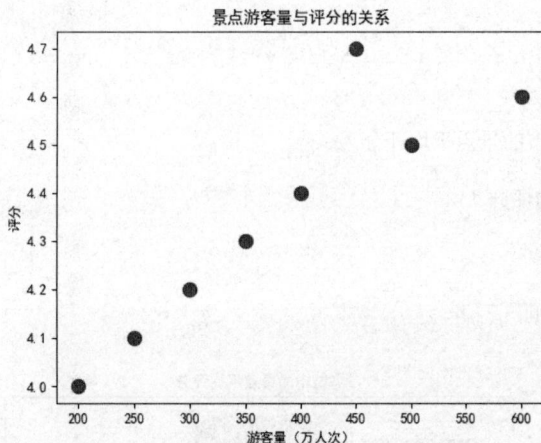

图3-47 景点游客量与评分的关系散点图

(4) 绘制各城市的景点数量和游客量柱状图。

```
# 设置图表大小
plt.figure(figsize=(10, 6))
matplotlib.rcParams['font.sans-serif']='Microsoft YaHei'
# 绘制柱状图
plt.bar(city_stats['City'], city_stats['Name'], label=' 景 点 数 量 ',
color='skyblue')
plt.bar(city_stats['City'], city_stats['Visitors'], label=' 游 客 量 ( 万 人
次 )', color='orange', alpha=0.7)
# 添加标题和标签
plt.title(' 各城市的景点数量和游客量 ')
```

```
plt.xlabel(' 城市 ')
plt.ylabel(' 数量 / 游客量 ')
# 添加图例
plt.legend()
# 显示图表
plt.show()
```

输出结果如图3-48所示。

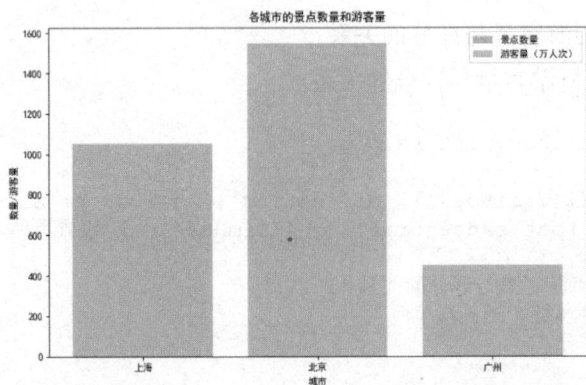

图3-48 各城市的景点数量和游客量柱状图

(5) 绘制各城市的景点平均评分柱状图。

```
# 绘制柱状图
plt.bar(rating_stats['City'], rating_stats['Rating'], color='lightgreen')
# 添加标题和标签
plt.title(' 各城市的景点平均评分 ')
plt.xlabel(' 城市 ')
plt.ylabel(' 平均评分 ')
# 显示图表
plt.show()
```

输出结果如图3-49所示。

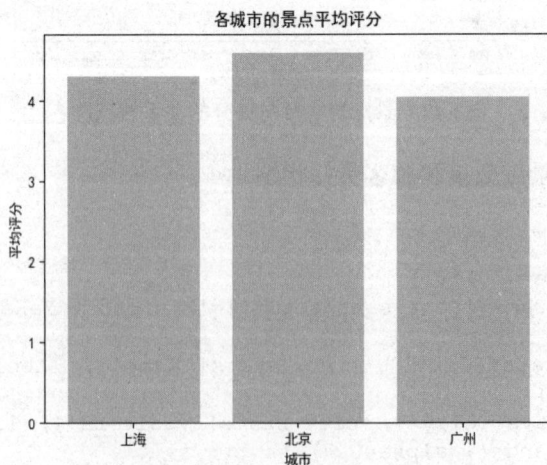

图3-49 各城市的景点平均评分柱状图

(6) 数据保存，将分析结果保存到新的 CSV 文件。

```
# 保存分析结果
city_stats.to_csv('city_stats.csv' ,encoding='utf_8_sig', index=False)
rating_stats.to_csv('rating_stats.csv' ,encoding='utf_8_sig',
index=False)
```

保存分析结果，如图3-50所示。

| city_stats | 2025/1/28 22:21 | Microsoft Excel ... | 1 KB |
| rating_stats | 2025/1/28 22:21 | Microsoft Excel ... | 1 KB |

	A	B	C
1	City	Name	Visitors
2	上海	3	1050
3	北京	3	1550
4	广州	2	450

	A	B
1	City	Rating
2	上海	4.3
3	北京	4.6
4	广州	4.05

图3-50 保存分析结果

【结果分析】

(1) 各城市的景点数量和游客量：

- 北京的景点数量和游客量最多。
- 广州的景点数量和游客量最少。

(2) 各城市的景点平均评分：

- 北京的景点平均评分最高。
- 广州的景点平均评分最低。

(3) 各景点的游客量与评分的关系：游客量与评分之间存在一定的正相关关系。

本章小结

本章详细介绍了Python在文件操作、数据处理与分析方面的应用。首先，通过文件和目录管理、Word文档处理、PDF文件处理等实例，展示了Python在文件处理上的强大功能。其次，重点讲解了Pandas库在数据处理与分析中的应用，包括数据读取与写入、数据清洗与预处理、数据聚合与分组等关键操作。最后，引入了NumPy库，介绍了NumPy库在科学计算中的重要作用，以及如何通过NumPy进行数组操作、数据处理和数据分析。通过本章的学习，读者可以掌握使用Python进行数据处理与分析的基本技能，为完成数据科学项目打下坚实基础。

习题

1. 简答题

(1) 解释Python中文件的打开模式(如'r'、'w'、'a'、'b'等)及其区别。

(2) 什么是Python中的上下文管理器(with语句)？它如何简化文件操作？

(3) 解释Python中的os模块和shutil模块的主要功能。

(4) 什么是Python中的路径操作？如何使用pathlib模块进行路径管理？

2. 编程题

(1) 编写一个Python程序，读取一个文本文件，并统计文件中每个单词的出现次数。

(2) 编写一个Python程序，将一个目录下的所有文件都复制到另一个目录。

(3) 编写一个Python程序，读取一个CSV文件，并输出该文件的前5行数据。

(4) 编写一个Python程序，将用户输入的文本保存到一个新的文本文件中。

3. 应用题

(1) 解释如何使用Python处理Excel文件，列举常用的库及其功能。

(2) 编写一个Python程序，使用openpyxl库创建一个Excel文件，并在其中写入数据。

(3) 编写一个Python程序，使用pandas库读取一个Excel文件，并输出文件中的统计信息(如平均值、最大值等)。

(4) 编写一个Python程序，使用pdfplumber库读取一个PDF文件，并提取其中的文本内容。

4. 调试题

(1) 以下代码有什么错误？如何修正？

```
with open("file.txt", "r") as f:
    f.write("Hello, World!")
```

(2) 以下代码的输出是什么？解释原因。

```
import os
print(os.path.exists("nonexistent_file.txt"))
```

第4章
机器学习基础

灵魂三问

一问：这项技术解决了什么问题？

机器学习技术解决了多个复杂且重要的问题。

1. 模式识别与预测：机器学习能够从大量数据中自动识别出隐藏的模式和规律，从而对未来事件进行准确预测。例如，通过分析历史房价数据，机器学习模型可以预测未来房价走势。

2. 决策支持：在缺乏明确规则或标准的情况下，机器学习模型可以通过学习历史数据来辅助决策。例如，在医疗领域，机器学习可以帮助医生诊断疾病，提供个性化的治疗方案。

3. 自动化处理：机器学习能够实现任务的自动化处理，减少人工干预。例如，自动化客服系统可以使用机器学习技术来理解和回应用户的问题。

4. 数据挖掘：从庞大的数据集中提取有价值的信息是机器学习的一大优势。通过聚类、分类等算法，机器学习可以发现数据中的隐藏结构和关系。

二问：不用它会怎样？

如果不采用机器学习技术，可能会面临以下困境。

1. 决策效率低下：在没有机器学习辅助的情况下，决策过程可能更加依赖人工分析和判断，导致决策效率低下。

2. 预测准确性受限：手动分析和预测往往难以捕捉数据中的复杂模式和关系，导致预测准确性受限。

3. 资源浪费：在需要大量数据处理和分析的场景中，不采用机器学习技术可能导致资源浪费，如人力、时间和计算等资源。

4. 竞争力下降：随着机器学习技术在各行各业的广泛应用，不掌握这项技术可能使组织或个人在竞争中处于不利地位。

三问：它的局限性在哪里？

尽管机器学习技术具有诸多优势，但它也存在一些局限性。

1. 数据依赖性：机器学习的性能高度依赖于数据的质量和数量，如果数据不足、噪声过多或存在偏差，模型的性能可能会受到影响。

2. 可解释性：某些复杂的机器学习模型(如深度学习模型)难以解释其决策过程，这可能导致对模型的不信任或难以进行调试和改进。

3. 计算成本：训练大规模的机器学习模型需要强大的计算能力和大量的存储空间，这可能对资源有限的组织或个人构成挑战。

4. 过拟合与欠拟合：机器学习模型在训练过程中可能出现过拟合(模型过于复杂，导致在测试集上表现不佳)或欠拟合(模型过于简单，无法捕捉数据中的复杂模式)的问题。

机器学习是人工智能的一个分支，它的目标是让计算机能够从数据中学习规律，并利用这些规律做出预测或决策。简单来说，就是让计算机在没有具体指令的情况下完成任务。

4.1 概述

1. 类比

- 传统编程：你告诉计算机"猫有尖耳朵、长尾巴，狗有圆耳朵、短尾巴"，然后让计算机根据这些规则去判断。

- 机器学习：你给计算机看很多猫和狗的图片，并告诉它哪些是猫，哪些是狗。计算机通过观察这些图片，自己总结出猫和狗的区别，以后就能自己判断了。

2. 步骤

- 数据收集：收集与任务相关的数据。例如，想预测房价，就需要收集房屋面积、位置、价格等数据。

- 数据预处理：清洗数据，如处理缺失值、去除噪声等，让数据更适合训练。

- 选择模型：选择一个合适的机器学习模型，如线性回归、决策树、神经网络等。

- 训练模型：将数据输入模型中，让模型学习数据中的规律。

- 评估模型：用新数据测试模型，了解它的预测是否准确。

- 使用模型：如果模型表现好，就可以用它来预测新数据或完成任务。

3. 类型

- 监督学习：数据有标签(正确答案)，模型通过学习输入和标签之间的关系来预测新数据。例如，预测房价，区分图片上的动物是猫还是狗。

- 无监督学习：数据没有标签，模型通过发现数据中的模式或结构来学习。例如，将顾客分组(聚类分析)、降维可视化。

- 强化学习：模型通过与环境交互，根据奖励或惩罚来学习如何完成任务。例如，训练机器人走路、玩游戏。

4. 应用

- 日常生活：推荐系统(如 Netflix、淘宝推荐)、语音助手(如 Siri、小度)、人脸识别(如手机解锁)等。
- 行业应用：医疗领域，疾病诊断、药物研发；金融领域，股票预测、风险评估；交通领域，自动驾驶、路线规划等。

4.2 scikit-learn库

scikit-learn 是一个用于机器学习的 Python 库，提供了丰富的工具和算法，帮助开发者轻松实现机器学习任务。它的特点如下。

- 简单、易用：接口清晰，文档详细，适合初学者。
- 功能强大：涵盖了从数据预处理到模型训练、评估的完整流程。
- 开源、免费：基于 BSD 许可证，可以免费使用和修改。

4.2.1 核心功能

(1) 数据预处理：提供数据清洗、标准化、特征提取等工具，让数据更适合机器学习。

(2) 监督学习：包括分类(如 KNN、SVM)和回归(如线性回归、决策树回归)算法。

(3) 无监督学习：包括聚类(如 K-Means、DBSCAN)和降维(如 PCA、t-SNE)算法。

(4) 模型评估：提供交叉验证、性能指标(如准确率、F1 分数)等工具，帮助评估模型效果。

(5) 工具和实用函数：提供数据集加载、模型选择、管道(Pipeline)等工具，简化开发流程。

4.2.2 安装

如果已经安装了 Python，可以通过以下命令安装 scikit-learn：

```
pip install scikit-learn
```

4.2.3 实操练习：用KNN算法对鸢尾花数据集进行分类

本小节介绍一个使用 scikit-learn 完成分类任务的简单案例，使用 KNN (K-nearest

neighbors，K近邻)算法对鸢尾花数据集进行分类[①]。

【代码实现】

```python
# 导入必要的库
from sklearn.datasets import load_iris
from sklearn.model_selection import train_test_split
from sklearn.neighbors import KNeighborsClassifier
from sklearn.metrics import accuracy_score
# 1. 加载数据集
iris = load_iris()
X = iris.data   # 特征（花萼长度、宽度等）
y = iris.target  # 标签（花的种类）
# 2. 划分训练集和测试集
X_train, X_test, y_train, y_test = train_test_split(X, y, test_size=0.2,
random_state=42)
# 3. 创建模型 (KNN 分类器)
knn = KNeighborsClassifier(n_neighbors=3)
# 4. 训练模型
knn.fit(X_train, y_train)
# 5. 预测测试集
y_pred = knn.predict(X_test)
# 6. 评估模型
accuracy = accuracy_score(y_test, y_pred)
print(f"模型准确率: {accuracy * 100:.2f}%")
```

【代码解析】

- 加载数据集：load_iris() 加载经典的鸢尾花数据集，包含 150 条数据、4 个特征、3 个类别。

- 划分数据集：train_test_split() 将数据集分为训练集(80%)和测试集(20%)。

- 创建模型：KNeighborsClassifier() 创建一个 KNN 分类器，n_neighbors=3 表示使用 3 个最近邻居。

- 训练模型：knn.fit() 使用训练集数据训练模型。

- 预测测试集：knn.predict() 对测试集进行预测，得到预测结果。

- 评估模型：accuracy_score() 计算模型在测试集上的准确率。

【运行结果】

运行上述代码后，输出如下：

```
模型准确率: 100.00%
```

4.3　监督学习

监督学习是机器学习的一种方法，它的特点如下。

- 数据有标签：每个输入数据都有一个对应的正确答案(标签)。

---

① 鸢尾花数据集比较简单，KNN 算法在这个任务上表现非常好。

- 目标是学习规律：通过输入数据和标签，模型学习从输入到输出的映射关系。
- 用于预测或分类：训练好的模型可以用来预测新数据的标签。

1. 类比

(1) 你给计算机看一个苹果，并告诉它"这是苹果"。

(2) 你给计算机看一个香蕉，并告诉它"这是香蕉"。

(3) 经过多次学习，计算机在看到新的苹果或香蕉时，就能正确说出它们的名字。

监督学习即模型通过学习大量带标签的数据，学会如何预测新数据的标签。

2. 步骤

(1) 数据准备：收集带标签的数据。例如，想预测房价，就需要收集房屋面积、位置、价格等数据。

(2) 选择模型：选择一个适合任务的模型，如线性回归、决策树、支持向量机等。

(3) 训练模型：将数据输入模型，让模型学习输入和标签之间的关系。

(4) 评估模型：用新数据测试模型，了解它的预测是否准确。

(5) 使用模型：如果模型表现好，就可以用它来预测新数据的标签。

3. 类型

(1) 分类：预测离散的类别标签，例如判断邮件是垃圾邮件还是正常邮件，判断图片中的动物是猫还是狗。

(2) 回归：预测连续的值，例如预测房价、预测股票价格。

4. 常见算法

(1) 线性回归：用于回归任务，预测连续值，例如预测房价。

(2) 逻辑回归：用于分类任务，预测概率，例如判断邮件是否是垃圾邮件。

(3) 决策树：用于分类和回归任务，通过树状结构做决策，例如判断用户是否会购买产品。

(4) 支持向量机：用于分类任务，找到最佳分界线，例如将猫和狗的图片分类。

(5) KNN：用于分类和回归任务，基于最近邻居做预测，例如推荐电影。

5. 应用

日常生活中，可用于垃圾邮件过滤、人脸解锁手机等。在各行业中，可用于疾病诊断、信用评分、购物推荐等。

4.4 无监督学习

无监督学习是机器学习的一种方法，它的特点如下。

- 数据没有标签：只有输入数据，没有对应的正确答案(标签)。
- 目标是发现模式：通过分析数据的内在结构，发现隐藏的模式或规律。
- 用于聚类或降维：常用于将数据分组或简化数据。

1. 类比

想象有一堆不同形状和颜色的积木，但没有说明书：

- 通过观察积木的形状和颜色，把相似的积木分为一组。
- 还可能会发现一些规律，例如红色积木大多是圆柱形，蓝色积木大多是正方体或长方体。

无监督学习就像这个过程：模型通过观察数据发现规律，不需要人为提供标签。

2. 步骤

(1) 数据准备：收集无标签的数据，如顾客的购买记录、文章的内容等。

(2) 选择模型：选择一个适合的模型，如K-Means、PCA等。

(3) 训练模型：将数据输入模型，让模型发现数据中的规律。

(4) 分析结果：查看模型发现的结构或规律，如数据的分组或简化后的表示。

3. 类型

(1) 聚类：将数据分成若干组，每组内的数据相似，不同组的数据不相似，例如将顾客按购买行为分组。

(2) 降维：将高维数据转换为低维数据，保留重要信息，例如将具有 100 个特征的数据简化为 2 个特征，便于可视化。

(3) 关联规则学习：发现数据中的关联规则，例如发现超市中经常一起购买的商品(如啤酒和尿布)。

4. 算法

(1) K-Means 聚类：将数据分成 K 个簇，每个簇有一个中心点，例如将顾客按购买行为分成 3 组。

(2) 层次聚类：通过树状结构将数据分层聚类，例如将动物按特征进行分层与分类。

(3) 主成分分析：将高维数据降维，保留最重要的特征，例如将具有 100 个特征的数据降维到 2 个特征，便于可视化。

(4) t-SNE：用于高维数据的可视化，保留局部结构，例如可视化手写数字数据集。

5. 应用

日常生活中，可用于新闻分类、音乐推荐等。在各行业中，可用于市场细分、图像分割、异常检测等。

4.5　模型评估与优化

在机器学习中，训练模型的目的是让它很好地预测新数据，为了确保模型的预测效果，需要评估模型(测试模型在未知数据上的表现)和优化模型(调整模型或数据，提升模型的表现)。

4.5.1　模型评估

模型评估的目的是衡量模型的性能，常用的方法如下。

1. 划分数据集，将数据分为训练集和测试集

- 训练集：用于训练模型。
- 测试集：用于评估模型。

常用比例：训练集占80%，测试集占20%。

2. 评估指标

(1) 对于分类任务：

- 准确率：预测正确的比例。
- 精确率、召回率、F1 分数：衡量模型的平衡性。

(2) 对于回归任务：

- 均方误差(MSE)：预测值与真实值的平均平方差。
- R^2 分数：模型解释数据的能力。

3. 交叉验证

将数据分成多份，轮流用其中一份作为测试集，其余作为训练集。优点是可以更稳定地评估模型性能。

4.5.2　模型优化

如果模型表现不好，可以通过以下方法优化。

1. 调整模型参数

模型通常有一些可调参数(超参数)，例如KNN 中的邻居数(K)、决策树中的最大深度，通过网格搜索或随机搜索可以找到最佳参数。

2. 选择更好的模型

如果当前模型表现不佳，可以尝试其他模型，例如从线性回归切换到随机森林。

3. 特征工程

通过改进输入数据来提升模型表现：选择重要特征、创建新特征(如将日期转换为星期几)、标准化或归一化数据。

4. 处理过拟合和欠拟合

(1) 过拟合：模型在训练集上表现很好，但在测试集上表现差。解决方法包括简化模型、增加数据、使用正则化。

(2) 欠拟合：模型在训练集和测试集上表现都差。解决方法包括增加模型复杂度、添加更多特征。

4.5.3 实操练习：用决策树对鸢尾花数据集进行分类

【代码实现】

```python
# 导入必要的库
from sklearn.datasets import load_iris
from sklearn.model_selection import train_test_split, GridSearchCV
from sklearn.tree import DecisionTreeClassifier
from sklearn.metrics import accuracy_score
# 1. 加载数据集
iris = load_iris()
X = iris.data  # 特征
y = iris.target  # 标签
# 2. 划分训练集和测试集
X_train, X_test, y_train, y_test = train_test_split(X, y, test_size=0.2, random_state=42)
# 3. 创建模型（决策树）
model = DecisionTreeClassifier()
# 4. 定义参数网格
param_grid = {
    'max_depth': [3, 5, 7],  # 树的最大深度
    'min_samples_split': [2, 5, 10]  # 分裂节点的最小样本数
}
# 5. 使用网格搜索优化参数
grid_search = GridSearchCV(model, param_grid, cv=5)  # 5 折交叉验证
grid_search.fit(X_train, y_train)
# 6. 获取最佳模型
best_model = grid_search.best_estimator_
# 7. 评估模型
y_pred = best_model.predict(X_test)
accuracy = accuracy_score(y_test, y_pred)
print(f"最佳模型准确率：{accuracy * 100:.2f}%")
```

【代码解析】

- 加载数据：加载经典的鸢尾花数据集。

- 划分数据集：将数据分为训练集和测试集。

- 创建模型：使用决策树分类器。

- 定义参数网格：设置需要优化的参数范围。

- 网格搜索：通过交叉验证找到最佳参数。
- 评估模型：用测试集评估最佳模型的性能。

【运行结果】

运行上述代码后，输出如下：

最佳模型准确率：100.00%

本章小结

本章介绍了机器学习的基础知识与应用。首先，通过类比的方式阐述了机器学习的概念，并介绍了机器学习的基本步骤和类型，包括监督学习、无监督学习和强化学习。随后，重点介绍了scikit-learn库，这是一个功能强大的Python机器学习库，提供了从数据预处理到模型评估的完整工具链，并通过实例展示了如何使用scikit-learn进行模型训练与评估，包括数据加载、数据预处理、模型选择、参数调优等环节。最后，强调了模型评估与优化的重要性，介绍了交叉验证、性能指标等评估方法，以及调整模型参数、选择更好的模型等优化策略。通过本章的学习，可以帮助读者掌握机器学习的基础知识。

习题

1. 简答题

(1) 什么是机器学习？说明监督学习和无监督学习的区别。

(2) 说明过拟合和欠拟合的概念，并说明如何避免过拟合。

(3) 什么是特征工程？为什么它在机器学习中如此重要？

(4) 解释模型评估中的准确率、召回率和F1分数。

2. 编程题

(1) 使用scikit-learn库编写一个Python程序，加载Iris数据集，并使用KNN算法进行分类。

(2) 编写一个Python程序，使用线性回归模型预测房价。

(3) 编写一个Python程序，使用决策树算法对Iris数据集进行分类。

(4) 编写一个Python程序，使用K-Means算法对Iris数据集进行聚类。

3. 应用题

(1) 解释如何使用交叉验证来评估机器学习模型的性能。

(2) 编写一个Python程序，使用网格搜索(GridSearchCV)优化KNN算法的超参数。

(3) 编写一个Python程序，使用PCA对Iris数据集进行降维，并可视化降维后的数据。

(4) 编写一个Python程序，使用随机森林算法对Iris数据集进行分类。

4. 调试题

(1) 以下代码有什么错误？如何修正？

```
from sklearn.model_selection import train_test_split
X_train, X_test = train_test_split(X, y, test_size=0.2)
```

(2) 以下代码的输出是什么？解释原因。

```
from sklearn.metrics import accuracy_score
y_true = [0, 1, 1, 0]
y_pred = [0, 1, 0, 0]
print(accuracy_score(y_true, y_pred))
```

第2部分
进阶篇——分布式计算与生态工具

第5章
大数据基础及应用框架

灵魂三问

一问：这项技术解决了什么问题。

大数据技术解决了以下几个核心问题。

1. 海量数据处理：大数据技术能够高效地存储、管理和处理规模巨大的数据集，这些数据集难以使用传统数据处理工具处理。

2. 复杂数据分析：采用分布式计算、数据挖掘等技术，大数据技术能够从复杂的数据中提取有价值的信息，获取有意义的洞察。

3. 实时数据决策：大数据技术支持实时数据处理和分析，使企业能够基于最新数据做出快速决策，提升响应速度。

4. 数据驱动决策：大数据技术使企业能够基于数据而非经验或直觉进行决策，提高决策的科学性和准确性。

二问：不用它会怎样？

如果不采用大数据技术，可能会面临以下后果。

1. 信息孤岛：数据分散在各个部门和系统中，无法形成统一的数据视图，导致信息孤岛现象。

2. 决策滞后：缺乏实时数据处理和分析能力，企业决策可能基于过时的数据，导致决策滞后。

3. 资源浪费：无法有效利用海量数据的价值，导致数据资源浪费。

4. 竞争力下降：在数字时代，竞争对手采用大数据技术提升运营效率和决策水平，不采用大数据技术的企业可能在竞争中处于劣势。

三问：它的局限性在哪里？

尽管大数据技术具有诸多优势，但它也存在一些局限性。

1. 数据安全与隐私：大数据处理涉及大量敏感信息，如何确保数据安全和隐私保护是一个重大挑战。

2. 技术门槛：大数据技术的实施需要专业的技术团队和基础设施支持，对中小企业而言可能存在技术门槛。

3. 数据质量：大数据的价值取决于数据质量，但现实中的数据往往存在不完整、不准确等问题，影响分析结果。

4. 成本与效益平衡：大数据技术的实施和维护成本较高，企业需要权衡成本与效益，确保投入产出比合理。

大数据是指规模巨大、类型复杂且无法通过传统数据处理工具在合理时间内完成采集、存储、管理和分析的数据集合，需要借助分布式计算、云存储等先进技术处理。

5.1　大数据基础知识

信息是数据的内涵，数据是信息的载体。从上古时代的壁画到如今的文字、音频、视频，均可以视为数据。随着人类文明的发展，人类能够处理的数据不断增加。农业时代的指南针、造纸术、印刷术，以及工业时代的火车、电话、计算机与互联网等技术的发明与发展，都有效提升了数据的传递与处理效率。当社会发展到一定程度，属于大数据的时代必然出现。

5.1.1　概念及特征

211

近年来，互联网、物联网的高速发展引领人类进入了一个信息量爆炸性增长的时代。互联网(社交、搜索、电商)、移动互联网(微信、微博)、物联网(传感器、智慧地球)、车联网、GPS、医学影像、安全监控、金融(银行、股市、保险)、电信(通话、短信)都在飞速地产生数据。从科技发展的角度来看，大数据是数据化趋势下的必然产物，随着这一趋势的不断深入，人们将身处于一个"一切都被记录，一切都被数字化"的时代。

根据数据产生方式的不同，可以将大数据分为存量数据和增量数据，其中增量数据是主体。经过行业信息化建设，医疗、交通、金融等领域已经积累了许多内部数据，这些数据构成大数据资源的"存量"；而移动互联网和物联网的发展，大大丰富了大数据的采集渠道，来自外部社交网络、可穿戴设备、车联网、物联网及政府公开信息平台的数据将成为大数据增量数据资源的主体。当前移动互联网、物联网已深度普及，为大数据应用提供了丰富的数据源。

顾名思义，大数据表示数据规模庞大，但是仅仅数量上的庞大显然无法体现"大数据"这一概念和传统的"海量数据""超大规模数据"等概念之间的区别。通常认为大数据应该具备4V特征：数据体量巨大(volume)、数据多样性(variety)、价值(value)密度低、处理速度(velocity)快。

对于大数据的定义，不同机构给出了不同的表述。研究机构Gartner给出的定义：大数据是需要采用新处理模式才能发挥更强的决策力、洞察发现力和流程优化能力的海量、高增长率和多样化的信息资产。

　　维基百科对大数据的定义则简单明了：大数据是指利用常用软件工具捕获、管理和处理数据所耗时间超过可容忍时间的数据集。

　　咨询公司麦肯锡(McKinsey)给出的定义：一种规模大到在获取、存储、管理、分析方面大大超出了传统数据库软件工具能力范围的数据集合，具有海量的数据规模、快速的数据流转、多样的数据类型和价值密度低四大特征。

　　不管是信息资产还是数据集合，这些定义无不昭示了大数据对于人类社会的价值。不管是哪一种定义，都体现了大数据的四大特征。

1. 数据体量巨大

　　从数据存储的角度来看，最小的存储单位为B(字节)，由小到大依次为KB(Kilobyte，千字节)、MB(Megabyte，兆字节)、GB (Gigabyte，吉字节)、TB(Terabyte，太字节)、PB(Petabyte，拍字节)、EB(Exabyte，艾字节)、ZB(Zettabyte，泽字节)、YB(Yottabyte，佐字节)。

　　我国四大名著之一《红楼梦》含标点符号一共约87万字，每个汉字占2字节，1GB约等于671部《红楼梦》；1TB约等于631 903部《红楼梦》；1PB约等于647068 911部《红楼梦》。

　　截至2022年1月，百度搜索处理的网页数据量已经超过1000PB。

　　根据国际权威机构Statista的统计，全球的数据量在2020年达到59ZB(1ZB=102GB)，2023—2028年全球产生的数据量估算如图5-1所示。据IDC 预测，到2025年，全球数据量将扩展至175ZB。

2. 数据多样性

　　数据多样性主要体现在数据来源多、数据类型多和数据之间关联性强这三个方面。

　　(1) 数据来源多。对企业来说，传统数据主要是交易数据，而互联网和物联网的发展带来了社交网站、传感器等多种来源的数据。

　　(2) 数据类型多。数据来源于不同的应用系统和不同的设备，使得大数据类型具有多样性，大体可以分为三类：一是结构化数据，如财务系统数据、信息管理系统数据、医疗系统数据等，其特点是数据间的相关关系较强；二是非结构化数据，如图片、音频、视频等，其特点是数据间没有相关关系；三是半结构化数据，如HTML文档、邮件、网页等，其特点是数据间的相关关系较弱。大数据中有70%~85%的数据是图片、音频、视频、网络日志、链接信息等非结构化数据和半结构化数据。

　　(3) 数据之间关联性强。例如，游客在旅游途中上传的照片和日志，就与游客的位置、行程等信息有很强的关联性。

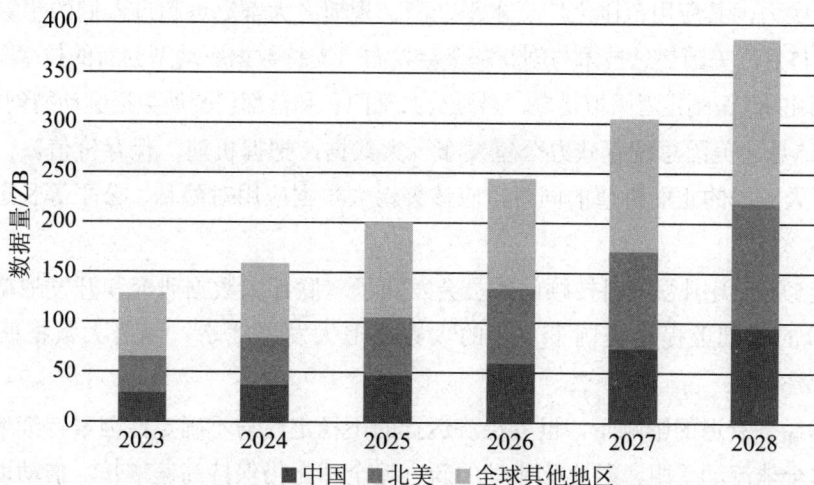

图 5-1 2023—2028年全球产生的数据量估算

3. 价值密度低

以大量连续监控的视频为例，可能有价值的数据仅仅是一两秒钟的视频。价值密度与数据总量成反比。数据总量越大，无效冗余的数据则越多，如何通过强大的机器算法迅速完成数据的价值"提纯"是目前大数据技术领域亟待解决的难题。

4. 处理速度快

处理速度快是大数据区分于传统数据挖掘的最显著特征。大数据从生产到消耗，时间窗口非常小，可用于生成决策的时间非常短，时效性要求高。大数据处理遵循"1s定律"或者秒级定律，即对处理速度有要求，一般要在秒级时间范围内给出分析结果，时间太长就失去价值了。

5.1.2 发展现状

1. 大数据政策法规日益完善

目前，大部分国家都高度重视大数据产业的发展，近年来密集出台多项专门政策予以支持。从各国举措来看，政策着力点体现在三个方面：其一是开放数据，给予产业界高质量的数据资源；其二是在前沿及共性基础技术上增加研发投入；其三是积极推动政府和公共部门应用大数据技术。

美国在推动大数据研发和应用上最为迅速和积极，强化顶层设计，力图引领全球大数据发展。2012年3月，奥巴马科技政策办公室发布《大数据研究和发展计划》，成立大数据高级指导小组，旨在大力提升美国从海量复杂的数据集合中获取知识和洞见的能力。美国政府还在积极推动数据公开，已开放37万个数据集和1209个数据工具。美国政府也是大数据的积极使用者，2013年曝光的"棱镜门事件"显示出美国国家安全部门在大数据应用

213

方面的强大实力，其应用范围之广、水平之高、规模之大都远远超过人们的想象。

2013年11月，美国信息技术与创新基金会发布《支持数据驱动型创新的技术与政策》，建议世界各国的政策制定者采取措施，鼓励公共部门和私营部门开展数据驱动型创新。

2014年5月，美国总统行政办公室发布《大数据：把握机遇，保存价值》，报告中提出，在发挥大数据的正面价值的同时，应该警惕大数据应用对隐私、公平等长远价值带来的负面影响。

2016年5月，美国总统科技顾问委员会发布了《联邦大数据研究和开发战略计划》，在已有技术的基础上提出美国下一步的大数据七大发展战略，涵盖大数据研究和开发(R&D)的关键领域。

在全球经济衰退的影响下，世界经济运行的不稳定性与不确定性因素持续增加。相比商品和资本全球流动受阻，数字化驱动的新一轮全球化仍保持高速增长，推动以数据为基础的战略转型，成为各个国家和地区抢占全球竞争制高点的重要战略选择。2021年，各国继续深化数据领域实践，探索发展方向，推动经济的复苏与繁荣。

美国作为数据强国，率先施行"开放政府数据"行动，旨在通过开放公共领域的数据增强政府与公众的互动，激发数据经济在社会经济增长中的引擎作用。2019年12月，美国发布国家级战略规划《联邦数据战略与2020年行动计划》，明确提出将数据作为战略资源，并以2020年为起点，勾画联邦政府未来十年的数据愿景。

2020年10月，美国管理和预算办公室发布2021年的行动计划，鼓励各机构继续实行联邦数据战略。在吸收了2020年行动计划经验的基础上，2021年的行动计划进一步强化了数据治理、规划和基础设施建设方面的活动。计划具体包括40项行动方案，主要分为三个方面：一是构建重视数据和促进公众使用数据的文化；二是强化数据的治理、管理和保护；三是促进高效、恰当地使用数据资源。可以看出，美国在数据领域的政策越来越强调发挥机构间的协同作用，促进数据的跨部门流通与再利用，充分发掘数据资产的价值，巩固美国在数据领域的优势地位。

英国政府为促进数据在政府、社会和企业间的流动，于2020年9月发布《国家数据战略》，其中明确指出了政府应优先执行的五项任务以促进英国社会各界对数据的应用：一是充分释放数据的价值；二是加强对可信数据体系的保护；三是改善政府的数据应用现状，提高公共服务效率；四是确保数据所依赖的基础架构的安全性和韧性；五是推动数据的国际流动。五项任务发布以来，英国政府采取了一系列行动促进数据的高效、合规应用，如颁布《政府数据质量框架》、助力公共部门提升数据管理效率以及建立数据市场部门等。2021年5月，英国政府在官方渠道上发布《政府对于国家数据战略咨询的回应》，强调2021年的工作重心是"深入执行《国家数据战略》"，并表明将通过建立更细化的行动方案，全力确保战略的有效实施，由此可以看出英国政府利用数据资源激发经济新活力的决心。

2020年2月19日，欧盟委员会推出《欧盟数据战略》，勾画出欧盟未来十年的数据战略行动纲要。区别于一般实体国家，欧盟作为一个经济与政治共同体，其数据战略更加注重加强成员国之间的数据共享，平衡数据的流通与使用，以打造欧洲共同数据空间、构建单一数据市场。为保障战略目标的顺利实现，欧盟实施了一系列重要举措，《欧盟数据治理法案》作为系列举措中的第一项，于2021年10月获得成员国表决通过，该法案旨在"为欧洲共同数据空间的管理提出立法框架"，构建了三项数据共享制度，分别为公共部门的数据再利用制度、数据中介及通知制度、数据利他主义制度，确保在保障欧洲公共利益和数据提供者合法权益的条件下，实现数据更广泛的国际共享。为保证战略的可持续性以及加强公民和企业对政策的支持与信任，2021年9月15日，欧委会提交《通向数字十年之路》提案，以《2030年数字指南针》为基础，为欧盟数字化目标的落地提供具体治理框架，包括建立监测系统以衡量各成员国目标进展，评估数字化发展年度报告并提供行动建议，各成员国提交跨年度的数字十年战略路线图等。

大数据是国家战略性资源，是21世纪的"钻石矿"。我国高度重视大数据在经济社会发展中的作用，提出"实施国家大数据战略"。2014年以来，我国国家大数据战略的发展经历了四个阶段，如图5-2所示。

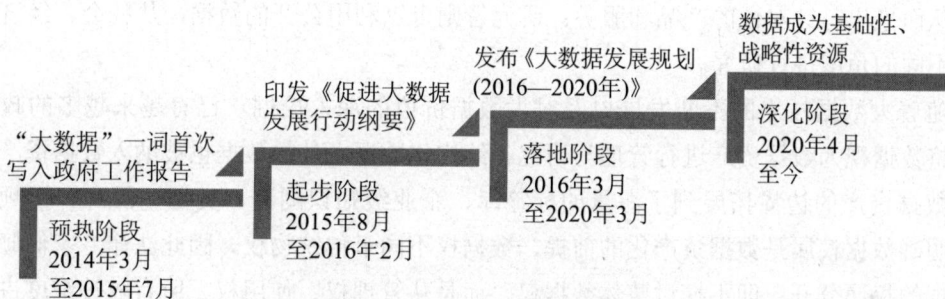

图5-2 大数据战略的发展阶段

预热阶段：2014年3月，"大数据"一词首次写入政府工作报告，为搭建大数据发展的政策环境做准备。从这一年起，"大数据"逐渐成为各级政府和社会各界的关注点，中央开始提供积极的支持政策并创造适度宽松的发展环境，为大数据发展创造机遇。

起步阶段：2015年8月，国务院正式印发的《促进大数据发展行动纲要》(国发〔2015〕50号)成为我国发展大数据的首部战略性指导文件，对包括大数据产业在内的大数据的整体发展做出了部署，体现出国家层面对大数据发展的顶层设计和统筹布局。

落地阶段：2016年3月，《中华人民共和国国民经济和社会发展第十三个五年规划纲要》(简称《"十三五"规划纲要》)的公布标志着国家大数据战略的正式提出，彰显了中央对大数据战略的重视。2016年12月，工业和信息化部发布《大数据产业发展规划(2016—2020年)》，为大数据产业的发展奠定了重要基础。

深化阶段：随着国内相关产业体系日渐完善，各类行业应用的融合逐步深入，国家大数据战略开始走向深化。2020年4月，中共中央、国务院发布《关于构建更加完善的要素市场化配置体制机制的意见》，将数据与土地、劳动力、资本、技术并称为五种要素，提出"加快培育数据要素市场"。5月，中央发布《关于新时代加快完善社会主义市场经济体制的意见》，提出进一步加快培育、发展数据要素市场。这意味着数据已经不仅是一种产业或应用，而且成为经济发展赖以依托的基础性、战略性资源。数据要素市场化配置上升为国家战略，将对发展数字经济、完善现代化治理体系产生深远影响。在数字社会，数据扮演了基础性战略资源和关键性生产要素的双重角色，一方面，有价值的数据资源是生产力的重要组成部分，是催生和推动众多数字经济新产业、新业态、新模式发展的基础；另一方面，数据区别于以往生产要素的突出特点是对其他要素资源有乘数作用，可以放大劳动力、资本等要素在社会各行业价值链流转中产生的价值。作为生产要素之一，数据的流通、交易、资产化、资本化等各种配置手段获得了前所未有的关注。

2. 大数据的开放、共享与隐私保护

大数据的发展推动了政府部门和企业数据的爆发式增长，政府和企业在信息化与网络化过程中都积累了海量数据，这些数据成为最重要的数据资源库，如何推动数据的开放、共享成为当前大数据发展中各方的重要关切点。政府可以从公开的数据中了解整个国民经济社会的运行状况，以便更好地指导社会的运转；企业可以从公开的数据中了解客户的行为，从而推出有针对性的产品和服务；研究者则可以利用公开的数据，从社会、经济、技术等不同的角度进行研究。

随着大数据技术的不断发展以及对大数据价值的深入挖掘，已有越来越多的政府和企业将数据视为数据资产进行管理与研究。结构化数据之外的数据也被纳入数据资产的范畴，数据资产的边界拓展到了海量的标签库、企业级知识图谱、文档、图片、视频等内容。明确数据权属是数据资产化的前提，数据权不同于传统物权，因此法律专家们倾向于将数据的权属分开，即不探讨整体数据权，而是从管理权、使用权、所有权等维度进行探讨。由于数据从法律上目前尚没有被赋予资产的属性，因此数据所有权、使用权、管理权、交易权等权益没有被相关的法律充分认同和明确界定。数据也尚未像商标、专利一样，有明确的权利申请途径、权利保护方式等，对于数据的法定权利，尚未有完整的法律保护体系。

随着大数据的开放、共享程度的加深，数据隐私问题日趋严重，亟须形成新的信息安全机制。大数据时代的隐私性主要体现为在不暴露用户敏感信息的前提下进行有效的数据挖掘，主要尝试在尽可能少损失数据信息的同时最大化地隐藏用户隐私。但是，现在微博、搜索引擎、社交网络、网络购物等已经成了人们生活中必不可少的一部分，根据每个人在互联网上留下的痕迹，通过大数据分析，很容易分析出一个人的爱好、习惯、性格等，在大数据时代，个人隐私得不到很好的保护。2018年，十三届全国人大常委会立法规划中，"条件比较成熟、任期内拟提请审议的法律草案"包括《个人信息保护法》《数据安全法》两部与隐私保护有关的法律。

2019年以来，大数据的安全、合规方面不断有事件曝出。2019年9月6日，多家大数据风控公司高管被警方带走协助调查，有人认为此事或与公司的爬虫业务有关。爬虫业务作为工具而言并无问题，但数据的用途可能会导致出现问题。一时间，大数据的安全、合规

问题,特别是个人信息保护问题再次成为行业关注热点。《网络信息内容生态治理规定》自2020年3月1日起施行。其明确规定,网络信息内容服务者和生产者、平台不得开展网络暴力、人肉搜索、深度伪造、流量造假、操纵账号等违法活动。个人信息和数据保护的综合立法时代即将来临。

3. 云数融合和数智融合已成为大数据技术发展的重要特征

云数融合是指大数据基础设施向云上迁移,大大降低了技术使用门槛。各大云厂商纷纷推出了自己的云平台,如阿里云、百度云、谷歌云、腾讯云及亚马逊云等。使用云平台的最大优点是用户不需要关心如何维护底层的硬件和网络,只需要专注于数据和业务逻辑,因此在很大程度上降低了大数据技术的学习成本和使用门槛。如果将各种大数据的应用比作汽车,那么支撑这些汽车运行的高速公路就是云计算。正是云计算技术在数据存储、管理与分析等方面提供了支撑,才使得大数据有了用武之地。而大数据应用也给云计算带来落地的途径,使得基于云计算的业务创新和服务创新成为现实。

数智融合是指大数据分析与人工智能多方位深度融合。这种融合主要体现在大数据平台的智能化与数据治理的智能化。目前,在大数据分析领域,使用机器学习、深度学习等算法分析数据是获得数据价值的重要方法,这促成了大数据平台和机器学习平台深度整合的趋势。

大数据与人工智能的融合则成为大数据领域的发展趋势之一,各大云厂商也纷纷推出了自己的人工智能平台。

百度AI Studio是面向AI学习者的一站式开发实训平台,该平台集成了丰富的免费AI课程、深度学习样例项目、各领域经典数据集、云端超强GPU算力及存储资源,帮助开发者快速创建和部署模型,让AI学习更简单。

腾讯的智能钛机器学习平台是为AI工程师打造的一站式机器学习服务平台,为用户提供从数据预处理、模型构建、模型训练、模型评估到模型服务的全流程开发及部署支持。智能钛机器学习平台内置丰富的算法组件,支持多种算法框架,可以满足多种AI应用场景的需求,自动化建模的支持与拖曳式任务流设计让AI初学者也能轻松上手。

2019年底,阿里巴巴基于Flink开源了机器学习算法平台Alink,并已在阿里巴巴搜索、推荐、广告等核心实时在线业务中广泛实践。

在国外,Databricks 为数据科学家提供了一站式的分析平台 Data Science Workspace,Cloudera也推出了相应的分析平台 Cloudera Data Science Workbench。

5.2 大数据分析理论与方法

大数据处理流程可以粗略地分为三个环节:大数据收集、大数据分析及大数据可视化。本节重点介绍大数据分析环节中的基本理念、主要步骤、数据对象、主要模型及应用平台。

5.2.1　基本理念

维克托·迈尔·舍恩伯格在其著作《大数据时代》中提出，与传统的思维模式相比，大数据时代需要做出三个转变，也就是大数据分析的三项基本理念，具体内容如下。

1. 全量数据代替随机采样数据

在人类历史中的大多数时间，数据都难以被完整地获取。在数据匮乏的阶段，以采样的方式收集数据为基础的统计学，为数据分析做出了巨大的贡献。而采样的有效性依赖于其随机性及频率，一旦采样存在"偏见"或频率过低，分析结果可能相去甚远，甚至可能导致伯克森悖论等。

如果获得全量数据，就能有效避免信息的丢失，随机采样也就不存在意义了。《大数据时代》中列举了一个日本相扑比赛的例子。在日本相扑界，消极比赛现象屡禁不止。芝加哥大学经济学家史蒂夫·列维通过对11年中64 000多场比赛记录进行分析发现，消极比赛现象通常出现在不太重要的比赛之中。分析还发现，相扑界的一项规则，即选手需要在15场赛事中的大部分场次取得胜利才能保证地位和收入，正是这项规则导致了这个现象。基于这项规则，一名7胜7负的选手比一名8胜6负的选手更需要一场胜利，于是两者在比赛中相遇时，后者往往会以消极比赛的方式输掉这场比赛。在对数据的进一步挖掘中还发现，当两者再次相遇时，先前失利的选手拥有比对方更高的胜率，这就是之前消极比赛的"回报"。

在上述相扑比赛的案例中，如果采用随机采样而非全量数据的分析方法，是较难发现这个深层次问题的。大数据的本质并非数据量绝对值的大小，而是以可获取到的所有数据取代随机采样数据进行分析的方法。而全量数据的获取需要有足够的存储和处理能力，需要采用先进的分析技术和廉价的数据收集方法。

2. 混杂性难以避免

量子物理学里存在不确定性原理，大数据领域也有类似的原理，即测量的密度增大之后，测量值的不确定性就会增加。当然，这并不能阻碍大数据的使用，因为基于这样的数据得出的结论是可以相互印证的。

一般情况下，大数据分析不会只使用一种来源的数据，它会将多个来源的数据进行综合分析，从而实现各数据信息的相互印证。而这种互相印证的过程也是去粗存精、去伪存真的过程，最终达到利用不精确的数据源获得更加准确的结论的目的。不过，这导致了数据的结构化程度降低。对于传统技术而言，一般处理的都是结构化数据，即每条记录都有同样的结构，而且几乎包含所有指标的信息。然而，大数据技术所处理的数据还包含半结构化和非结构化数据，如图片、音频、视频等，这也是相对于传统技术而言，大数据技术的一个飞跃性提升。

3. 注重相关性而非因果性

人们偏向用因果关系来解释身边的现象，即使这种关系并不存在。基于因果关系的思维方式能够帮助人们在信息匮乏的条件下快速做出决策。这种思维方式与文化背景、生长环境和教育水平并不相关。当看到事情接二连三地发生，人们会习惯性地以因果关系来解释它们。

因为社会活动的复杂性，因果关系难以被数学模型所证实，需要进行不断的实验，并尽可能排除诱因的干扰。数学、物理、化学、生物等学科领域已经有充足的案例证实，绝对的因果关系难以被断定。相比因果关系，大数据分析更加关注相关关系，即客观事物或现象之间的关联。以美国的沃尔玛超市为例，它发现季节性飓风来临之前，手电筒和蛋挞的销售额都上升了。这是为什么呢？它们之间有什么关系？根据这个关系还能推导出其他结论吗？这个问题的答案对于沃尔玛的经理来说没那么重要，他要做的就是在合适的时机，把这两种商品摆在一起，以便让行色匆匆的顾客将两种商品都买走。也就是说，如果能够知道因果关系固然好，但能够指导人们下一步该做什么就足够了。建立在务实基础上的大数据分析，能够控制成本、提升利润并辅助商业决策，进而能为企业带来经济价值。

在大数据时代，证明相关关系的技术门槛越来越低。以大量的数据作为基础，假设带来的偏见因素更容易被发现，也就使得结论更接近真实情况。例如，人们基于大数据分析发现，收入在某水平线之下，幸福感的增强和收入的增长成正比；超过这条线，幸福感的增强并没有呈现出和收入的增长成正比的现象。因此相关部门在制定政策时，就可能对这两类人群进行差异化对待，而不是一味地提高社会的收入水平。

这并不是说因果关系不重要，舍恩伯格也提出："在大多数情况下，一旦我们完成了对大数据的相关性分析，并且不再仅仅满足于'是什么'时，就会继续向更深层次研究因果关系，找出根本原因。"

219

5.2.2 主要步骤

一般来说，大数据分析的主要步骤如图5-3所示。

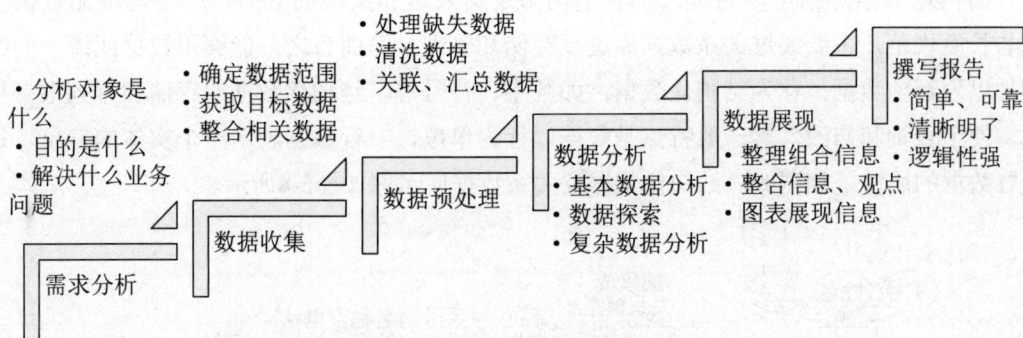

图5-3 大数据分析的主要步骤

(1) 需求分析。进行数据分析前，首先应明确分析的对象是什么，为什么要开展数据分析，通过数据分析解决什么问题；然后梳理分析思路，搭建分析框架，列举分析要点，即如何具体开展数据分析、需要从哪几个角度进行分析、采用哪些分析指标等。

(2) 数据收集。数据分析是建立在大量数据基础上的，因此在完成需求分析后，需要按照确定的数据分析框架对相关的数据进行收集和整合，这一过程称为数据收集。数据收集是数据分析的基础，如何获取足够的可用数据是数据收集过程中需要解决的主要问题。随着网络技术的发展和普及，互联网成为大量信息的载体，也成为数据分析的主要数据来源。网络爬虫是目前数据收集的主要手段。

(3) 数据预处理。完成数据收集工作后，采集到的数据可能是海量的、杂乱无章的、难以理解的，因此需要对其进行加工和处理，提取并推导出对解决问题有价值、有意义的数据以便展开数据分析，这一过程被称为数据预处理。数据预处理是数据分析前必不可少的阶段，其具体操作通常包括数据清洗、补全、抽样、转换和计算。

(4) 数据分析。完成数据预处理后，即可使用适当的数据分析方法和工具对处理过的数据进行分析，提取有价值的信息，形成有效结论。常用的数据分析方法包括描述性统计、决策分析、时间序列分析、相关分析、回归分析等。常用的数据分析工具和语言包括Excel、R语言、Python语言、SPSS、SAS等。

(5) 数据展现。数据本身通常是枯燥的，俗话说"字不如表，表不如图"，因此数据分析的结果往往以表格和图形的方式呈现，常用的数据图表包括柱形图、折线图、数点图、饼图、雷达图、金字塔图、帕累托图等。借助这些可视化的数据展现手段，可以直观地展现数据分析的结果。

(6) 撰写报告。完成相关图表的制作后，便可以总结数据分析的目的、过程、结果及观点等内容，形成数据分析报告，供决策者参考。数据分析报告的常用表现形式是文档和演示文稿。

5.2.3 数据对象

数据可以分为三种类型：结构化数据、非结构化数据和半结构化数据。

结构化数据是指可以通过二维表结构来逻辑表达和实现的数据，严格地遵循数据格式与长度规范，主要通过关系数据库进行存储和管理。简而言之，能够用数据或统一的结构加以表示的数据，称为结构化数据，如数字、符号等。结构化数据的存储和排列很有规律，便于查询和修改，其一般特点是数据以行为单位，一行数据表示一个实体的信息，每一行数据的属性是相同的。结构化数据及关系数据库示例如图5-4所示。

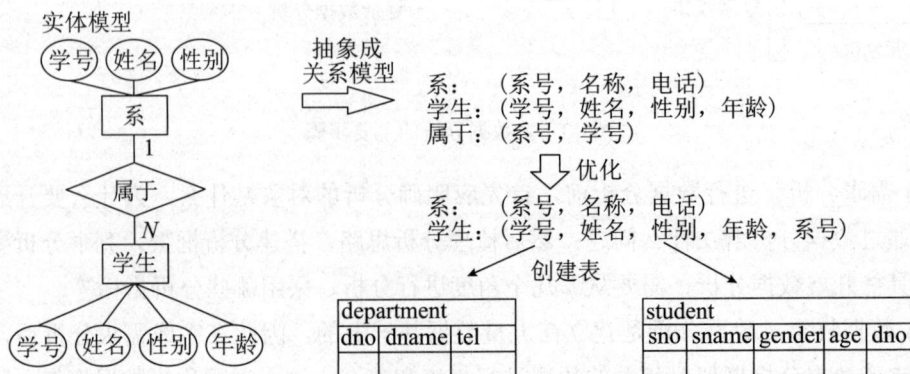

图5-4 结构化数据及关系数据库示例

非结构化数据，顾名思义，就是没有固定结构的数据。各种办公文档、文本、图像、音频、视频等都属于典型的非结构化数据。对于这类数据，一般直接进行整体存储，而且一般存储为二进制的数据格式。互联网行业产生的数据以非结构化数据为主。

半结构化数据是结构化数据的一种形式，它并不符合以关系数据库或其他数据表的形式关联起来的数据模型结构，但包含相关标记，因此，它也被称为自描述的结构。所谓半结构化数据，就是介于结构化数据和非结构化数据之间的数据，XML、HTML和JSON文档就属于半结构化数据。半结构化数据一般是自描述的，数据的结构和内容混在一起，没有明显的区分。而不同的半结构化数据的属性的个数不一定是一样的。

结构化数据、非结构化数据和半结构化数据示例如图5-5所示。

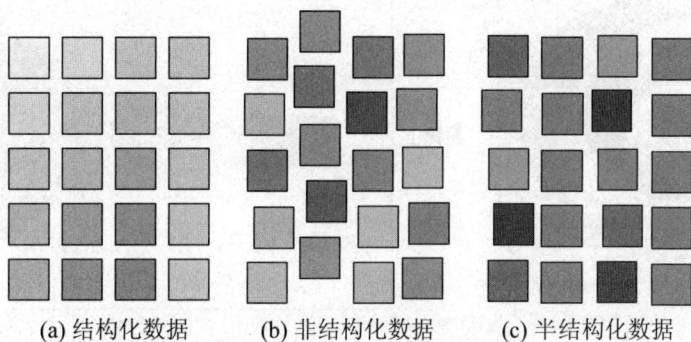

(a) 结构化数据　　　(b) 非结构化数据　　　(c) 半结构化数据

图5-5　结构化数据、非结构化数据和半结构化数据示例

研究表明，在全球新增的数据中，非结构化数据和半结构化数据占数据总量的80%~90%，包括网络日志、音频、视频、图片、地理位置信息等，这些多类型的数据对数据处理技术提出了更高要求。

5.2.4　主要模型

根据研究对象的不同，大数据分析模型可以分为针对客观事物或现象及其联系的数据学习模型和针对网络用户行为及其影响的业务分析模型。

1. 数据学习模型

本小节所介绍的数据学习模型是指利用机器学习、数据挖掘等技术，从已经采集到的大数据中获取感兴趣的信息的方法。

1) 降维模型

降维属于具体实现大数据分析前对数据进行预处理的步骤。针对大规模的数据进行数据挖掘时，往往会面临"维度灾害"，即对客观事物的多视角、多维度描述导致数据集的维度在无限地增加，而计算机的处理能力又存在上限，最终会导致学习模型的可扩展性不足，甚至使优化算法难以收敛。考虑数据集的多个维度之间可能存在线性相关，因此在预处理阶段需要减少数据的维度总数并降低维度间的共线性危害。数据降维也称为数据归约或数据约减，目的是减少数据计算和建模中涉及的维数，消除冗余和噪声信息。例如，每个人都有多方面的特征信息，当需要评价其业务能力时，如果将所有特征均作为参考对象，就会导致输入数据维度过多，评价模型过于复杂，这时就可以通过降维操作，将与目标相关性较高的特征信息(如专业证书、从业经验等)保留，而将与目标相关性较低的特征(如身高、体重等)剔除，从而完成降维操作，简化模型计算难度。常见的数据降维方法包括主成分分析(PCA)、独立成分分析(ICA)、线性判别分析(LDA)和流形学习(manifold learning)。降维模型示例如图5-6所示，将三维数据降为二维数据。

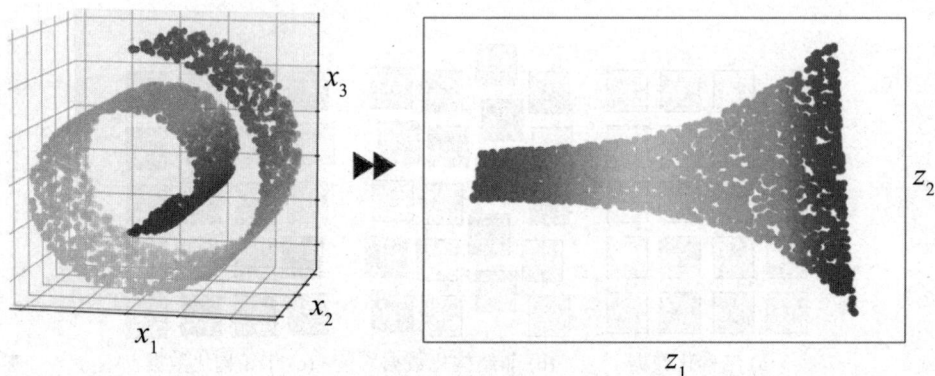

图5-6　降维模型示例

2) 回归模型

回归模型是对统计关系进行定量描述的一种数学模型，是研究一个变量(被解释变量)与另一个(些)变量(解释变量)的具体依赖关系的计算方法和理论，是建模和分析数据的重要工具。以线性拟合为例，回归模型试图找出一条线，使得线到数据点的距离差异最小。常见的回归模型包括线性回归模型、逻辑回归模型、多项式回归模型、逐步回归模型、岭回归模型、套索回归模型等。回归分析能够反映自变量和因变量之间的显著关系，或衡量不同尺度的变量之间的相互影响。例如，根据某商品在不同定价条件下的销量数据，将商品价格作为自变量，将销量作为因变量进行回归分析，得到的回归模型可用于描述两者之间的变化关系，即可预测商品可能的销量值，进而得到销量最大时的定价信息以供参考。回归模型示例如图5-7所示。

3) 分类模型

分类模型是根据对已知类别的训练数据集合各个特征维度的学习分析，确定类别标准，以此判断新数据所属类型的类别优化算法。例如，已知箱子中有苹果和梨子两种水果，可依据每种水果的部分特征(如颜色、大小、味道等)构建分类器，进而构建分类模型将箱子中的每个水果划分为两种类别中的一种。常见分类算法包括K近邻(KNN)、回归树(CART)、朴素贝叶斯(Naïve Bayes)、自适应提升(AdaBoost)、支持向量机(SVM)及人工神经网络等。分类模型示例如图5-8所示。

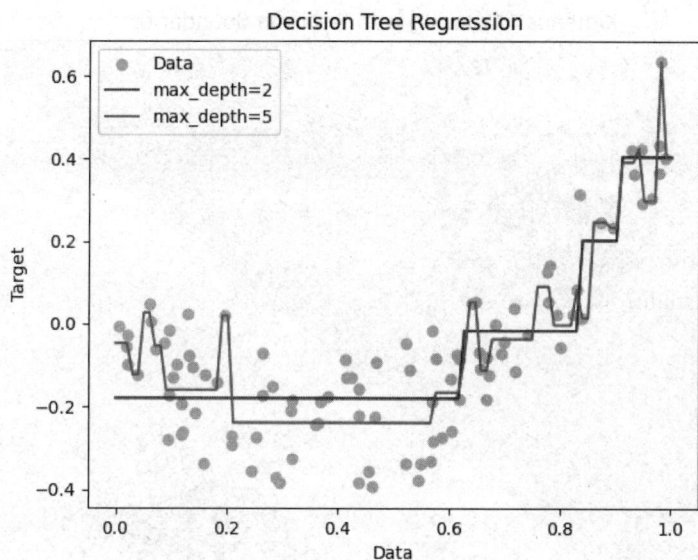

图5-7　回归模型示例

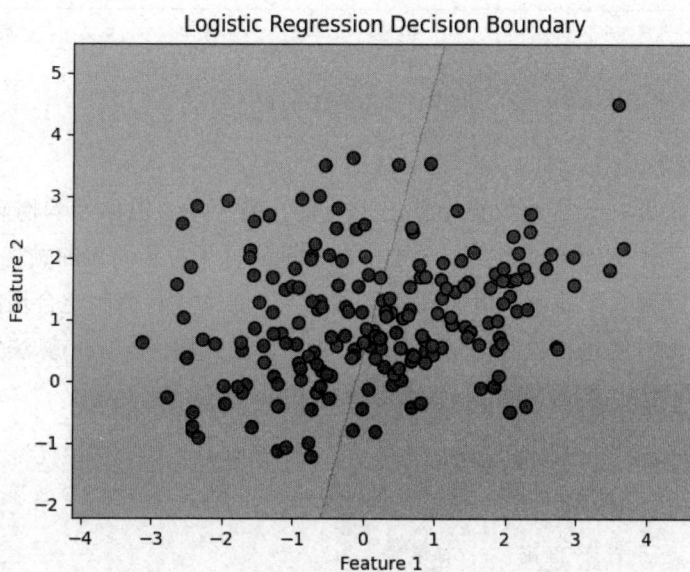

223

图5-8　分类模型示例

4) 聚类模型

聚类模型是指在没有先验知识的条件下，将物理或抽象对象的集合分组为由类似的对象组成的多个簇的分析过程。同一个簇中的对象有很大的相似性，而不同簇间的对象有很大的相异性。从统计学的观点看，聚类分析是通过数据建模来简化数据的一种方法。例如，在不清楚一箱水果具体包含哪些种类的条件下，可以利用聚类分析算法对其进行建模分析，得到这箱水果的类别数量以及每个水果所属的类别。传统的聚类分析方法包括K均值(K-Means)、均值漂移(mean shift)、多高斯混合聚类、密度聚类和层次聚类等。聚类模型示例如图5-9所示。

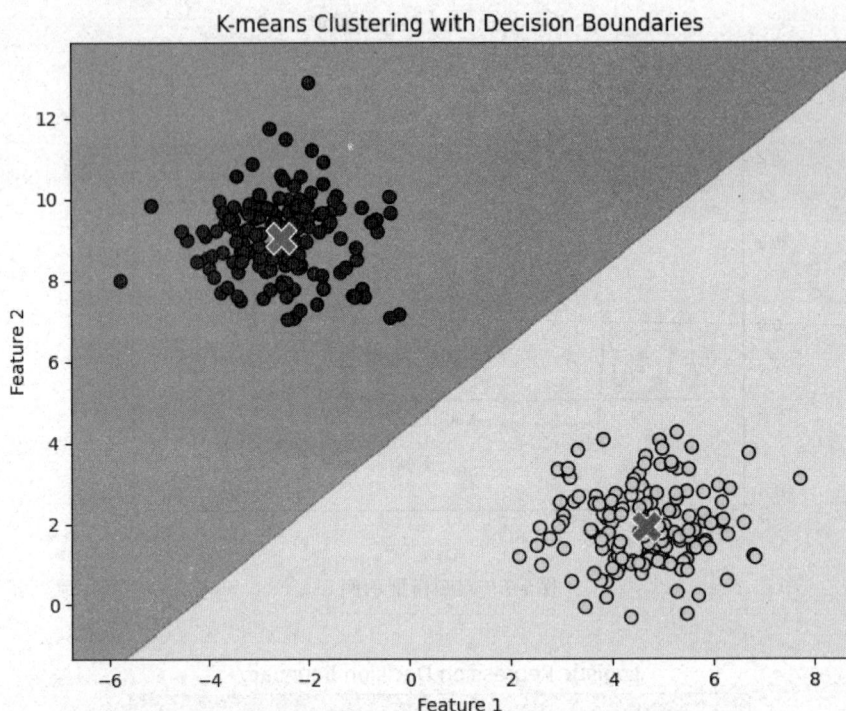

图5-9　聚类模型示例

5) 关联规则模型

关联规则的目的是在一个数据集中找出项与集合的关系，也称为购物篮分析(market basket analysis)。例如，购买鞋的顾客，有10%的可能买袜子；买面包的顾客，有60%的可能买牛奶。通过了解哪些商品频繁地被顾客同时买入，帮助零售商制定合理的营销策略。常见的关联规则学习算法包括先验(Apriori)算法和频繁模式树(FP-Tree)算法等。关联规则模型示例如图5-10所示。

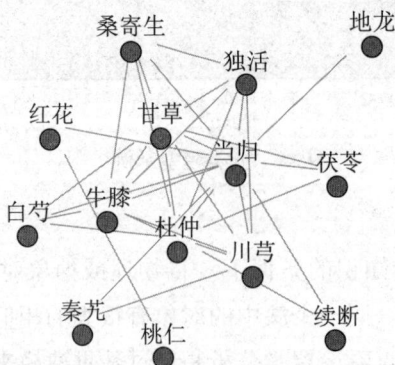

图5-10　关联规则模型示例

6) 时间序列分析模型

时间序列分析往往通过统计学模型研究数据随时间变化的规律。假设客观事物的发展具有规律的连续性，事物的发展是按照其内在规律进行的，那么在一定的条件下，只要规律作用的条件不发生质的变化，事物的基本发展趋势就能得到较为准确的预测。例如，已知某地近10年来每日历史温度数据，可以将其视为时间序列，构建时间序列分析模型描述其变化规律，进而对未来某日该地的气温进行预测。常用的时间序列分析模型包括自回归滑动平均模型(ARMA)等。时间序列分析模型示例如图5-11所示。

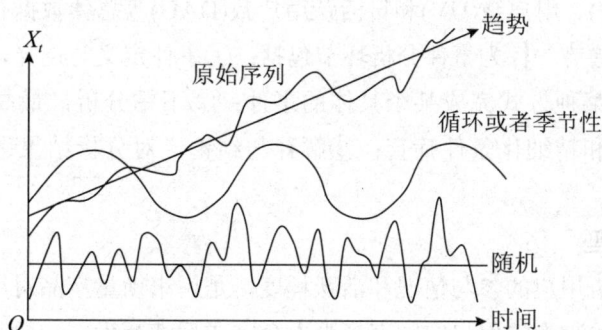

图5-11　时间序列分析模型示例

7) 异常数据检测模型

在大多数数据分析工作中，异常值被视为"噪声"，并在数据预处理过程中将其消除，以避免其对整体数据评估和分析、挖掘的影响。然而，在某些情况下，如果数据工作的目标是关注异常值，免备案服务器，这些异常值将成为数据工作的焦点。例如，在测试一组灯泡的质量时，发现多数样本的使用寿命为10 000~12 000h，但个别样本的测量结果明显异于其他样本(如在100h后就无法工作)，经检查发现是其他环境因素导致而非质量问题，可将其作为异常值剔除。而对市面灯泡产品宣传信息的真实性进行判别时，则需要特别关注异常数据，如同型号、同材质的产品中，某产品宣传其使用寿命可达100 000h，且价格与其他产品持平，那么就需要对该数据进行重点关注，分析其是否为虚假广告。常用的异常数据检测方法包括均方差、箱形图、噪声干扰下基于密度的空间聚类(DBScan)、孤立森林、鲁棒随机裁剪森林(robust random cut forest)等。异常数据检测模型示例如图5-12所示。

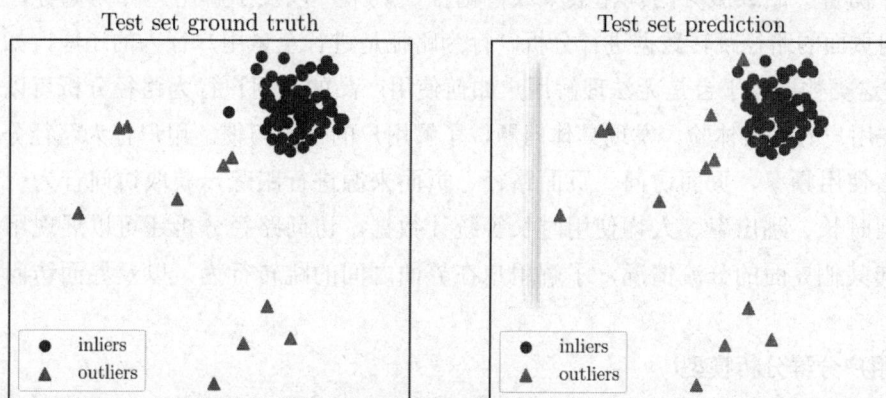

图5-12　异常数据检测模型示例

2. 业务分析模型

国内大数据平台针对网络用户行为的业务分析模型主要包括以下9种。

1) 行为事件模型

该模型用来研究用户行为事件(如移动端按钮点击次数行为分析、注册用户、浏览产品详情等)的发生对项目运营组织价值的影响程度。行为事件分析有助于对互联网产品每天产生的点击量(PV)、用户数(UV)和日活跃用户数(DAU)等总体数据有一个直观的把握，包括它们的数值及趋势。行为事件分析环节包括：①事件定义与选择，即用户在某个时间点、某个地方，以某种方式完成某个具体的事件；②下钻分析，最高行为事件分析需要支持任意下钻分析和精细化条件筛查；③解释与结论，对分析结果进行合理化的解释和说明。

2) 留存分析模型

留存分析即分析用户的参与情况和活跃程度，是用来衡量产品对用户价值高低的重要方法。考查实施初始行为的用户中，有多少人会完成后续行为。一般来讲，留存率是指目标用户在一段时间内回到网站或App中完成某个行为的比例，即若满足某个条件的用户数为n，在某个时间点完成回访行为的用户数为m，那么该时间点的留存率就是m/n。常见的留存分析指标有次日留存率、七日留存率、次周留存率等。

3) 分布分析模型

分布分析主要对用户在特定指标下的使用频次、总额度进行归类，可以体现单个用户对互联网产品的依赖程度，分析客户在不同地区、不同时段，使用不同类型的产品数量、购买频次，帮助运营人员了解当前客户状态，如各使用频次(100次以下、100~300次、300次以上)的用户分布情况。分布分析模型支持按时间、次数、时间指标进行用户条件筛选及数据统计分析，例如统计用户在某天、周、月内，有多少个自然时间段(小时、天)进行了某项操作及操作次数，展示日、周、月时间周期内的人均使用时长、次均使用时长和使用频率，根据用户业务属性的画像分析和特征分布得出年龄分布情况、学历分布情况、地域分布情况等。

4) 行为路径模型

为了衡量产品或服务的优化效果或营销推广效果，以及了解用户行为偏好，需要对用户访问页面的路径跳转数据进行分析。行为路径是进行全量用户行为的还原，如果仅有PV、UV这类数据，平台是无法理解用户如何使用产品的。用户行为路径分析可以帮助运营者关注用户的真实体验，发现具体问题，了解用户的使用习惯。用户行为路径分析模型可对网络使用频率、页面访问、页面路径、页面来源进行跟踪，获取访问行为、访问次数、访问时长、跳出率、人均使用时长等统计数据。访问路径分析还可以展现用户从一个界面向其他界面的分流情况，了解用户在界面之间的跳转行为，以及界面访问流量的来源。

5) 用户分群分析模型

用户分群就是通过一定的规则找到对应的用户群体。实际使用中，可以根据不同业务需要定义群组，常用的用户分群方法包括找到做过某些事情的人群(例如过去7天完成过3次购物车计算)，有某些特定属性的人群(例如年龄在25岁以下的男性)，在转化过程中流失的人群(例如提交了订单但没有付款)，等等。

6) 用户属性分析模型

用户属性分析是指根据用户自身属性对用户进行分类与统计分析。用户属性分析是实现用户行为精细化运营的必备分析方法之一。例如查看用户数量在注册时间上的变化趋势、查看用户按省份的分布情况。用户属性既涉及用户信息，如姓名、年龄、家庭、婚姻状况、性别、受教育程度等自然信息，也有产品相关属性，如用户常驻省市、用户等级、用户首次访问来源等。用户属性分析的主要价值体现在丰富用户画像维度，让用户行为洞察的粒度更细致。对于所有类型的属性，科学的属性分析方法都可以将"去重数"作为分析指标，数值类型的属性可以将"总和""均值""最大值""最小值"作为分析指标，添加多个维度。数据类型的维度可以自定义区间，方便进行更加精细的分析。

7) 点击分析模型

点击分析模型主要应用于用户行为分析领域，分析用户在网站或App显示页面的点击行为、浏览次数、浏览时长等，以及页面区域中不同元素的点击情况，包括首页各元素点击率、元素聚焦度、页面浏览次数和人数、页面内各个可点击元素的百分比等。点击分析模型采用可视化设计思想和架构，直观呈现用户访问的热门区域或元素，帮助运营人员评估页面设计的科学性、合理性。

8) 漏斗分析模型

漏斗分析是一套流程式数据分析，能够科学反映用户行为状态以及从起点到终点各阶段用户转化率情况。运营人员可以通过观察不同属性的用户群体(如新注册用户与老客户、不同渠道来源的客户)各环节转化率、各流程步骤转化率的差异，了解转化率最高的用户群体，分析漏斗的合理性，并针对转化率异常环节进行调整。漏斗分析模型已经广泛应用于网站用户行为分析和App用户行为分析的流量监控、产品目标转化等日常数据运营与数据分析工作中。漏斗分析最常用的是转化率和流失率两个互补型指标。用一个简单的例子来说明，假如有100人访问某电商网站，有30人点击注册，有10人注册成功。这个过程中，访问到注册的转化率为30%，流失率为70%；注册到注册成功的转化率为33%，流失率为67%；整个过程的转化率为10%，流失率为90%。该模型就是经典的漏斗分析模型。

9) 安全评估模型(针对安全场景)

安全评估模型基于行业与地域的移动安全数据，通过多维度的数据分析，提供直观的威胁感知服务，能灵活、动态地展现所属行业或者地域的移动安全信息。安全评估模型对态势感知数据按照地域或者行业进行分析，以提供用户关心的各类数据，为用户进行移动安全事件的预防、处置、响应提供数据支撑，并通过数据可视化平台进行可视化分析。安全评估包括：①威胁评估(通过算法模型对所关注的行业及地域的移动终端威胁状态进行整体评估，以分值直观展示)；②威胁目标(针对所关注的行业或者地域范围对已受害的终端用户进行统计)；③移动威胁事件分布信息(按照地域、行业对移动威胁事件进行统计分析，精确提供行业化、区域化的攻击行为特征)；④攻击者信息(从攻击信息、攻击者和攻击行动三个维度展示，为事前预警和掌握最佳打击处置提供依据)。

5.2.5　应用平台

基于全量数据代替随机采样的基本思想，大数据应用对数据的存储和处理速度都有较高的要求，个人计算机的软硬件条件往往难以满足，因此需要依托基于分布式计算及存储的云计算平台来实现。

云计算(cloud computing)是一种新兴的商业计算模型，由分布式计算(distributed computing)、并行处理(parallel computing)、网格计算(grid computing)逐步发展而来。中国云计算专家委员会委员刘鹏教授曾给出如下定义："云计算是把用户提交的任务分配到数据中心服务器集群所构成的资源池上，系统可以根据用户的需要来提供相应的计算力、存储空间或者各类软件服务。"

云计算中的"云"可以通俗地理解为存在于云数据中心服务器集群上的各种类型的资源集合。这些资源分为硬件资源和软件资源，其中，硬件资源包括服务器、存储器和CPU等，软件资源包括应用软件和集成开发环境等。用户只需要通过网络发送请求就可以从云端获取满足需求的资源到本地计算机，所有的计算任务都是在远程的云数据中心完成的。用户之所以可以按需来获得各种计算服务、存储服务和各类软件资源，正是得益于云计算强大的虚拟化资源池的架构，数据中心的资源池本身不仅可以动态地扩展，而且用户使用后的资源还可以及时、方便地回收。采用这样的服务提供模式极大地提高了云数据中心的资源利用率，云计算服务商也能更好地提升服务质量。

与个人终端相比，云计算平台的优势如下。

(1) 降低软件成本：无须购买昂贵的应用软件程序，用户几乎可以在平台上直接使用大部分所需的软件。

(2) 降低硬件成本：由于应用程序直接在云端运行，因此个人终端不再需要提供应用软件所需的处理能力或硬盘空间。

(3) 优化性能：云计算平台中的计算机启动和运行速度更快，因为其加载到内存中的程序和进程较少。

(4) 即时软件更新：基于网络的应用程序可以自动更新，当用户访问这些程序时，将自动获取最新版本。

(5) 改进的文档格式兼容性：用户不必担心自己创建的文档与其他用户的应用程序或操作系统发生兼容问题。

(6) 无限的存储空间：云计算提供几乎无限的存储空间。

(7) 较高的数据可靠性：如果个人计算机崩溃，用户在云端存放的所有数据仍是安全的，可以准确访问。

(8) 更轻松的团队协作：多位用户可以轻松协作处理文档和项目。

(9) 较高的设备独立性：用户使用云服务时不再受限于特定的计算机或网络。

目前，无论是国外的微软、谷歌、亚马逊，还是国内的百度、阿里巴巴、腾讯，都拥有自己的云计算平台。

5.3　大数据分析框架

5.3.1　Hadoop与HDFS

Hadoop最初起源于Nutch项目，用于构建搜索引擎，后来受到谷歌论文的启发，开发了HDFS和MapReduce。Hadoop 是一个开源的分布式计算框架，主要用于存储和处理大规模数据集。它的核心优势在于能够跨多台机器并行处理数据，适合处理 PB 级数据。Hadoop 主要由以下模块组成：

- HDFS(hadoop distributed file system)：分布式文件系统，用于存储大数据。
- MapReduce：分布式计算模型，用于处理数据。
- YARN：资源管理系统，负责集群资源分配和任务调度。

HDFS 是 Hadoop 的存储组件，设计用于存储超大规模数据，其主要特点如下。

- 分布式存储：数据分散存储在多个节点上。
- 高容错性：数据自动复制多份，防止硬件故障导致的数据丢失。
- 高吞吐量：适合批量处理，而非低延迟的实时访问。

Hadoop生态系统如图5-13所示。

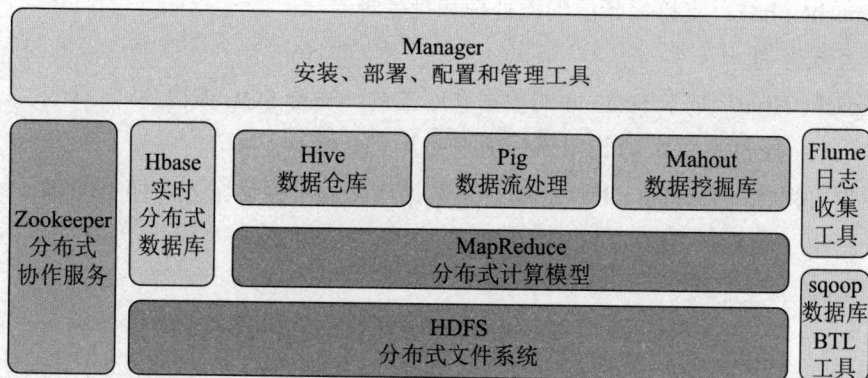

图5-13　Hadoop生态系统

5.3.2 大数据的存储与访问

1. 大数据的存储

大数据存储涉及如何高效、可靠地保存海量数据，通常采用分布式存储系统，常用技术如下。

(1)分布式文件系统。

- HDFS：Hadoop 的存储系统，适合存储大规模数据，具有高容错性。
- Amazon S3：云存储服务，适合存储和检索任意数量的数据。

(2)NoSQL 数据库。

- 键值对存储：如 Redis、DynamoDB，适合快速存取键值对。
- 文档存储：如 MongoDB，适合存储半结构化数据(如 JSON)。
- 列族存储：如 HBase、Cassandra，适合存储稀疏数据。
- 图数据库：如 Neo4j，适合存储和查询图结构数据。

(3)数据湖：集中存储结构化数据、半结构化数据和非结构化数据，支持多种分析工具。

2. 大数据的访问

大数据访问涉及如何高效查询和分析海量数据，常用技术如下。

(1)批处理。

- MapReduce：Hadoop 的计算模型，适合离线处理大规模数据。
- Spark：比 MapReduce 更快，支持批处理和流处理。

(2)流处理。

- Apache Kafka：分布式流处理平台，适合实时数据管道。
- Apache Flink：支持低延迟的流处理和批处理。

(3)交互式查询。

- Apache Hive：基于 Hadoop 的数据仓库工具，支持 SQL 查询。
- Presto：分布式 SQL 查询引擎，适合交互式分析。

(4)数据可视化：Tableau、Power BI：将数据转化为可视化图表，便于理解。

5.4 Spark数据处理平台

Spark 是一个快速、通用的分布式数据处理平台(见图5-14)，作为一个开源的分布式计算引擎，专为大规模数据处理而设计。与 Hadoop 的 MapReduce相比，Spark 速度更快，支持更多工作负载(如批处理、流处理、机器学习和图计算)。

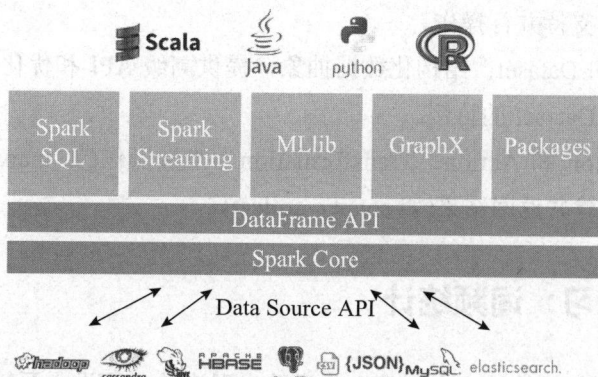

图5-14　Spark数据处理平台

Spark的特点如下。

(1) 速度快：

- Spark 使用内存计算，比 Hadoop MapReduce 快 100 倍。
- 支持磁盘计算，适用于内存不足的场景。

(2) 易用性：

- 提供 Java、Scala、Python 和 R 等编程语言的 API，适合采用不同编程语言的开发者。
- 高级 API 简化了分布式编程。

(3) 通用性：

- 支持多种工作负载，包括批处理、流处理、机器学习、图计算等。
- 提供统一框架，避免使用多个工具。

5.4.1　核心组件

Spark 的核心组件如下。

(1) Spark Core：提供分布式任务调度、内存管理和故障恢复等功能，是其他组件的基础。

(2) Spark SQL：支持结构化数据处理，可使用 SQL 查询，支持 DataFrame 和 Dataset API。

(3) Spark Streaming：能进行实时流处理，支持 Kafka、Flume 等数据源，提供高吞吐、高容错的流处理能力。

(4) MLlib：机器学习库，提供分类、回归、聚类等算法，支持模型训练和评估。

(5) GraphX：图计算库，支持图分析和图并行计算，提供图操作和图算法。

5.4.2　基本概念

(1) RDD(resilient distributed dataset)：弹性分布式数据集，是 Spark 的核心数据结构；

不可变、分区存储，支持并行操作。

(2) DataFrame 和 Dataset：结构化数据抽象，提供高级 API 和优化。Dataset 是类型安全的，DataFrame 是 Dataset 的特例。

(3) Transformation 和 Action：Transformation为惰性操作(如 map、filter)，生成新的 RDD；Action触发计算并返回结果(如 count、collect)。

5.4.3 实操练习：词频统计

本小节举例说明如何统计文本文件中单词的出现次数。假设需要统计文本文件 text.txt 中每个单词的出现次数，文件内容如下：

hello world

hello spark

spark is fast

【代码实现】

```
# 导入 PySpark 并初始化 SparkSession
from pyspark.sql import SparkSession
# 创建 SparkSession(Spark 应用程序的入口)
spark = SparkSession.builder \
    .appName("WordCountExample") \
    .getOrCreate()
# 读取文本文件，生成一个 RDD(弹性分布式数据集)
lines = spark.sparkContext.textFile("text.txt")
# 第一步：将每一行拆分为单词
words = lines.flatMap(lambda line: line.split(" "))
# 第二步：将每个单词映射为 (word, 1) 的键值对
word_pairs = words.map(lambda word: (word, 1))
# 第三步：按单词分组并统计出现次数
word_counts = word_pairs.reduceByKey(lambda a, b: a + b)
# 第四步：收集结果并打印
results = word_counts.collect()
for (word, count) in results:
    print(f"{word}: {count}")
# 停止 SparkSession
spark.stop()
```

【代码解析】

(1) 初始化 SparkSession：SparkSession 是 Spark 的入口，用于创建和操作 RDD、DataFrame 等。

(2) 读取数据：textFile("text.txt") 读取文本文件，生成一个 RDD，每一行是 RDD 的一个元素。

(3) 拆分单词：flatMap(lambda line: line.split(" ")) 将每一行拆分为单词，生成一个新的 RDD。

(4) 映射为键值对：map(lambda word: (word, 1)) 将每个单词映射为 (word, 1) 的键值对，方便后续统计。

(5) 统计单词次数：reduceByKey(lambda a, b: a + b) 按单词分组，并对值求和，得到每个单词的总次数。

(6) 收集结果：collect() 将分布式计算结果收集到驱动程序中，并打印。

(7) 停止 SparkSession：完成任务后，调用 spark.stop() 释放资源。

【输出结果】

```
hello: 2
world: 1
spark: 2
is: 1
fast: 1
```

5.5 大数据分析应用前沿

麦肯锡环球研究所早于2011年5月就发布了题为《大数据：创新、竞争和生产力的下一个前沿》的调查报告。报告指出，数据已经渗透到了当今社会每一个行业和业务职能领域，成为重要的生产要素。对于海量数据的挖掘和运用，预示着新一波生产率增长和消费者盈余浪潮的到来。此外，报告将大数据的前沿应用领域归纳为金融、零售、制造、医疗保险等若干领域，并对人类在各个领域的数据驾驭能力提出了新的挑战，也为人们获得更深刻、更全面的洞察能力提供了前所未有的空间。

233

5.5.1 在金融领域的应用

1. 银行业

传统金融行业中，银行业可谓大数据应用的领头羊。而银行业的诸多应用中，风险控制是最活跃的大数据分析实践。20世纪80年代，美国FIGO公司开发了一套基于逻辑回归算法的信用评分方法，成为当时美国社会个人信用评分的通用标准。然而随着大数据技术的发展与进步，传统信用评分系统的作用逐渐下降，出现了模型老旧、信用分数区分度下滑及存在刷分漏洞等问题。

为了解决上述问题，美国的Zest Finance公司基于大数据分析技术中的决策树、随机森林、自适应提升(AdaBoost)及神经网络等多种算法，开发出新的个人信用评分及风险控制系统，目前已经成为风险控制领域新的典范。

就国内而言，中国银行征信中心全面收集企业及个人信息，收录了逾8.6亿自然人、2000多万户企业及组织的信息。目前，中国银行征信中心选用了支持向量机(SVM)、决策树、随机森林、自适应提升及梯度提升决策树(GBDT)共5种大数据分析算法，致力于解决传统信用评估体系的各类问题，提高信用评分体系的稳定性与准确性。

2. 保险业

大数据分析在保险业中同样大有可为。以汽车保险为例,大数据分析企业可以收集驾驶行为等数十种不同类型的参数并完成建模,从而计算出驾驶员发生事故的概率,精确地计算保险费。类似地,大数据企业还可以通过计算燃气泄漏、水管破裂、火灾等风险的发生概率,设定合适的财产保险费率。此外,大数据分析企业通过分析用户的病史,并在获取相应权限后,可得到用户的身体健康数据,从而计算出合适的人寿及健康保险费率。

3. 证券业

基于抓取的各类网络信息,再通过大数据分析决策选股,这种做法在国内外都有经典案例。例如美国的Cayman Atlantic公司,就是一家专门基于互联网数据进行投资的资产管理公司。该公司通过分析社会媒体信息中的情感信息来交易金融衍生品,且发行了第一支"Twitter基金"(Derwent Absolute Return Fund,德温特绝对回报基金)并获取了正收益。在国内,百度旗下的百度百发、阿里巴巴旗下的淘宝100等基金也是典型的大数据基金。

由于大数据分析在证券领域的热门应用,目前国内外诞生了大量的量化交易平台,例如国外的Quantopian(研究、回测和算法众包平台)、QuantConnect(研究、回测和投资交易台)、Zulutrade(自动交易平台)、Algotrading101(策略研究平台)、WealthFront(财富管理基金平台)等,国内的聚宽(量化回测平台)、优矿(通联量化实验平台)、况客(基于R语言量化测平台)等,这些平台为使用者提供免费的量化数据,供其采用不同的大数据分析方法开发量化交易策略,完成回测、投资交易等一系列功能。

5.5.2　在零售领域的应用

大数据分析技术在零售领域的应用可以帮助企业更好地了解客户,提供更加个性化的服务。基于数据的洞察有助于企业做出正确的决策、了解市场趋势并应对不确定性。

商家可以通过大数据技术收集、分析客户数据,更好地了解目标受众的偏好、购物习惯、地理区域等信息,据此制定相应的营销策略,改善客户服务体验,并优化销售的商品。零售商可以通过大数据技术分析竞争对手的定价及当前的库存水平,自适应地选择利润最优的价格,还可以通过大数据技术预测产品的销售信息,避免供应短缺,优化仓储。

世界知名电商亚马逊公司,其销售额的35%是由基于大数据分析的推荐引擎创造的。亚马逊在客户使用该公司门户网站时收集客户偏好、搜索历史、愿望清单和购物车等信息,从而预测客户的购买意愿;同时考虑客户的送货地址,选择最近的仓库送货,减少交货时间和相关成本。美国零售商Target公司通过分析女性的购物行为判断其是否怀孕,并据此向客户发送个性化母婴产品的优惠报价,从而在竞争中脱颖而出。时装销售商Asos公司推出了服装扫描选项和推荐引擎,允许客户扫描他们喜欢的衣服,以此收集客户偏好并基于客户扫描的商品推荐更合适的商品。2020年,Asos公司宣布收入增长了19%。

5.5.3　在制造业领域的应用

在制造业领域，可以通过安装传感器的方式从生产线和生产设备上采集信息数据，实现对生产过程的实时监控。生产过程中所获取的数据又能经过大数据分析反馈给生产过程，从而将传统流水线升级为具备自适应学习调整能力的智能网络，使得工业控制和管理最优化。这种升级能够促使对有限资源进行最大限度地使用，降低工业和资源的配置成本，使得生产过程能够更加高效地进行。

传统制造业中，在设备运行的过程中，其自然磨损本身会使产品的品质发生一定的变化。而采用大数据技术可以实时感知数据，自动判断产品出了什么故障、哪里需要配件，确保生产过程受到精确控制，实现智能化生产。在一定程度上，工厂和车间的传感器所产生的大数据直接决定了制造设备的智能水平。

此外，从生产能耗角度看，利用传感器监控所有的生产流程，能够发现能耗的异常或峰值情况，据此在生产过程中实时调整能源消耗。同时，对所有的生产流程进行大数据分析，也可以在整体上大幅优化生产能耗。

目前，德国"工业4.0"已经通过信息物理系统实现工厂、车间的设备传感和控制层的数据与企业信息系统融合，将生产大数据传到云计算数据中心进行存储、分析、形成决策并反过来指导生产。

5.5.4　在医疗领域的应用

早在2008年，IBM公司就率先提出了"智能医疗"的概念，将物联网和AI技术相结合并应用到医疗领域，致力于实现医疗信息互联、共享协作、临床创新、诊断科学及公共卫生预防等。随着大数据技术的发展与普及，如今智能医疗已经成为医疗领域的焦点。大数据分析在医疗领域的应用主要包含如下方面。

(1) 智能预警：包括对受众生活习惯的监督、风险识别监测、早期预测、早期预防与干预等。

(2) 智能诊断：医学影像与诊断、疾病筛查、机器人诊断、虚拟医生等。

(3) 智能管理：生活健康管理、电子病历管理、康复医疗管理、医院管理等。

(4) 智能研发：药物研发、医学研究、临床试验研究、病情病种研究等。

以开发AlphaGo成名的DeepMind公司于2016年与英国国家医疗服务体系(NHS)合作开发了一款智能眼部诊断工具，通过对眼部OCT图像的扫描，可识别出50多种威胁到视力的眼科疾病，准确率高达94%，超过了人类专家的表现。

美国智能医疗诊断服务提供商Enlitic利用大数据分析从数十亿的临床案例中提炼出可操作的建议从而制定解决方案，这些临床案例包含大量的非结构化医疗数据，如CT扫描、核磁共振(MRI)等医疗影像，以及临床记录、病理或放射学报告、实验室数据、患者报告等文档数据。Enlitic开发的恶性肿瘤检测系统在一项临床试验中的准确度比专业的放射科医师高出了50%。

云服务公司Arterys以提高临床护理与诊断的确定性为理念，搭建了世界上第一个在线医学影像平台，主营业务是为医疗机构提供更精准的3D血管影像，并提供量化分析。该平台是一个云分析平台，可以为用户提供SaaS分析服务，具有可视化、可量化和深度学习三大功能。

国内投身于智能医疗服务的大数据企业同样不在少数。腾讯旗下的腾讯觅影主要提供AI影像和AI辅诊功能。目前，AI影像功能已经能实现食管癌、肺癌、糖尿病、乳腺癌、结直肠癌、宫颈癌等的早期筛查；AI辅诊功能可以进行智能导诊、病历智能管理、诊疗风险监控等。

阿里健康提供了三大开放式的智能医疗辅助平台：临床医学科研辅助平台提供智慧病例库矩阵、临床科研数据矩阵、多源异构医疗数据处理、大数据科研辅助分析引擎开发服务等；AI医疗开放平台面向不同设备，提供多部位、多病种AI辅助筛查应用引擎；临床医师能力训练平台提供沉浸式医师仿真教学培训系统、脱敏病例虚拟病人等服务。

百度医疗大脑的对标产品是Google和IBM的同类产品，通过海量医疗数据、专业文献的采集与分析，进行智能化的产品设计，模拟医生问诊流程，与用户进行多轮交流，根据用户的症状提出可能出现的问题，并在反复验证后给出最终建议。整个过程中可以收集、汇总、分类、整理病人的症状描述，提醒更多的可能性，辅助基层医生完成问诊。

推想科技主要针对肺部疾病、心脑血管疾病、肝癌等进行模型搭建，建成了肺部、胸部、脑卒中辅助筛查产品和医疗影像深度学习中心。目前，该中心每日可以完成肺癌辅助筛查近万例，累计辅助诊断病人数已超过450万，已经和超过100家顶级医院合作。

羽衣甘蓝(DeepCare)聚焦口腔医学领域，开发了全球首款口腔影像AI辅助分析系统，目前已在口腔医院应用，可以进行数据查询及管理、病灶区标记、辅助诊断并自动化生成报告等。

本章小结

本章全面介绍了大数据的基础知识、分析理论、方法及应用框架。首先阐述了大数据的产生背景、概念及4V特性，即体量大、类型多、价值密度低和处理速度快。接着，详细解析了大数据的发展现状，包括政策法规的完善、数据的开放共享与隐私保护，以及云数融合和数智融合的趋势。在大数据分析理论与方法部分，重点讨论了全量数据代替随机采样数据、混杂性难以避免及注重相关性而非因果性等核心理念，并介绍了大数据分析的主要步骤和对象。此外，还探讨了大数据存储与访问技术，以及Hadoop与Spark等大数据处理平台。最后，概述了大数据分析在金融、零售、制造业、医疗等领域的前沿应用，展现了大数据技术的广泛价值。通过本章学习，读者能够系统理解大数据的基本概念和分析方法，为后续深入学习打下坚实基础。

习题

1. 简答题

(1) 解释大数据的4V特征(volume、variety、value、velocity)。

(2) 什么是Hadoop？解释HDFS和MapReduce的工作原理。

(3) 解释Spark的核心组件及其功能。

(4) 什么是分布式计算？它与传统计算的区别是什么？

2. 编程题

(1) 编写一个Python程序，使用PySpark读取一个CSV文件，并输出文件中的前5行数据。

(2) 编写一个Python程序，使用PySpark计算一个文本文件中每个单词的出现次数。

(3) 编写一个Python程序，使用PySpark对一组数据进行简单的统计分析，如平均值、最大值等。

(4) 编写一个Python程序，使用PySpark进行简单的数据清洗，如去除空值、重复值等。

3. 应用题

(1) 解释如何使用Hadoop处理大规模数据，列举Hadoop的主要组件及其功能。

(2) 编写一个Python程序，使用PySpark对一组数据进行聚类分析。

(3) 编写一个Python程序，使用PySpark对一组数据进行分类分析。

(4) 编写一个Python程序，使用PySpark对一组数据进行回归分析。

4. 调试题

(1) 以下代码有什么错误？如何修正？

```
from pyspark import SparkContext
sc = SparkContext("local", "WordCount")
text_file = sc.textFile("file.txt")
counts = text_file.flatMap(lambda line: line.split(" ")).map(lambda
word: (word, 1)).reduceByKey(lambda a, b: a + b)
counts.saveAsTextFile("output")
```

(2) 以下代码的输出是什么？解释原因。

```
from pyspark import SparkContext
sc = SparkContext("local", "Test")
data = sc.parallelize([1, 2, 3, 4, 5])
print(data.reduce(lambda a, b: a + b))
```

第6章
国产大模型 DeepSeek

一问：这项技术解决了什么问题？

DeepSeek大模型解决了以下几个关键问题。

1. 自然语言处理：DeepSeek能够理解和生成自然语言，提供了智能对话、内容生成、知识问答等功能，极大地方便了人与计算机之间的交互。

2. 多场景应用需求：DeepSeek不仅局限于单一应用场景，还广泛应用于教育、企业服务、创意产业、科研等多个领域，满足不同场景下的智能化需求。

3. 中文场景优化：针对中文场景进行重点优化，使DeepSeek在理解和生成中文文本方面表现优异，填补了国内在大型语言模型方面的空白。

4. 自动化与效率提升：通过自动处理自然语言任务，DeepSeek显著提高了工作效率，减少了人工干预，降低了成本。

二问：不用它会怎样？

如果不采用DeepSeek这样的大型语言模型，可能会面临以下问题。

1. 效率低下：许多需要自然语言处理的任务将不得不依赖人工完成，导致效率低下，成本高昂。

2. 体验不佳：用户在与计算机交互时，可能无法获得流畅、自然的对话体验，影响用户满意度。

3. 创新受限：在教育、企业服务、创意产业等领域，缺乏DeepSeek这样的智能化工具将限制企业的创新和发展。

4. 竞争劣势：在数字化和智能化趋势日益显著的今天，不采用先进的大型语言模型，可能使企业在竞争中处于劣势。

三问：它的局限性在哪里？

尽管DeepSeek具有诸多优势，但它也存在一些局限性。

1. 技术依赖：DeepSeek基于深度学习技术，对算法、数据和计算资源有高度依赖，这可能限制了其在某些环境下的应用。

2. 数据隐私：在处理敏感数据时，如何确保用户隐私和数据安全是一个重大挑战。

3. 模型偏见：由于训练数据可能存在偏见，DeepSeek的生成结果也可能受到一定影响，导致出现不公平或不准确的情况。

4. 持续学习与优化：尽管DeepSeek支持持续学习与优化，但这一过程需要大量时间和资源投入，且难以保证在所有场景下都能取得最佳效果。

DeepSeek 是中国深度求索公司开发的一款先进的人工智能大模型，是一个基于深度学习技术的大型语言模型(LLM)，类似于 OpenAI 的 GPT 系列。它能够理解和生成自然语言，广泛应用于智能对话、内容生成、知识问答、数据分析等场景。

6.1　核心特点

DeepSeek 的核心特点如下。

(1) 强大的语言理解与生成能力。

- 能够理解复杂的文本输入，并生成流畅、准确的回复。
- 支持多种语言，在中文场景下表现优异。

(2) 多场景应用。

- 智能对话：提供自然、流畅的对话体验。
- 内容生成：撰写文章、故事、代码等。
- 知识问答：回答各领域的问题，提供准确信息。
- 数据分析：处理和分析结构化数据，生成可视化结果。

(3) 持续学习与优化。

- 通过海量数据训练，不断提升性能。
- 支持用户反馈，持续改进模型。

6.2　技术基础

DeepSeek 的技术基础如下。

(1) 深度学习。

- 基于 Transformer 架构，利用自注意力机制处理文本。
- 通过大规模预训练和微调来掌握语言规律。

(2) 大规模数据训练。

- 使用在互联网上公开的数据集、书籍、论文等多样化数据。
- 在中文数据上进行了重点优化。

(3) 高性能计算。
- 依赖强大的 GPU 集群进行训练和推理。
- 支持高效的分布式计算。

6.3　应用场景

DeepSeek 的应用场景如下。
(1) 教育：辅助学习、解答问题、生成学习资料等。
(2) 企业服务：智能客服、文档生成、数据分析等。
(3) 创意产业：撰写文案、生成故事、创作音乐等。
(4) 科研：文献分析、知识提取、实验设计等。

6.4　DeepSeek的使用方法

DeepSeek 的使用方法如下。
(1) API 调用：通过 DeepSeek 提供的 API 接口，将模型集成到自己的应用中。
(2) 平台体验：访问 DeepSeek 的官方平台，直接与模型交互。
(3) 定制化开发：根据具体需求，对模型进行微调或定制。

6.5　实操练习

本节主要介绍如何用 DeepSeek 生成一篇关于"人工智能"的简短介绍。

1. 步骤 1：输入提示词(prompt)

需要给 DeepSeek 一个明确的指令，告诉它你想要什么。例如：

请用简单的语言写一段话，介绍人工智能是什么，适合初学者阅读。

2. 步骤 2：DeepSeek 生成结果

DeepSeek 会根据你的指令生成一段文本。以下是一个可能的输出：

人工智能 (AI) 是一种让计算机模拟人类智能的技术。它可以帮助我们完成很多任务，例如识别图片中的物体、理解人类语言，甚至玩游戏。对于初学者来说，可以把它想象成一个"聪明的助手"，能够学习和解决问题，但它的能力是通过数据和算法训练出来的。

3. 步骤3：调整和优化

如果你对生成的结果不满意，可以调整提示词，例如：

请用更简单的语言，写一段话介绍人工智能，针对完全不懂技术的小白。

DeepSeek可能会生成：

人工智能就是让电脑变得像人一样聪明。它可以帮我们做很多事情，例如听懂我们说的话、认出照片里的东西，甚至向我们推荐喜欢的电影。你可以把它当成一个"超级助手"，它通过学习和练习会变得越来越厉害！

本章小结

本章详细介绍了国产大模型DeepSeek的核心特点、技术基础、应用场景及使用方法。DeepSeek作为一款基于深度学习技术的大型语言模型，展现出强大的语言理解与生成能力，尤其在中文场景下表现优异，其技术基础包括Transformer架构、大规模数据训练及高性能计算支持，确保了模型的先进性和实用性。DeepSeek广泛应用于教育、企业服务、创意产业及科研等领域，提供智能对话、内容生成、知识问答及数据分析等功能。通过API调用、平台体验及定制化开发等方式，用户可轻松集成和定制DeepSeek模型，满足多样化需求。

习题

1. 简答题

(1) 解释DeepSeek的核心特点及应用场景。

(2) 什么是预训练模型？解释DeepSeek的预训练过程。

(3) 解释如何使用DeepSeek完成自然语言处理任务。

(4) 解释如何使用DeepSeek完成图像识别任务。

2. 编程题

(1) 编写一个Python程序，使用DeepSeek完成文本分类任务。

(2) 编写一个Python程序，使用DeepSeek完成情感分析任务。

(3) 编写一个Python程序，使用DeepSeek完成图像分类任务。

(4) 编写一个Python程序，使用DeepSeek完成文本生成任务。

3. 应用题

(1) 解释如何使用DeepSeek完成金融风控任务。

(2) 编写一个Python程序，使用DeepSeek完成医疗影像分析任务。

(3) 编写一个Python程序，使用DeepSeek完成社交媒体舆情监测任务。

(4) 编写一个Python程序，使用DeepSeek完成电商用户画像分析任务。

4. 调试题

(1) 以下代码有什么错误？如何修正？

```
from deepseek import DeepSeekModel
model = DeepSeekModel("text-classification")
result = model.predict("This is a test")
print(result)
```

(2) 以下代码的输出是什么？解释原因。

```
from deepseek import DeepSeekModel
model = DeepSeekModel("image-classification")
result = model.predict("image.jpg")
print(result)
```

第3部分
实战篇——从数据到商业价值

第7章
实战案例

7.1 案例一：电商数据分析

电商数据分析是数据科学中的一个重要应用场景，涉及数据清洗、探索性分析、可视化、用户行为分析、销售趋势分析等。

7.1.1 示例场景

假设有一份电商数据集，包含以下字段。

- Order ID：订单编号。
- Product：产品名称。
- Quantity：购买数量。
- Price：产品单价。
- Order Date：订单日期。
- Customer ID：客户编号。
- City：城市。

【案例图标】

(1) 数据加载与初步探索。

(2) 数据清洗(处理缺失值、重复值等)。

(3) 销售趋势分析(按月统计销售额)。

(4) 用户行为分析(按客户统计购买次数和总消费金额)。

(5) 产品分析(按产品统计销量和销售额)。

(6) 数据可视化(绘制销售趋势图、用户消费分布图等)。

7.1.2　安装依赖

确保已安装以下库：

```
pip install pandas numpy matplotlib seaborn
```

7.1.3　示例代码

```python
import pandas as pd
import numpy as np
import matplotlib.pyplot as plt
import seaborn as sns
# 1. 数据加载与初步探索
def load_and_explore_data():
    # 加载数据
    df = pd.read_csv("ecommerce_data.csv")
    print(" 数据预览: ")
    print(df.head())
    # 查看数据信息
    print("\n 数据信息: ")
    print(df.info())
    # 查看统计信息
    print("\n 统计信息: ")
    print(df.describe())
    return df
# 2. 数据清洗
def clean_data(df):
    # 检查缺失值
    print("\n 缺失值统计: ")
    print(df.isnull().sum())
    # 填充缺失值 ( 假设用 0 填充 )
    df["Quantity"].fillna(0, inplace=True)
    df["Price"].fillna(0, inplace=True)
    # 检查重复值
    print("\n 重复值统计: ")
    print(df.duplicated().sum())
    # 删除重复值
    df.drop_duplicates(inplace=True)
    # 转换日期格式
    df["Order Date"] = pd.to_datetime(df["Order Date"])
    return df
# 3. 销售趋势分析
def analyze_sales_trend(df):
    # 计算销售额
    df["Sales"] = df["Quantity"] * df["Price"]
    # 按月统计销售额
    df["Month"] = df["Order Date"].dt.to_period("M")
    monthly_sales = df.groupby("Month")["Sales"].sum().reset_index()
    print("\n 按月销售额统计: ")
    print(monthly_sales)
    # 绘制销售趋势图
    plt.figure(figsize=(10, 6))
    plt.plot(monthly_sales["Month"].astype(str), monthly_sales["Sales"],
marker="o")
```

245

```python
        plt.title("Monthly Sales Trend")
        plt.xlabel("Month")
        plt.ylabel("Sales")
        plt.xticks(rotation=45)
        plt.grid(True)
        plt.show()
    # 4. 用户行为分析
    def analyze_customer_behavior(df):
        # 按客户统计购买次数和总消费金额
        customer_behavior = df.groupby("Customer ID").agg(
            Orders=("Order ID", "nunique"),
            Total_Sales=("Sales", "sum")
        ).reset_index()
        print("\n 用户行为分析: ")
        print(customer_behavior.head())
        # 绘制用户消费金额分布图
        plt.figure(figsize=(10, 6))
        sns.histplot(customer_behavior["Total_Sales"], bins=30, kde=True)
        plt.title("Customer Total Sales Distribution")
        plt.xlabel("Total Sales")
        plt.ylabel("Frequency")
        plt.show()
    # 5. 产品分析
    def analyze_products(df):
        # 按产品统计销量和销售额
        product_analysis = df.groupby("Product").agg(
            Quantity_Sold=("Quantity", "sum"),
            Total_Sales=("Sales", "sum")
        ).reset_index()
        print("\n 产品分析: ")
         print(product_analysis.sort_values(by="Total_Sales", ascending=
False).head())
         # 绘制产品销售额 Top 10
         top_products = product_analysis.sort_values(by="Total_Sales", ascending=
False).head(10)
        plt.figure(figsize=(10, 6))
        sns.barplot(x="Total_Sales", y="Product", data=top_products, palette=
"viridis")
        plt.title("Top 10 Products by Sales")
        plt.xlabel("Total Sales")
        plt.ylabel("Product")
        plt.show()
    # 6. 数据可视化
    def visualize_data(df):
        # 按城市统计销售额
        city_sales = df.groupby("City")["Sales"].sum().reset_index()
        # 绘制城市销售额分布图
        plt.figure(figsize=(12, 6))
         sns.barplot(x="Sales", y="City", data=city_sales.sort_values(by=
"Sales", ascending=False), palette="magma")
        plt.title("Sales by City")
        plt.xlabel("Total Sales")
        plt.ylabel("City")
        plt.show()
    # 主程序
    if __name__ == "__main__":
        # 1. 数据加载与初步探索
        df = load_and_explore_data()
```

```
# 2. 数据清洗
df = clean_data(df)
# 3. 销售趋势分析
analyze_sales_trend(df)
# 4. 用户行为分析
analyze_customer_behavior(df)
# 5. 产品分析
analyze_products(df)
# 6. 数据可视化
visualize_data(df)
```

7.2 案例二：社交媒体情感分析

社交媒体情感分析是自然语言处理中的一个重要应用场景，旨在通过分析社交媒体上的文本数据(如推文、评论等)来判断用户的情感倾向(正面、负面或中性)。

7.2.1 示例场景

假设有一组社交媒体评论数据，每条评论都包含以下字段。
- Text：评论内容。
- Label：情感标签(正面、负面或中性)。

【案例目标】

(1) 数据加载与初步探索。

(2) 数据预处理(文本清洗、分词、去除停用词等)。

(3) 特征提取(将文本转换为数值特征)。

(4) 构建情感分析模型(使用机器学习或深度学习)。

(5) 模型评估与可视化。

7.2.2 安装依赖

确保已安装以下库：

```
pip install pandas numpy matplotlib seaborn scikit-learn nltk tensorflow
```

7.2.3 示例代码

```
import pandas as pd
import numpy as np
import matplotlib.pyplot as plt
import seaborn as sns
```

```
from sklearn.model_selection import train_test_split
from sklearn.feature_extraction.text import TfidfVectorizer
from sklearn.naive_bayes import MultinomialNB
from sklearn.metrics import accuracy_score, confusion_matrix,
classification_report
import nltk
from nltk.corpus import stopwords
from nltk.tokenize import word_tokenize
import re
# 下载 NLTK 数据
nltk.download("punkt")
nltk.download("stopwords")
# 1. 数据加载与初步探索
def load_and_explore_data():
    # 加载数据
    df = pd.read_csv("social_media_comments.csv")
    print("数据预览: ")
    print(df.head())
    # 查看数据分布
    print("\n情感标签分布: ")
    print(df["Label"].value_counts())
    # 可视化情感标签分布
    plt.figure(figsize=(6, 4))
    sns.countplot(x="Label", data=df, palette="viridis")
    plt.title("Sentiment Label Distribution")
    plt.show()
    return df
# 2. 数据预处理
def preprocess_text(text):
    # 转换为小写
    text = text.lower()
    # 去除标点符号
    text = re.sub(r"[^\w\s]", "", text)
    # 分词
    words = word_tokenize(text)
    # 去除停用词
    words = [word for word in words if word not in stopwords.words
("english")]
    return " ".join(words)
def preprocess_data(df):
    # 应用文本预处理
    df["Processed_Text"] = df["Text"].apply(preprocess_text)
    print("\n预处理后的数据: ")
    print(df.head())
    return df
# 3. 特征提取
def extract_features(df):
    # 使用 TF-IDF 向量化文本
    vectorizer = TfidfVectorizer(max_features=5000)
    X = vectorizer.fit_transform(df["Processed_Text"]).toarray()
    # 将标签转换为数值
    y = df["Label"].map({"positive": 1, "negative": 0, "neutral": 2})
    print("\n特征矩阵形状: ", X.shape)
    return X, y
# 4. 构建情感分析模型
def build_and_train_model(X, y):
    # 划分训练集和测试集
    X_train, X_test, y_train, y_test = train_test_split(X, y, test_size=
```

```
0.2, random_state=42)
        # 使用朴素贝叶斯分类器
        model = MultinomialNB()
        model.fit(X_train, y_train)
        # 预测
        y_pred = model.predict(X_test)
        # 评估模型
        accuracy = accuracy_score(y_test, y_pred)
        print("\n 模型准确率: ", accuracy)
        # 混淆矩阵
        cm = confusion_matrix(y_test, y_pred)
        plt.figure(figsize=(6, 4))
          sns.heatmap(cm, annot=True, fmt="d", cmap="Blues", xticklabels=
["Negative", "Positive", "Neutral"], yticklabels=["Negative", "Positive",
"Neutral"])
        plt.title("Confusion Matrix")
        plt.xlabel("Predicted")
        plt.ylabel("Actual")
        plt.show()
        # 分类报告
        print("\n 分类报告: ")
        print(classification_report(y_test, y_pred, target_names=["Negative",
"Positive", "Neutral"]))
    # 5. 模型评估与可视化
    def evaluate_and_visualize(model, X_test, y_test):
        # 预测
        y_pred = model.predict(X_test)
        # 可视化预测结果
        plt.figure(figsize=(8, 6))
        sns.scatterplot(x=range(len(y_test)), y=y_test, color="blue", label=
"Actual")
          sns.scatterplot(x=range(len(y_test)), y=y_pred, color="red", label=
"Predicted")
        plt.title("Actual vs Predicted Sentiment")
        plt.xlabel("Sample Index")
        plt.ylabel("Sentiment Label")
        plt.legend()
        plt.show()
    # 主程序
    if __name__ == "__main__":
        # 1. 数据加载与初步探索
        df = load_and_explore_data()
        # 2. 数据预处理
        df = preprocess_data(df)
        # 3. 特征提取
        X, y = extract_features(df)
        # 4. 构建情感分析模型
        build_and_train_model(X, y)
```

7.3 案例三: 财务大数据分析

财务大数据分析是数据科学在金融领域的重要应用, 涉及财务报表分析、趋势预测、风险评估、投资组合优化等任务。

7.3.1 示例场景

假设有一份财务数据集，包含以下字段。

- Date：日期。
- Revenue：收入。
- Expenses：支出。
- Profit：利润。
- Assets：资产。
- Liabilities：负债。
- Equity：股东权益。

【案例目标】

(1) 数据加载与初步探索。

(2) 数据清洗(处理缺失值、异常值等)。

(3) 财务指标计算(如净利润率、资产负债率等)。

(4) 财务趋势分析(如收入、利润的时间序列分析)。

(5) 风险评估(如波动性分析)。

(6) 数据可视化(绘制趋势图、分布图等)。

7.3.2 安装依赖

确保已安装以下库：

```
pip install pandas numpy matplotlib seaborn scipy yfinance
```

7.3.3 示例代码

```python
import pandas as pd
import numpy as np
import matplotlib.pyplot as plt
import seaborn as sns
from scipy.stats import zscore
import yfinance as yf
# 1. 数据加载与初步探索
def load_and_explore_data():
    # 加载数据
    df = pd.read_csv("financial_data.csv")
    print("数据预览：")
    print(df.head())
    # 查看数据信息
    print("\n数据信息：")
    print(df.info())
```

```
        # 查看统计信息
        print("\n 统计信息: ")
        print(df.describe())
        return df
# 2. 数据清洗
def clean_data(df):
        # 检查缺失值
        print("\n 缺失值统计: ")
        print(df.isnull().sum())
        # 填充缺失值 ( 假设用列均值填充 )
        df.fillna(df.mean(), inplace=True)
        # 检查异常值 ( 使用 Z-Score)
        df["Z_Score_Revenue"] = zscore(df["Revenue"])
        outliers = df[(df["Z_Score_Revenue"] > 3) | (df["Z_Score_Revenue"] < -3)]
        print("\n 异常值: ")
        print(outliers)
        # 删除异常值
        df = df[(df["Z_Score_Revenue"] <= 3) & (df["Z_Score_Revenue"] >= -3)]
        df.drop(columns=["Z_Score_Revenue"], inplace=True)
        return df
# 3. 财务指标计算
def calculate_financial_metrics(df):
        # 计算净利润率
        df["Net_Profit_Margin"] = df["Profit"] / df["Revenue"] * 100
        # 计算资产负债率
        df["Debt_to_Assets_Ratio"] = df["Liabilities"] / df["Assets"] * 100
        # 计算股东权益回报率 (ROE)
        df["ROE"] = df["Profit"] / df["Equity"] * 100
        print("\n 计算财务指标后的数据: ")
        print(df.head())
        return df
# 4. 财务趋势分析
def analyze_financial_trends(df):
        # 按日期排序
        df["Date"] = pd.to_datetime(df["Date"])
        df = df.sort_values(by="Date")
        # 绘制收入和利润趋势图
        plt.figure(figsize=(12, 6))
        plt.plot(df["Date"], df["Revenue"], label="Revenue", marker="o")
        plt.plot(df["Date"], df["Profit"], label="Profit", marker="o")
        plt.title("Revenue and Profit Trends")
        plt.xlabel("Date")
        plt.ylabel("Amount")
        plt.legend()
        plt.grid(True)
        plt.show()
# 5. 风险评估
def risk_assessment(df):
        # 计算利润的波动性 ( 标准差 )
        profit_volatility = df["Profit"].std()
        print("\n 利润波动性 ( 标准差 ): ", profit_volatility)
        # 计算收入的波动性 ( 标准差 )
        revenue_volatility = df["Revenue"].std()
        print(" 收入波动性 ( 标准差 ): ", revenue_volatility)
        # 绘制利润分布图
        plt.figure(figsize=(8, 6))
        sns.histplot(df["Profit"], bins=20, kde=True, color="blue")
        plt.title("Profit Distribution")
```

```
        plt.xlabel("Profit")
        plt.ylabel("Frequency")
        plt.show()
    # 6. 数据可视化
    def visualize_data(df):
        # 绘制财务指标分布图
        plt.figure(figsize=(12, 6))
        plt.subplot(1, 3, 1)
        sns.boxplot(y=df["Net_Profit_Margin"], color="green")
        plt.title("Net Profit Margin")
        plt.subplot(1, 3, 2)
        sns.boxplot(y=df["Debt_to_Assets_Ratio"], color="orange")
        plt.title("Debt to Assets Ratio")
        plt.subplot(1, 3, 3)
        sns.boxplot(y=df["ROE"], color="purple")
        plt.title("Return on Equity (ROE)")
        plt.tight_layout()
        plt.show()
    # 7. 股票数据分析（扩展）
    def analyze_stock_data():
        # 下载股票数据
        stock_data = yf.download("AAPL", start="2020-01-01", end="2023-01-01")
        # 计算每日收益率
        stock_data["Daily_Return"] = stock_data["Adj Close"].pct_change()
        # 绘制股票价格和收益率趋势图
        plt.figure(figsize=(12, 6))
        plt.subplot(2, 1, 1)
        plt.plot(stock_data.index, stock_data["Adj Close"], label="Apple Stock
Price", color="blue")
        plt.title("Apple Stock Price")
        plt.xlabel("Date")
        plt.ylabel("Price")
        plt.legend()
        plt.subplot(2, 1, 2)
        plt.plot(stock_data.index, stock_data["Daily_Return"], label="Daily Return",
color="green")
        plt.title("Daily Return")
        plt.xlabel("Date")
        plt.ylabel("Return")
        plt.legend()
        plt.tight_layout()
        plt.show()
    # 主程序
    if __name__ == "__main__":
        # 1. 数据加载与初步探索
        df = load_and_explore_data()
        # 2. 数据清洗
        df = clean_data(df)
        # 3. 财务指标计算
        df = calculate_financial_metrics(df)
        # 4. 财务趋势分析
        analyze_financial_trends(df)
        # 5. 风险评估
        risk_assessment(df)
        # 6. 数据可视化
        visualize_data(df)
        # 7. 股票数据分析（扩展）
        analyze_stock_data()
```

7.4　案例四：政务大数据分析

政务大数据分析是利用大数据技术对政府相关数据进行分析，以支持政策制定、资源分配、公共服务优化等决策。

7.4.1　示例场景

假设有一份政务数据集，包含以下字段。

- Region：地区。
- Population：人口。
- GDP：地区生产总值。
- Education_Level：教育水平(如平均受教育年限)。
- Healthcare_Access：医疗资源可及性(如每千人医生数)。
- Crime_Rate：犯罪率。
- Unemployment_Rate：失业率。

【案例目标】

(1) 数据加载与初步探索。

(2) 数据清洗(处理缺失值、异常值等)。

(3) 区域经济与人口分析(如 GDP 与人口的关系)。

(4) 公共服务分析(如教育资源与医疗资源的分布情况)。

(5) 社会问题分析(如犯罪率与失业率的关系)。

(6) 数据可视化(绘制分布图、热力图等)。

7.4.2　安装依赖

确保已安装以下库：

```
pip install pandas numpy matplotlib seaborn scipy
```

7.4.3　示例代码

```
import pandas as pd
import numpy as np
import matplotlib.pyplot as plt
import seaborn as sns
from scipy.stats import zscore
# 1. 数据加载与初步探索
def load_and_explore_data():
    # 加载数据
    df = pd.read_csv("government_data.csv")
    print("数据预览：")
```

```
        print(df.head())
        # 查看数据信息
        print("\n 数据信息: ")
        print(df.info())
        # 查看统计信息
        print("\n 统计信息: ")
        print(df.describe())
        return df
    # 2. 数据清洗
    def clean_data(df):
        # 检查缺失值
        print("\n 缺失值统计: ")
        print(df.isnull().sum())
        # 填充缺失值 ( 假设用列均值填充 )
        df.fillna(df.mean(), inplace=True)
        # 检查异常值 ( 使用 Z-Score)
        df["Z_Score_GDP"] = zscore(df["GDP"])
        outliers = df[(df["Z_Score_GDP"] > 3) | (df["Z_Score_GDP"] < -3)]
        print("\n 异常值: ")
        print(outliers)
        # 删除异常值
        df = df[(df["Z_Score_GDP"] <= 3) & (df["Z_Score_GDP"] >= -3)]
        df.drop(columns=["Z_Score_GDP"], inplace=True)
        return df
    # 3. 区域经济与人口分析
    def analyze_economy_population(df):
        # 计算人均 GDP
        df["GDP_Per_Capita"] = df["GDP"] / df["Population"]
        # 绘制 GDP 与人口的关系图
        plt.figure(figsize=(10, 6))
        sns.scatterplot(x="Population", y="GDP", hue="Region", data=df, palette=
"viridis", s=100)
        plt.title("GDP vs Population by Region")
        plt.xlabel("Population")
        plt.ylabel("GDP")
        plt.legend(title="Region")
        plt.show()
        # 绘制人均 GDP 分布图
        plt.figure(figsize=(8, 6))
        sns.histplot(df["GDP_Per_Capita"], bins=20, kde=True, color="blue")
        plt.title("GDP Per Capita Distribution")
        plt.xlabel("GDP Per Capita")
        plt.ylabel("Frequency")
        plt.show()
    # 4. 公共服务分析
    def analyze_public_services(df):
        # 绘制教育资源与医疗资源的关系图
        plt.figure(figsize=(10, 6))
        sns.scatterplot(x="Education_Level", y="Healthcare_Access", hue=
"Region", data=df, palette="magma", s=100)
        plt.title("Education Level vs Healthcare Access by Region")
        plt.xlabel("Education Level")
        plt.ylabel("Healthcare Access")
        plt.legend(title="Region")
        plt.show()
        # 绘制教育与医疗资源的热力图
        plt.figure(figsize=(8, 6))
        sns.heatmap(df[["Education_Level", "Healthcare_Access"]].corr(), annot=
```

```
True, cmap="coolwarm")
        plt.title("Correlation Heatmap: Education vs Healthcare")
        plt.show()
    # 5. 社会问题分析
    def analyze_social_issues(df):
        # 绘制犯罪率与失业率的关系图
        plt.figure(figsize=(10, 6))
        sns.scatterplot(x="Unemployment_Rate", y="Crime_Rate", hue="Region",
data=df, palette="plasma", s=100)
        plt.title("Unemployment Rate vs Crime Rate by Region")
        plt.xlabel("Unemployment Rate")
        plt.ylabel("Crime Rate")
        plt.legend(title="Region")
        plt.show()
        # 计算犯罪率与失业率的相关系数
        correlation = df["Crime_Rate"].corr(df["Unemployment_Rate"])
        print("\n 犯罪率与失业率的相关系数: ", correlation)
    # 6. 数据可视化
    def visualize_data(df):
        # 绘制各地区 GDP 的柱状图
        plt.figure(figsize=(12, 6))
        sns.barplot(x="Region", y="GDP", data=df, palette="viridis")
        plt.title("GDP by Region")
        plt.xlabel("Region")
        plt.ylabel("GDP")
        plt.xticks(rotation=45)
        plt.show()
        # 绘制各地区失业率的箱线图
        plt.figure(figsize=(10, 6))
          sns.boxplot(x="Region", y="Unemployment_Rate", data=df, palette=
"magma")
        plt.title("Unemployment Rate by Region")
        plt.xlabel("Region")
        plt.ylabel("Unemployment Rate")
        plt.xticks(rotation=45)
        plt.show()
    # 主程序
    if __name__ == "__main__":
        # 1. 数据加载与初步探索
        df = load_and_explore_data()
        # 2. 数据清洗
        df = clean_data(df)
        # 3. 区域经济与人口分析
        analyze_economy_population(df)
        # 4. 公共服务分析
        analyze_public_services(df)
        # 5. 社会问题分析
        analyze_social_issues(df)
        # 6. 数据可视化
        visualize_data(df)
```

255

7.5 案例五：自媒体大数据分析

自媒体大数据分析是利用大数据技术对自媒体平台(如微博、微信公众号、抖音等)的数据进行分析，以完成内容优化、用户行为分析、趋势预测等任务。

7.5.1 示例场景

假设有一份自媒体数据集，包含以下字段。

- Post_ID：帖子 ID。
- Platform：平台(如微博、微信公众号等)。
- Content：帖子内容。
- Likes：点赞数。
- Comments：评论数。
- Shares：分享数。
- Post_Date：发布日期。
- Author：作者。

【案例目标】

(1) 数据加载与初步探索。

(2) 数据清洗(处理缺失值、重复值等)。

(3) 内容分析(如热门话题提取)。

(4) 用户行为分析(如点赞、评论、分享的关系等)。

(5) 时间序列分析(如帖子发布趋势)。

(6) 数据可视化(绘制分布图、趋势图等)。

7.5.2 安装依赖

确保已安装以下库：

```
pip install pandas numpy matplotlib seaborn jieba wordcloud
```

7.5.3 示例代码

```python
import pandas as pd
import numpy as np
import matplotlib.pyplot as plt
import seaborn as sns
import jieba
from wordcloud import WordCloud
from collections import Counter
# 1. 数据加载与初步探索
def load_and_explore_data():
    # 加载数据
    df = pd.read_csv("social_media_data.csv")
    print(" 数据预览：")
    print(df.head())
    # 查看数据信息
```

```
        print("\n 数据信息：")
        print(df.info())
        # 查看统计信息
        print("\n 统计信息：")
        print(df.describe())
        return df
    # 2．数据清洗
    def clean_data(df):
        # 检查缺失值
        print("\n 缺失值统计：")
        print(df.isnull().sum())
        # 填充缺失值（假设用 0 填充）
        df["Likes"].fillna(0, inplace=True)
        df["Comments"].fillna(0, inplace=True)
        df["Shares"].fillna(0, inplace=True)
        # 检查重复值
        print("\n 重复值统计：")
        print(df.duplicated().sum())
        # 删除重复值
        df.drop_duplicates(inplace=True)
        # 转换日期格式
        df["Post_Date"] = pd.to_datetime(df["Post_Date"])
        return df
    # 3．内容分析
    def analyze_content(df):
        # 提取热门话题（使用分词和词频统计）
        all_content = " ".join(df["Content"].dropna())
        words = jieba.lcut(all_content)
        word_counts = Counter(words)
        # 打印前 10 个高频词
        print("\n 前 10 个高频词：")
        print(word_counts.most_common(10))
        # 生成词云
        wordcloud = WordCloud(font_path="simhei.ttf", width=800, height=400,
background_color="white").generate_from_frequencies(word_counts)
        plt.figure(figsize=(10, 5))
        plt.imshow(wordcloud, interpolation="bilinear")
        plt.axis("off")
        plt.title(" 热门话题词云 ")
        plt.show()
    # 4．用户行为分析
    def analyze_user_behavior(df):
        # 计算互动量（点赞 + 评论 + 分享）
        df["Engagement"] = df["Likes"] + df["Comments"] + df["Shares"]
        # 绘制互动量与点赞、评论、分享量的关系图
        plt.figure(figsize=(12, 6))
        sns.pairplot(df[["Likes", "Comments", "Shares", "Engagement"]], diag_kind=
"kde")
        plt.suptitle(" 用户行为关系图 ", y=1.02)
        plt.show()
        # 计算相关系数
        correlation = df[["Likes", "Comments", "Shares", "Engagement"]].corr()
        print("\n 用户行为相关系数：")
        print(correlation)
    # 5．时间序列分析
    def analyze_time_series(df):
        # 按日期统计帖子数量
        df["Post_Date"] = pd.to_datetime(df["Post_Date"])
```

```
        df["Post_Month"] = df["Post_Date"].dt.to_period("M")
        monthly_posts = df.groupby("Post_Month").size().reset_index
(name="Post_Count")
        # 绘制帖子发布趋势图
        plt.figure(figsize=(12, 6))
        plt.plot(monthly_posts["Post_Month"].astype(str), monthly_posts
["Post_Count"], marker="o")
        plt.title("帖子发布趋势")
        plt.xlabel("月份")
        plt.ylabel("帖子数量")
        plt.xticks(rotation=45)
        plt.grid(True)
        plt.show()
# 6. 数据可视化
def visualize_data(df):
        # 绘制点赞、评论、分享的分布图
        plt.figure(figsize=(12, 6))
        plt.subplot(1, 3, 1)
        sns.histplot(df["Likes"], bins=30, kde=True, color="blue")
        plt.title("点赞分布")
        plt.subplot(1, 3, 2)
        sns.histplot(df["Comments"], bins=30, kde=True, color="green")
        plt.title("评论分布")
        plt.subplot(1, 3, 3)
        sns.histplot(df["Shares"], bins=30, kde=True, color="red")
        plt.title("分享分布")
        plt.tight_layout()
        plt.show()
# 主程序
if __name__ == "__main__":
        # 1. 数据加载与初步探索
        df = load_and_explore_data()
        # 2. 数据清洗
        df = clean_data(df)
        # 3. 内容分析
        analyze_content(df)
        # 4. 用户行为分析
        analyze_user_behavior(df)
        # 5. 时间序列分析
        analyze_time_series(df)
        # 6. 数据可视化
        visualize_data(df)
```

7.6 案例六：生活服务类大数据分析

生活服务类大数据分析是利用大数据技术对生活服务领域(如餐饮、出行、住宿、娱乐等)的数据进行分析，以完成业务优化、用户行为分析、市场趋势预测等任务。

7.6.1 示例场景

假设有一份与生活服务相关的数据集，包含以下字段。

- Service_ID：服务 ID。
- Category：服务类别(如餐饮、出行、住宿)。
- Rating：用户评分(1~5分)。
- Reviews：用户评论。
- Price：价格。
- Location：地点。
- Date：日期。

【案例目标】

(1) 数据加载与初步探索。

(2) 数据清洗(处理缺失值、异常值等)。

(3) 服务类别分析(如各类服务的评分分布)。

(4) 用户评论分析(如情感分析、热门关键词提取)。

(5) 价格与评分关系分析。

(6) 时间序列分析(如服务需求趋势)。

(7) 数据可视化(绘制分布图、趋势图等)。

7.6.2　安装依赖

确保已安装以下库：

```
pip install pandas numpy matplotlib seaborn jieba wordcloud scikit-learn
```

7.6.3　示例代码

```python
import pandas as pd
import numpy as np
import matplotlib.pyplot as plt
import seaborn as sns
import jieba
from wordcloud import WordCloud
from collections import Counter
from sklearn.feature_extraction.text import TfidfVectorizer
from sklearn.naive_bayes import MultinomialNB
from sklearn.metrics import accuracy_score, classification_report
# 1. 数据加载与初步探索
def load_and_explore_data():
    # 加载数据
    df = pd.read_csv("life_services_data.csv")
    print(" 数据预览: ")
    print(df.head())
    # 查看数据信息
    print("\n 数据信息: ")
    print(df.info())
    # 查看统计信息
    print("\n 统计信息: ")
    print(df.describe())
    return df
```

259

```
# 2. 数据清洗
def clean_data(df):
    # 检查缺失值
    print("\n 缺失值统计: ")
    print(df.isnull().sum())
    # 填充缺失值 ( 假设用列均值填充 )
    df["Rating"].fillna(df["Rating"].mean(), inplace=True)
    df["Price"].fillna(df["Price"].mean(), inplace=True)
    # 检查异常值 ( 使用 Z-Score)
    df["Z_Score_Price"] = zscore(df["Price"])
    outliers = df[(df["Z_Score_Price"] > 3) | (df["Z_Score_Price"] < -3)]
    print("\n 异常值: ")
    print(outliers)
    # 删除异常值
    df = df[(df["Z_Score_Price"] <= 3) & (df["Z_Score_Price"] >= -3)]
    df.drop(columns=["Z_Score_Price"], inplace=True)
    return df
# 3. 服务类别分析
def analyze_service_categories(df):
    # 绘制各类服务的评分分布图
    plt.figure(figsize=(10, 6))
    sns.boxplot(x="Category", y="Rating", data=df, palette="viridis")
    plt.title(" 服务类别评分分布 ")
    plt.xlabel(" 服务类别 ")
    plt.ylabel(" 评分 ")
    plt.xticks(rotation=45)
    plt.show()
    # 统计各类服务的平均评分
    category_rating = df.groupby("Category")["Rating"].mean().reset_index()
    print("\n 各类服务的平均评分: ")
    print(category_rating)
# 4. 用户评论分析
def analyze_reviews(df):
    # 提取热门关键词 ( 使用分词和词频统计 )
    all_reviews = " ".join(df["Reviews"].dropna())
    words = jieba.lcut(all_reviews)
    word_counts = Counter(words)
    # 打印前 10 个高频词
    print("\n 前 10 个高频词: ")
    print(word_counts.most_common(10))
    # 生成词云
    wordcloud = WordCloud(font_path="simhei.ttf", width=800, height=400,
background_color="white").generate_from_frequencies(word_counts)
    plt.figure(figsize=(10, 5))
    plt.imshow(wordcloud, interpolation="bilinear")
    plt.axis("off")
    plt.title(" 用户评论词云 ")
    plt.show()
    # 情感分析 ( 简单示例 )
    df["Sentiment"] = df["Rating"].apply(lambda x: "Positive" if x >= 4
else "Negative" if x <= 2 else "Neutral")
    print("\n 情感分布: ")
    print(df["Sentiment"].value_counts())
# 5. 价格与评分关系分析
def analyze_price_rating(df):
    # 绘制价格与评分的关系图
    plt.figure(figsize=(10, 6))
    sns.scatterplot(x="Price", y="Rating", hue="Category", data=df, palette=
```

260

```
"magma", s=100)
        plt.title("价格与评分的关系")
        plt.xlabel("价格")
        plt.ylabel("评分")
        plt.legend(title="服务类别")
        plt.show()
        # 计算价格与评分的相关系数
        correlation = df["Price"].corr(df["Rating"])
        print("\n价格与评分的相关系数: ", correlation)
    # 6. 时间序列分析
    def analyze_time_series(df):
        # 按日期统计服务数量
        df["Date"] = pd.to_datetime(df["Date"])
        df["Post_Month"] = df["Date"].dt.to_period("M")
        monthly_services = df.groupby("Post_Month").size().reset_index
(name="Service_Count")
        # 绘制服务需求趋势图
        plt.figure(figsize=(12, 6))
        plt.plot(monthly_services["Post_Month"].astype(str), monthly_services
["Service_Count"], marker="o")
        plt.title("服务需求趋势")
        plt.xlabel("月份")
        plt.ylabel("服务数量")
        plt.xticks(rotation=45)
        plt.grid(True)
        plt.show()
    # 7. 数据可视化
    def visualize_data(df):
        # 绘制价格分布图
        plt.figure(figsize=(10, 6))
        sns.histplot(df["Price"], bins=30, kde=True, color="blue")
        plt.title("价格分布")
        plt.xlabel("价格")
        plt.ylabel("频率")
        plt.show()
        # 绘制评分分布图
        plt.figure(figsize=(10, 6))
        sns.histplot(df["Rating"], bins=5, kde=True, color="green")
        plt.title("评分分布")
        plt.xlabel("评分")
        plt.ylabel("频率")
        plt.show()
    # 主程序
    if __name__ == "__main__":
        # 1. 数据加载与初步探索
        df = load_and_explore_data()
        # 2. 数据清洗
        df = clean_data(df)
        # 3. 服务类别分析
        analyze_service_categories(df)
        # 4. 用户评论分析
        analyze_reviews(df)
        # 5. 价格与评分的关系分析
        analyze_price_rating(df)
        # 6. 时间序列分析
        analyze_time_series(df)
        # 7. 数据可视化
        visualize_data(df)
```

参考文献 REFERENCES

[1] 唐朔飞. 计算机组成原理[M]. 4版. 北京：高等教育出版社，2018.

[2] Abraham Silberschatz，Peter Galvin B，Greg Gagne. 操作系统概念(9版)[M]. 郑扣根，唐杰，李善平，译. 北京：机械工业出版社，2017.

[3] 严蔚敏，吴伟民. 数据结构(C语言版)[M]. 2版. 北京：清华大学出版社，2015.

[4] Eric Matthes. Python编程：从入门到实践[M]. 袁国忠，译. 北京：人民邮电出版社，2016.

[5] Wes McKinney. 利用Python进行数据分析[M]. 徐敬一，译. 北京：机械工业出版社，2018.

[6] 冯·诺依曼. 关于离散变量自动电子计算机的报告草案. 1945.

[7] Alan Turing. "Computing Machinery and Intelligence". Mind, 1950.

[8] Jeff Dean, Sanjay Ghemawat. "MapReduce: Simplified Data Processing on Large Clusters". OSDI, 2004.

[9] Peter Norvig, Sebastian Thrun. Introduction to Artificial Intelligence: A Modern Approach[M]. 3rd edition, London:Pearson, 2016.

[10] 唐四薪，赵辉煌，唐琼. 大数据分析实用教程——基于Python实现[M]. 北京：机械工业出版社，2021.

[11] 董付国. Python数据分析、挖掘与可视化[M]. 北京：人民邮电出版社，2020.

[12] 葛继科，张晓琴，陈祖琴. 大数据采集、预处理与可视化[M]. 北京：人民邮电出版社，2023.

[13] 郑述招，何雪琪，杨忠明. Python程序设计项目教程——从入门到实践[M]. 北京：电子工业出版社，2023.

[14] 蒋亚平. 大数据技术原理与应用[M]. 北京：人民邮电出版社，2024.

[15] 韩玉民，郭丽. Hadoop技术原理与案例教程[M]. 北京：人民邮电出版社，2024.

[16] 陈忠，秦宗蓉，陈宇环. 人工智能概论与Python办公自动化编程[M]. 北京：清华大学出版社，2023.

[17] 林子雨. Spark编程基础(Python版)[M]. 北京：人民邮电出版社，2024.

[18] 汪静，郑婷婷. Python数据预处理(微课版)[M]. 北京：人民邮电出版社，2023.

[19] 龙豪杰. Python自动化办公从入门到精通[M]. 北京：中国水利水电出版社，2021.

[20] 策未来. 全国计算机等级考试一本通 二级Python语言程序设计[M]. 北京：人民邮电出版社，2023.